高等院校信息安全专业系列教材

信息安全技术（第2版）

栾方军 主 编
任 义 师金钢 刘西洋 副主编

Information
Security

清华大学出版社
北京

内容简介

本书以网络与信息安全技术为对象,从信息安全技术的核心部分——密码学的各类基础算法着手,深入浅出地介绍了信息安全技术相关算法的理论和实践知识。全书共分为8章,分别为信息安全概述、信息安全与密码学、对称密码体系、公钥密码技术、密钥分配与管理、数字签名技术、网络安全技术和入侵检测技术等内容。

本书取材新颖,内容丰富,概念清晰,结构合理,通俗易懂,讲解深入浅出,既有理论方面的知识,又有实用技术,还包括一些最新的学科研究热点技术。全书提供了大量应用实例,每章后均附有习题。

本书适合作为高等院校信息类及相关专业的本科生或研究生教材,也可供相关科研人员和对信息安全相关技术感兴趣的读者阅读。

本书封面贴有清华大学出版社防伪标签,无标签者不得销售。
版权所有,侵权必究。举报: 010-62782989, beiqinquan@tup.tsinghua.edu.cn。

图书在版编目(CIP)数据

信息安全技术/栾方军主编.—2版.—北京:清华大学出版社,2024.3
高等院校信息安全专业系列教材
ISBN 978-7-302-65810-8

Ⅰ.①信… Ⅱ.①栾… Ⅲ.①信息安全-安全技术-高等学校-教材 Ⅳ.①TP309

中国国家版本馆 CIP 数据核字(2024)第 056044 号

责任编辑:崔 彤
封面设计:李召霞
责任校对:申晓焕
责任印制:丛怀宇

出版发行:清华大学出版社
网　　址: https://www.tup.com.cn, https://www.wqxuetang.com
地　　址: 北京清华大学学研大厦 A 座　　邮　编: 100084
社 总 机: 010-83470000　　邮　购: 010-62786544
投稿与读者服务: 010-62776969, c-service@tup.tsinghua.edu.cn
质量反馈: 010-62772015, zhiliang@tup.tsinghua.edu.cn
课件下载: https://www.tup.com.cn, 010-83470236

印 装 者: 三河市人民印务有限公司
经　　销: 全国新华书店
开　　本: 185mm×260mm　　印　张: 15.5　　字　数: 358 千字
版　　次: 2018 年 2 月第 1 版　2024 年 5 月第 2 版　　印　次: 2024 年 5 月第 1 次印刷
印　　数: 1~1500
定　　价: 49.00 元

产品编号: 102611-01

高等院校信息安全专业系列教材

编审委员会

顾问委员会主任：沈昌祥（中国工程院院士）

特别顾问：姚期智（美国国家科学院院士、美国人文及科学院院士、
中国科学院外籍院士、"图灵奖"获得者）
何德全（中国工程院院士）　蔡吉人（中国工程院院士）
方滨兴（中国工程院院士）

主　　任：肖国镇

副 主 任：封化民　韩　臻　李建华　王小云　张焕国
冯登国　方　勇

委　　员：

马建峰	毛文波	王怀民	王劲松	王丽娜
王育民	王清贤	王新梅	石文昌	刘建伟
刘建亚	许　进	杜瑞颖	谷大武	何大可
来学嘉	李　晖	汪烈军	吴晓平	杨　波
杨　庚	杨义先	张玉清	张红旗	张宏莉
张敏情	陈兴蜀	陈克非	周福才	宫　力
胡爱群	胡道元	侯整风	荆继武	俞能海
高　岭	秦玉海	秦志光	卿斯汉	钱德沛
徐　明	寇卫东	曹珍富	黄刘生	黄继武
谢冬青	裴定一			

策划编辑：张　民

出版说明

21世纪是信息时代,信息已成为社会发展的重要战略资源,社会的信息化已成为当今世界发展的潮流和核心,而信息安全在信息社会中将扮演极为重要的角色,它会直接关系到国家安全、企业经营和人们的日常生活。随着信息安全产业的快速发展,全球对信息安全人才的需求量不断增加,但我国目前信息安全人才极度匮乏,远远不能满足金融、商业、公安、军事和政府等部门的需求。要解决供需矛盾,必须加快信息安全人才的培养,以满足社会对信息安全人才的需求。为此,教育部继2001年批准在武汉大学开设信息安全本科专业之后,又批准了多所高等院校设立信息安全本科专业,而且许多高校和科研院所已设立了信息安全方向的具有硕士和博士学位授予权的学科点。

信息安全是计算机、通信、物理、数学等领域的交叉学科,对于这一新兴学科的培养模式和课程设置,各高校普遍缺乏经验,因此中国计算机学会教育专业委员会和清华大学出版社联合主办了"信息安全专业教育教学研讨会"等一系列研讨活动,并成立了"高等院校信息安全专业系列教材"编审委员会,由我国信息安全领域著名专家肖国镇教授担任编委会主任,指导"高等院校信息安全专业系列教材"的编写工作。编委会本着研究先行的指导原则,认真研讨国内外高等院校信息安全专业的教学体系和课程设置,进行了大量前瞻性的研究工作,而且这种研究工作将随着我国信息安全专业的发展不断深入。经过编委会全体委员及相关专家的推荐和审定,确定了本丛书首批教材的作者,这些作者绝大多数都是既在本专业领域有深厚的学术造诣、又在教学第一线有丰富的教学经验的学者、专家。

本系列教材是我国第一套专门针对信息安全专业的教材,其特点是:

① 体系完整,结构合理,内容先进。

② 适应面广:能够满足信息安全、计算机、通信工程等相关专业对信息安全领域课程的教材要求。

③ 立体配套:除主教材外,还配有多媒体电子教案、习题与实验指导等。

④ 版本更新及时,紧跟科学技术的新发展。

为了保证出版质量,我们坚持宁缺毋滥的原则,成熟一本,出版一本,并保持不断更新,力求将我国信息安全领域教育、科研的最新成果和成熟经验反映到教材中来。在全力做好本版教材,满足学生用书的基础上,还经由专家的推荐和审定，遴选了一批国外信息安全领域优秀的教材加入到本系列教材中，以进一步满足大家对外版书的需求。热切期望广大教师和科研工作者加入我们的队伍，同时也欢迎广大读者对本系列教材提出宝贵意见，以便我们对本系列教材的组织、编写与出版工作不断改进，为我国信息安全专业的教材建设与人才培养做出更大的贡献。

"高等院校信息安全专业系列教材"已于2006年年初正式列入普通高等教育"十一五"国家级教材规划(见教高[2006]9号文件《教育部关于印发普通高等教育"十一五"国家级教材规划选题的通知》)。我们会严把出版环节，保证规划教材的编校和印刷质量，按时完成出版任务。

2007年6月，教育部高等学校信息安全类专业教学指导委员会成立大会暨第一次会议在北京胜利召开。本次会议由教育部高等学校信息安全类专业教学指导委员会主任单位北京工业大学和北京电子科技学院主办，清华大学出版社协办。教育部高等学校信息安全类专业教学指导委员会的成立对我国信息安全专业的发展起到重要的指导和推动作用。2006年教育部给武汉大学下达了"信息安全专业指导性专业规范研制"的教学科研项目。2007年起该项目由教育部高等学校信息安全类专业教学指导委员会组织实施。在高教司和教指委的指导下，项目组团结一致，努力工作，克服困难，历时5年，制定出我国第一个信息安全专业指导性专业规范，于2012年年底通过经教育部高等教育司理工科教育处授权组织的专家组评审，并且已经得到武汉大学等许多高校的实际使用。2013年，新一届"教育部高等学校信息安全专业教学指导委员会"成立。经组织审查和研究决定，2014年以"教育部高等学校信息安全专业教学指导委员会"的名义正式发布《高等学校信息安全专业指导性专业规范》(由清华大学出版社正式出版)。"高等院校信息安全专业系列教材"在教育部高等学校信息安全专业教学指导委员会的指导下，根据《高等学校信息安全专业指导性专业规范》组织编写和修订，进一步体现科学性、系统性和新颖性，及时反映教学改革和课程建设的新成果，并随着我国信息安全学科的发展不断完善。

我们的E-mail地址：zhangm@tup.tsinghua.edu.cn；联系人：张民。

"高等院校信息安全专业系列教材"编审委员会

前言

信息安全技术的实用性及重要性是毋庸置疑的。时至今日，介绍信息安全知识的图书可谓种类繁多，包括国内外学者撰写的各种理论算法或算法应用类的书籍，其中不乏介绍和研究信息安全技术的经典。不过，由于信息安全本身涉及内容很多，部分概念也较为复杂，致使大部分教材类图书篇幅过长，令人望而生畏。事实上，随着信息化和信息安全上升为我国国家发展的最高战略之一，信息安全作为一门学科及专业已在国内各个院校发展起来。本书作者多年从事信息安全及密码学教学工作，一直深感编写一本适宜的、通俗易懂的教材，让更多的读者及高校的学生感兴趣，能看进去、学明白，是一件值得探索和思考的有意义的事情。

由于信息安全技术涉及面甚广，本书并不想面面俱到地对整个信息安全的大架构进行讨论，而是从信息安全的核心部分——密码学的各类基础算法着手，系统、翔实地介绍了信息安全技术相关算法的理论和实践知识，并尽可能地涵盖信息安全技术的主要内容。一个成熟的密码系统首先要有能经得起严谨理论考验的算法。纵观当代密码系统，主要分为公开密钥系统以及对称密码体系两类。以前者为代表的有 RSA、ElGamal、椭圆曲线密码系统，而以后者为代表的有 DES、AES 等。这些密码系统都要用到一些数学上的概念，这些内容都是研究当代密码学的基础，因此，本书对与算法相关的数学知识也有针对性地进行了介绍，将基础数论内容列入其中。

本书共 8 章，为了兼顾不同层次和不同水平的读者，在内容安排上由浅入深，循序渐进，同时各章的习题难度也兼顾不同的需求。

第 1 章信息安全概述，主要讲述信息安全的基本概念，以及信息安全面临的威胁和信息安全的防护体系及评估标准。

第 2 章信息安全与密码学，简单明了地介绍密码学的基本概念，包括密码系统的组成、密码体制的分类、密码系统的安全性以及密码分析，最后介绍古典密码体制中一些有代表性的加密算法。

第 3 章对称密码体系，介绍对称密码体系的概念、结构和特点，之后详细阐述对称密码体系的两类算法：流密码和分组密码。流密码部分重点说明其构造算法和工作原理；分组密码部分主要介绍 Feistel 密码结构。然后通过介绍一些有代表性的加密算法（如 DES、AES 和 IDEA）来强化读者对对称加密算法的理解。最后介绍分组密码的常用工作模式。

第 4 章公钥密码技术，首先介绍公钥密码中使用到的数学理论知识，如数论和信息论等,然后详细介绍 RSA 和椭圆曲线密码等两种公钥密码技术。

第 5 章密钥分配与管理,首先介绍单钥和公钥加密体制的密钥分配技术,然后介绍密钥托管及秘密分割技术,最后介绍常用的消息认证技术。

第 6 章数字签名技术,首先介绍数字签名技术的概念,然后介绍数字签名典型算法及数字签名体制与应用技术。

第 7 章网络安全技术,首先介绍网络安全的基本概念,然后对 OSI 网络模型中各个层次所涉及的网络安全技术进行介绍,包括安全协议 IPSec、电子邮件安全协议 PGP、S/MIME 协议、Web 安全协议 SSL、HTTPS 协议以及 VPN 的相关原理和应用等。

第 8 章入侵检测技术,首先介绍入侵检测技术的概念、模型,然后介绍入侵检测技术面临的问题和挑战以及常用的入侵检测技术及系统,最后介绍入侵检测系统的发展方向。

本书结构清晰,内容翔实,具有很强的可读性,适合作为高等院校信息类及相关专业的本科生或研究生教材,也适合相关科研人员和对信息安全相关技术感兴趣的读者阅读。

本书由栾方军任主编,任义、师金钢、刘西洋任副主编。王武、苑印博、戴永庆、张韵婷、赵升彬参与了编写工作。具体编写分工为:栾方军、戴永庆负责编写第 1、8 章,师金钢、赵升彬、王武负责编写第 2、3 章,任义、苑印博负责编写第 4、5 章,刘西洋、张韵婷负责编写第 6、7 章。师金钢负责书稿的审阅,全书由栾方军统稿。

由于时间仓促,书中难免有不妥之处,欢迎读者批评指正。

编　者

2024 年 2 月

目 录

第 1 章 信息安全概述 ... 1
1.1 信息安全的概念 ... 1
1.1.1 信息与信息资产 ... 1
1.1.2 信息安全 ... 2
1.2 信息安全面临的威胁 ... 5
1.2.1 信息系统面临的威胁及分类 ... 6
1.2.2 威胁的表现形式和主要来源 ... 7
1.3 信息安全防护体系及评估标准 ... 8
1.3.1 信息安全防护体系 ... 8
1.3.2 信息安全评估标准 ... 10
1.4 信息安全法律体系 ... 26
1.4.1 我国信息安全法律体系 ... 26
1.4.2 法律、法规介绍 ... 27
习题 1 ... 33

第 2 章 信息安全与密码学 ... 34
2.1 密码技术发展简介 ... 34
2.1.1 古典密码技术 ... 34
2.1.2 现代密码技术 ... 35
2.2 密码学的基本概念 ... 36
2.2.1 密码系统的组成 ... 37
2.2.2 密码体制的分类 ... 38
2.2.3 密码系统的安全性 ... 39
2.2.4 密码分析 ... 41
2.3 古典密码体制 ... 43
2.3.1 古典密码技术分类 ... 43
2.3.2 代换密码 ... 43
2.3.3 置换密码 ... 50
习题 2 ... 52

第3章 对称密码体系 ... 54

3.1 对称密码体系概述 ... 54
3.2 流密码 ... 55
3.2.1 流密码简介 ... 55
3.2.2 流密码的结构 ... 56
3.2.3 反馈移位寄存器与线性反馈移位寄存器 ... 57
3.2.4 m 序列及其伪随机性 ... 61
3.2.5 线性移位寄存器的非线性组合 ... 64
3.3 分组密码 ... 65
3.3.1 分组密码概述 ... 65
3.3.2 Feistel 密码结构 ... 70
3.4 DES ... 72
3.4.1 DES 算法简介 ... 72
3.4.2 DES 算法设计思想 ... 73
3.4.3 DES 算法内部结构 ... 74
3.4.4 DES 算法的安全性 ... 80
3.4.5 多重 DES ... 81
3.5 AES ... 82
3.5.1 AES 算法简介 ... 82
3.5.2 AES 算法设计思想 ... 83
3.5.3 AES 算法相关知识 ... 85
3.5.4 AES 算法内部结构 ... 88
3.5.5 AES 算法的安全性 ... 95
3.6 IDEA ... 95
3.6.1 IDEA 算法简介 ... 95
3.6.2 IDEA 算法设计思想 ... 96
3.6.3 IDEA 算法内部结构 ... 97
3.6.4 IDEA 算法的安全性 ... 101
3.7 中国商用密码算法 SM4 ... 101
3.7.1 SM4 算法简介 ... 101
3.7.2 SM4 算法设计思想 ... 101
3.7.3 SM4 算法内部结构 ... 101
3.7.4 SM4 算法的安全性 ... 105
3.8 分组密码的工作模式 ... 105
3.8.1 电码本模式 ... 106
3.8.2 密码分组链接模式 ... 106
3.8.3 密码反馈模式 ... 107
3.8.4 输出反馈模式 ... 109

  3.8.5 计数器模式 ·················· 110
 习题 3 ·························· 111

第 4 章 公钥密码技术 ·················· 113
 4.1 信息论与数学基础 ················ 113
  4.1.1 信息论 ···················· 113
  4.1.2 数学基础 ·················· 114
 4.2 公钥密码的基本概念和基本原理 ········ 117
  4.2.1 公钥密码产生的背景 ············ 118
  4.2.2 公钥密码的基本原理 ············ 118
 4.3 RSA 公钥密码算法 ················ 120
  4.3.1 RSA 算法描述 ················ 120
  4.3.2 RSA 算法中的计算问题 ·········· 122
  4.3.3 一种改进的 RSA 实现方法 ········ 123
  4.3.4 RSA 的安全性 ················ 123
  4.3.5 对 RSA 的攻击 ················ 124
 4.4 椭圆曲线密码 ···················· 124
  4.4.1 椭圆曲线 ·················· 124
  4.4.2 椭圆曲线加密算法 ············ 125
  4.4.3 椭圆曲线的密码学性能 ·········· 128
 习题 4 ·························· 131

第 5 章 密钥分配与管理 ·················· 132
 5.1 单钥加密体制的密钥分配 ············ 132
  5.1.1 密钥分配的基本方法 ············ 132
  5.1.2 密钥分配的一个实例 ············ 133
 5.2 公钥加密体制的密钥管理 ············ 134
  5.2.1 公钥的分配 ·················· 134
  5.2.2 用公钥加密分配单钥密码体制的密钥 ···· 136
  5.2.3 密钥管理的一个实例 ············ 138
 5.3 密钥托管 ······················ 139
  5.3.1 密钥托管的背景 ·············· 139
  5.3.2 密钥托管的定义和功能 ·········· 140
  5.3.3 美国托管加密标准简介 ·········· 140
 5.4 秘密分割 ······················ 144
  5.4.1 秘密分割门限方案 ············ 144
  5.4.2 Shamir 门限方案 ·············· 145
  5.4.3 基于中国剩余定理的门限方案 ······ 146

5.5 消息认证 147
　　5.5.1 消息认证的基本概念 147
　　5.5.2 消息加密认证 147
　　5.5.3 Hash 函数 149
习题 5 155

第6章　数字签名技术 157

6.1 数字签名的基本概念 157
　　6.1.1 数字签名技术概述 157
　　6.1.2 数字签名技术特点 158
　　6.1.3 数字签名技术原理 159
　　6.1.4 数字签名技术分类 160
6.2 RSA 数字签名算法 163
　　6.2.1 RSA 数字签名算法描述 163
　　6.2.2 RSA 数字签名的安全性 164
　　6.2.3 RSA 数字签名的应用 166
6.3 数字签名标准及数字签名算法 167
　　6.3.1 DSS 签名与 RSA 签名的区别 168
　　6.3.2 DSA 数字签名算法描述 169
6.4 其他数字签名方案 170
　　6.4.1 基于离散对数问题的数字签名体制 170
　　6.4.2 基于大数分解问题的签名体制 172
　　6.4.3 盲签名 174
习题 6 177

第7章　网络安全技术 178

7.1 网络安全概述 178
　　7.1.1 网络安全的概念 178
　　7.1.2 网络安全模型 179
　　7.1.3 网络安全的关键技术 179
7.2 安全协议 IPSec 181
　　7.2.1 IPSec 协议简介 181
　　7.2.2 IPSec 协议结构 182
　　7.2.3 IPSec 协议工作模式 184
　　7.2.4 IPSec 协议工作原理 186
7.3 电子邮件的安全 188
　　7.3.1 电子邮件的安全简介 188
　　7.3.2 PGP 189

7.3.3 S/MIME ……………………………… 193
7.4 Web 的安全性 ……………………………… 196
　7.4.1 Web 安全需求 ……………………………… 196
　7.4.2 SSL 协议 ……………………………… 197
　7.4.3 TLS 协议 ……………………………… 202
　7.4.4 HTTPS 协议 ……………………………… 204
7.5 VPN ……………………………… 206
　7.5.1 VPN 简介 ……………………………… 206
　7.5.2 VPN 工作原理 ……………………………… 207
　7.5.3 VPN 安全技术 ……………………………… 208
　7.5.4 VPN 主要安全协议 ……………………………… 209
　7.5.5 VPN 应用实例 ……………………………… 211
习题 7 ……………………………… 212

第 8 章　入侵检测技术 ……………………………… 214

8.1 入侵检测概述 ……………………………… 214
　8.1.1 入侵检测基本概念 ……………………………… 214
　8.1.2 入侵检测基本模型 ……………………………… 214
8.2 入侵检测技术概述 ……………………………… 217
　8.2.1 异常检测 ……………………………… 217
　8.2.2 误用检测 ……………………………… 218
8.3 入侵检测系统 ……………………………… 220
　8.3.1 入侵检测系统的组成 ……………………………… 220
　8.3.2 入侵检测系统的分类 ……………………………… 220
　8.3.3 常见的入侵检测系统 ……………………………… 223
8.4 入侵检测系统面临的问题和挑战 ……………………………… 224
　8.4.1 入侵检测系统面临的问题 ……………………………… 224
　8.4.2 入侵检测系统面临的挑战 ……………………………… 226
8.5 入侵检测系统的发展方向 ……………………………… 226
习题 8 ……………………………… 229

参考文献 ……………………………… 230

第1章 信息安全概述

随着高科技信息技术的飞速发展，信息安全技术已经影响到社会的政治、经济、文化和军事等各个领域。以网络方式获取和传播信息已成为现代信息社会的重要特征之一。安全的需求不断向社会的各个领域扩展，人们需要保护信息，以确保自己的利益不受损害。本章首先介绍信息安全的概念，然后介绍信息安全面临的威胁和信息安全防护体系及评估标准。

1.1 信息安全的概念

20世纪中叶，计算机的出现从根本上改变了人类加工信息的手段，突破了人类大脑及感觉器官加工利用信息的能力。应用电子计算机、通信卫星、光导纤维组成的现代信息技术革命，成为人类历史上最重要的一次信息技术革命，使人类进入了飞速发展的信息社会时代。目前，一场信息技术革命正在横扫整个社会，无论是产业还是家庭，人类生活的各个领域无不受其影响，它改变了商业形态和人们的生活方式，使各领域相辅相成，互惠互利。

1.1.1 信息与信息资产

什么是信息？近代控制论的创始人维纳有一句名言："信息就是信息，不是物质，也不是能量。"这句话听起来有点抽象，但指明了信息与物质和能量具有不同的属性。信息、物质和能量，是人类社会赖以生存和发展的三大要素。

1. 信息的定义

信息的定义有广义和狭义两个层次。从广义上讲，信息是任何一个事物的运动状态以及运动状态形式的变化，它是一种客观存在。例如，日出、月落、花谢、鸟啼以及气温的高低变化、股市的涨跌等，都是信息。它是一种"纯客观"的概念，与人们主观上是否感觉到它的存在没有关系。而狭义的信息的含义却与此不同。狭义的信息是指信息接收主体所感觉到并能理解的东西。中国古代有"周幽王烽火戏诸侯"和"梁红玉击鼓战金山"的典故，这里的"烽火"和"击鼓"都代表了能为特定接收者所理解的军情，因而可称为"信息"；相反，至今仍未能破译的一些刻在石崖上的文字和符号，尽管它们是客观存在的，但由于人们（接收者）不能理解，因而从狭义上讲仍算不上是"信息"。同样道理，从这个意义上讲，鸟语是鸟类的信息，而对人类来说却算不上是"信息"。可见，狭义的信息是一个与接收主体有关的概念。

ISO 13335《信息技术安全管理指南》是非常重要的国际标准,其中对信息给出了明确的定义:信息是通过在数据上施加某些约定而赋予这些数据的特殊含义。信息是无形的,借助于信息媒体以多种形式存在和传播;同时,信息也是一种重要资产,具有价值,需要保护。通常的信息资产分类如表1-1所示。

表1-1 通常的信息资产分类

分类	示例
数据	存在于电子媒介的各种数据资料,包括源代码、数据库数据、各种数据资料、系统文档、运行管理规程、计划、报告、用户手册等
软件	应用软件、系统软件、开发工具和资料库等
硬件	计算机硬件、路由器、交换机、硬件防火墙、程控交换机、布线、备份存储设备等
服务	操作系统、WWW、SMTP、POP3、FTP、MRPII、DNS、呼叫中心、内部文件服务、网络连接、网络隔离保护、网络管理、网络安全保障、入侵监控及各种业务应用等
文档	纸质的各种文件、传真、电报、财务报告、发展计划等
设备	电源、空调、保险柜、文件柜、门禁、消防设施等
人员	各级雇员和雇主、合同方雇员等
其他	企业形象、客户关系等

2. 信息的特点

人们更为关注的是狭义信息。就狭义信息而论,它们具有如下共同特征。

(1) 信息与接收对象以及要达到的目的有关。例如,一份尘封已久的重要历史文献,在还没有被人发现的时候,它只不过是混迹在废纸堆里的单纯印刷品,而当人们阅读并理解它的价值时,它才成为信息。又如,公元前巴比伦和阿亚利亚等地广泛使用的楔形文字,很长时间里人们都读不懂它,那时候还不能说它是"信息"。后来,经过众多语言学家的努力,它能被人们理解了,于是,它也就成了信息。

(2) 信息的价值与接收信息的对象有关。例如,有关移动电话辐射对人体的影响问题的讨论,对城市居民特别是手机使用者来说是重要信息,而对于从不使用手机的人来说,就可能是没有多大价值的信息。

(3) 信息有多种多样的传递手段。例如,人与人之间的信息传递可以用符号、语言、文字或图像等为媒体来进行;生物体内部的信息可以通过电化学变化,经过神经系统来传递;等等。

(4) 信息在使用中不仅不会被消耗掉,还可以加以复制,这就为信息资源的共享创造了条件。

1.1.2 信息安全

1. 信息安全的发展

信息安全的发展历经了三个主要阶段。

1) 通信保密阶段

通信保密阶段开始于20世纪40年代,在这个阶段所面临的主要安全威胁是搭线窃听和密码分析,其主要保护措施是数据加密。该阶段的核心问题是通信安全,而且关心的对象主要是军方和政府组织,需要解决的问题是在远程通信中拒绝非授权用户的访问以及确保通信的真实性。保密的主要方式包括加密、传输保密、发射保密以及通信设备的物理安全。

2) 信息安全阶段

计算机的出现以及网络通信技术的发展,使人类对于信息的认识逐渐深化,对于信息安全的理解也在不断深入。人们发现,在原来所关注的保密性属性之外,还有其他方面的属性也应当是信息安全所关注的,这其中最主要的是完整性和可用性,由此构成了支撑信息安全体系的三要素。

3) 安全保障阶段

信息安全的保密性、完整性、可用性三个主要属性,大多集中于安全事件的事先预防,属于保护(Protection)的范畴。但人们逐渐认识到安全风险的本质,认识到不存在绝对的安全,事先预防措施不足以保证不会发生安全事件,一旦发生安全事件,那么事发时的处理以及事后的处理,都应当是信息安全要考虑的内容,安全保障的概念随之产生。所谓安全保障,就是在统一安全策略的指导下,安全事件的事先预防(保护)、事发处理(检测和响应)、事后恢复等主要环节相互配合,构成一个完整的保障体系。

2. 信息安全的定义

ISO(国际标准化组织)对信息安全给出了精确的定义,这个定义的描述是:信息安全是为数据处理系统建立和采用的技术和管理的安全保护,保护计算机硬件、软件和数据不因偶然和恶意的原因遭到破坏、更改和泄露。

ISO 的信息安全定义清楚地回答了人们所关心的信息安全主要问题,它包括三方面含义。

(1) 信息安全的保护对象。信息安全的保护对象是信息资产,典型的信息资产包括计算机硬件、软件和数据。

(2) 信息安全的目标。信息安全的目标就是保证信息资产的三个基本安全属性。信息资产被泄露意味着保密性受到影响,被更改意味着完整性受到影响,被破坏意味着可用性受到影响,而保密性、完整性和可用性三个基本属性是信息安全的最终目标。

(3) 实现信息安全目标的途径。实现信息安全目标要借助两方面的控制措施,即技术措施和管理措施。从这里就能看出技术和管理并重的基本思想,重技术轻管理或者重管理轻技术,都是不科学并且有局限性的错误观点。

3. 信息安全的基本属性

信息安全包括保密性、完整性和可用性三个基本属性,如图 1-1 所示。

(1) 保密性(Confidentiality):确保信息在存储、使用、传输过程中不会泄露给非授权的用户或者实体。信息的保密性是指确保只有那些被授予特定权限的人才能够访问到信息。信息的保密性依据信息被允许访问对象的多少而不同,所有人员都可以访问的信息为公开信息,需要限制访问的信息为敏感信息或秘密信息。根据信息的重要程度和保密要求可将信息分为不同密级。例如,军队内部文件一般分为秘密、机密和绝密三个

图 1-1　信息安全的基本属性

等级,已授权用户根据所授予的操作权限可以对保密信息进行操作。有的用户只可以读取信息;有的用户既可以进行读操作又可以进行写操作。信息的保密性主要通过加密技术来保证。

(2) 完整性(Integrity):确保信息在存储、使用、传输过程中不被非授权用户篡改;防止授权用户对信息进行不恰当的篡改;保证信息的内外一致性。信息的完整性是指要保证信息和处理方法的正确性和完整性。信息完整性一方面是指在使用、传输、存储信息的过程中不发生篡改信息、丢失信息、错误信息等现象;另一方面是指信息处理方法的正确性,执行不正当的操作有可能造成重要文件的丢失,甚至整个系统的瘫痪。信息的完整性主要通过报文摘要技术和加密技术来保证。

(3) 可用性(Availability):确保授权用户或者实体对信息及资源的正常使用不会被异常拒绝,允许其可靠而且及时地访问信息及资源。信息的可用性是指确保那些已被授权的用户在他们需要的时候,确实可以访问得到所需要的信息,即信息及相关的信息资产在授权人需要的时候,可以立即获得。例如,通信线路中断故障、网络的拥堵会造成信息在一段时间内不可用,影响正常的业务运营,这是信息可用性的破坏。提供信息的系统必须能适当地承受攻击并在失败时恢复。信息的可用性主要通过实时的备份与恢复技术来保证。

除此之外,信息安全还包括其他基本属性。

(1) 不可否认性(Non Repudiation):信息的不可否认性也称抗抵赖性、不可抵赖性,它是传统的不可否认需求在信息社会的延伸。人类社会的各种商务和政务行为是建立在信任的基础上的,传统的公章、印戳、签名等手段便是实现不可否认性的主要机制,信息的不可否认性与此相同,也是防止实体否认其已经发生的行为。信息的不可否认性分为原发不可否认(也称原发抗抵赖)和接收不可否认(接收抗抵赖),前者用于防止发送者否认自己已发送的数据和数据内容;后者防止接收者否认已接收过的数据和数据内容。信息的不可否认性主要通过身份认证技术(包括数字签名、数字证书、IC 或 USBkey 令牌、指纹、视网膜、掌形、脸形等)来保证。

(2) 可控性(Controllability):信息的可控性是指能够控制使用信息资源的人或主体的使用方式。对于信息系统中的敏感信息资源,如果任何主体都能访问、篡改、窃取以及恶意散播,那么安全系统显然会失去效用。对访问信息资源的人或主体的使用方式进行有效控制,是信息安全的必然要求。从国家层面看,信息安全的可控性不但涉及信息的可控性,还与安全产品、安全市场、安全厂商、安全研发人员的可控性紧密相关。信息的可控性主要通过基于 PKI/PMI(公钥基础设施/授权管理基础设施)的访问控制技术来保证。

(3) 可靠性(Reliability):信息用户认可的质量连续服务于用户的特征(信息的迅速、准确和连续地转移等),但也有人认为可靠性是人们对信息系统而不是信息本身的要求。

4. 信息安全模型

人们一直致力于用确定、简洁的安全模型来描述信息安全,在信息安全领域中有多种安全模型,如 PDR 模型、PPDRR 模型等。

1) PDR 模型

PDR 模型之所以著名,是因为它是第一个从时间关系描述一个信息系统是否安全的模型,如图 1-2 所示。PDR 模型中的 P 代表保护(Protection)、D 代表检测(Detection)、R 代表响应(Response),该模型中使用了如下三个时间参数。

(1) Pt,有效保护时间,是指信息系统的安全控制措施所能有效发挥保护作用的时间。

(2) Dt,检测时间,是指安全检测机制能够有效发现攻击、破坏行为所需的时间。

(3) Rt,响应时间,是指安全响应机制做出反应和处理所需的时间。

PDR 模型用下列时间关系表达式来说明信息系统是否安全。

(1) Pt≥Dt+Rt,系统安全,即在安全机制针对攻击、破坏行为做出成功的检测和响应时,安全控制措施依然在发挥有效的保护作用,攻击和破坏行为未给信息系统造成损失。

(2) Pt<Dt+Rt,系统不安全,即信息系统的安全控制措施的有效保护作用,在正确的检测和响应做出之前就已经失效,破坏和攻击行为已经给信息系统造成了实质性破坏和影响。

2) PPDRR 模型

正如信息安全保障所描述的,一个完整的信息安全保障体系,应当包括策略(Policy)、保护(Protection)、检测(Detection)、响应(Response)、恢复(Restoration)五个主要环节,这就是 PPDRR 模型的内容,如图 1-3 所示。

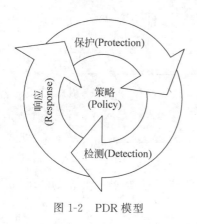

图 1-2　PDR 模型

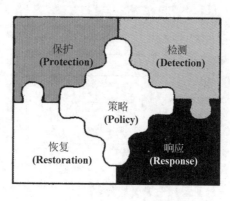

图 1-3　PPDRR 模型

保护、检测、响应和恢复四个环节要在策略的统一指导下构成相互作用的有机整体。PPDRR 模型从体系结构上给出了信息安全的基本模型。

1.2　信息安全面临的威胁

所谓信息安全威胁,是指某个人、物或事件对信息资源的保密性、完整性、可用性或合法使用所造成的危险。攻击就是对安全威胁的具体体现。虽然人为因素和非人为因素都可以对通信安全构成威胁,但是精心设计的人为攻击威胁最大。

本节将介绍信息系统面临的威胁及分类、威胁的表现形式和主要来源。

1.2.1 信息系统面临的威胁及分类

安全威胁有时可以被分为故意的和偶然的。故意的威胁如假冒、篡改等,偶然的威胁如信息被发往错误的地址、误操作等。故意的威胁又可以进一步分为主动攻击和被动攻击。被动攻击不会导致对系统中所含信息的任何改动,如搭线窃听、业务流分析等,而且系统的操作和状态也不会改变,因此被动攻击主要威胁信息的保密性;主动攻击则意在篡改系统中所含信息,或者改变系统的状态和操作,因此主动攻击主要威胁信息的完整性、可用性和真实性。信息系统所面临的威胁可分为以下几类。

1. 信息通信过程中的威胁

信息系统的用户在进行通信的过程中,常常受到两方面的攻击:一是主动攻击,攻击者通过网络线路将虚假信息或计算机病毒传入信息系统内部,破坏信息的真实性、完整性及系统服务的可用性,即通过中断、伪造、篡改和重排信息内容造成信息破坏,使系统无法正常运行,严重的甚至使系统处于瘫痪;二是被动攻击,攻击者非法截获、窃取通信线路中的信息,使信息保密性遭到破坏,信息泄露而无法察觉,给用户带来巨大的损失。下面介绍如图1-4所示的四种攻击类型。

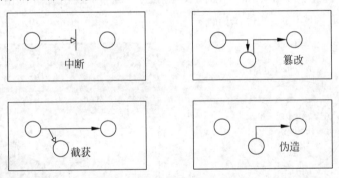

图1-4 攻击类型

(1)中断:是指威胁源使系统的资源受损或不能使用,从而暂停数据的流动或服务,属于主动攻击。

(2)截获:是指某个威胁源未经允许而获得了对一个资源的访问,并从中盗窃了有用的信息或服务,属于被动攻击。

(3)篡改:是指某个威胁源未经许可却成功地访问并改动了某项资源,因而篡改了所提供的信息服务,属于主动攻击。

(4)伪造:是指某个威胁源未经许可而在系统中制造出了假消息源、虚假的信息或服务,属于主动攻击。

2. 信息存储过程中的威胁

对存储于计算机系统中的信息,非法用户在获取系统访问控制权后,可以浏览存储介质上的保密数据或专利软件,并且对有价值的信息进行统计分析,推断出所有的数据,这样就使信息的保密性、真实性、完整性遭到破坏。

3. 信息加工处理中的威胁

信息在进行处理过程中,通常都是以源码出现的,加密保护对处理中的信息不起作用。因此,在这期间有意攻击和意外操作都极易使系统遭受破坏,造成损失。除此之外,信息系统还会因为计算机硬件的缺陷、软件的脆弱、电磁辐射和客观环境等原因造成损害,威胁计算机信息系统的安全。

1.2.2 威胁的表现形式和主要来源

1. 信息安全威胁的表现形式

(1) 信息泄露:信息被泄露或透露给某个非授权的实体。

(2) 破坏信息的完整性:数据被非授权地进行增删、修改或破坏而受到损失。

(3) 拒绝服务:对信息或其他资源的合法访问被无条件地阻止。

(4) 非法使用(非授权访问):某一资源被某个非授权的人(或以非授权的方式)使用。

(5) 窃听:用各种可能的合法或非法的手段窃取系统中的信息资源和敏感信息。例如,对通信线路中传输的信号搭线监听,或者利用通信设备在工作过程中产生的电磁泄漏截取有用信息等。

(6) 业务流分析:对系统进行长期监听,利用统计分析方法对诸如通信频度、通信的信息流向、通信总量的变化等参数进行研究,从中发现有价值的信息和规律。

(7) 假冒:通过欺骗通信系统(或用户)达到非法用户冒充成为合法用户,或者特权小的用户冒充成为特权大的用户的目的。黑客大多是采用假冒攻击。

(8) 旁路控制:攻击者利用系统的安全缺陷或安全性上的脆弱之处获得非授权的权利或特权。例如,攻击者通过各种攻击手段发现原本应保密但是却又暴露出来的一些系统"特性",利用这些"特性",攻击者可以绕过防线守卫者侵入系统的内部。

(9) 授权侵犯:被授权以某一目的使用某一系统或资源的某个人,却将此权限用于其他非授权的目的,也称内部攻击。

(10) 特洛伊木马:软件中含有一个不易觉察的有害的程序段,当它被执行时,会破坏用户的安全。这种应用程序称为特洛伊木马(Trojan Horse)。

(11) 陷阱门:在某个系统或某个部件中设置的"机关",使得在特定的数据输入时,允许违反安全策略。

(12) 抵赖:这是一种来自用户的攻击。例如,否认自己曾经发布过的某条消息、伪造一份对方来信等。

(13) 重放:出于非法目的,将所截获的某次合法的通信数据进行复制,进而重新发送。

(14) 计算机病毒:一种在计算机系统运行过程中能够实现传染和侵害功能的程序。

(15) 人员不慎：一个被授权的人为了某种利益，或由于粗心，将信息泄露给一个非授权的人。

(16) 媒体废弃：信息被从废弃的磁碟或打印过的存储介质中获得。

(17) 物理侵入：侵入者绕过物理控制而获得对系统的访问。

(18) 窃取：重要的安全物品，如令牌或身份卡被盗。

(19) 业务欺骗：某一伪系统或系统部件欺骗合法的用户或系统自愿地放弃敏感信息等。

2. 威胁的主要来源

(1) 自然灾害、意外事故。

(2) 计算机犯罪。

(3) 人为错误，例如使用不当、安全意识差等。

(4) "黑客"行为。

(5) 内部泄密。

(6) 外部泄密。

(7) 信息丢失。

(8) 电子谍报，例如信息流量分析、信息窃取等。

(9) 信息战。

(10) 网络协议自身缺陷，例如 TCP/IP 协议的安全问题等。

针对以上的信息威胁方式和主要来源，应该时刻做好防范措施，遵守保密原则，提高自身科学技术水平，能够清楚明辨各种违法窃密手段，为信息安全贡献自己的力量。

1.3 信息安全防护体系及评估标准

1.3.1 信息安全防护体系

要想真正为信息系统提供有效的安全保护，必须系统地进行安全保障体系的建设，避免孤立、零散地建立一些控制措施，而是要使之构成一个有机的整体。在这个体系中，包括安全技术、安全管理、人员组织、教育培训、资金投入等关键因素。信息安全建设的内容多、规模大，必须进行全面的统筹规划，明确信息安全建设的工作内容、技术标准、组织机构、管理规范、人员岗位配备、实施步骤、资金投入，才能够保证信息安全建设有序可控地进行，才能够使信息安全体系发挥最优的保障效果。

信息安全保障体系由一组相互关联、相互作用、相互弥补、相互推动、相互依赖、不可分割的信息安全保障要素组成。一个系统的、完整的、有机的信息安全保障体系的作用力远远大于各个信息安全保障要素的保障能力之和。此框架以安全策略为指导，融合了安全技术、安全组织与管理和运行保障三个层次的安全体系，达到系统可用性、可控性、抗攻击性、完整性、保密性的安全目标。信息安全保障体系的总体结构如图 1-5 所示。

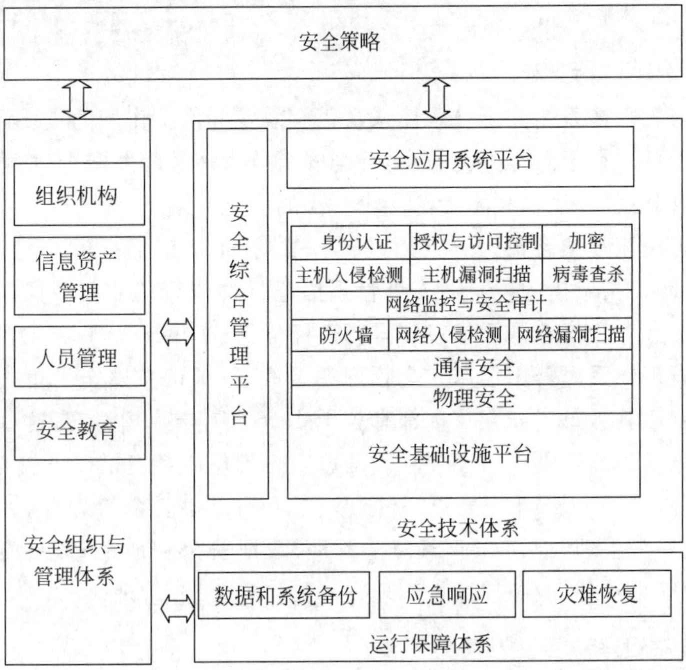

图 1-5 信息安全保障体系的总体结构

1. 安全技术体系

安全技术体系是整个信息安全体系框架的基础,包括安全基础设施平台、安全应用系统平台和安全综合管理平台三部分,是以统一的安全基础设施平台为支撑,以统一的安全应用系统平台为辅助,在统一的安全综合管理平台管理下的技术保障体系框架。

安全基础设施平台是以安全策略为指导,从物理和通信安全防护、网络安全防护、主机系统安全防护、应用安全防护等多个层次出发,立足于现有的成熟安全技术和安全机制,建立起的一个各个部分相互配合的、完整的安全技术防护体系。

安全应用系统平台处理安全基础设施与应用信息系统之间的关联和集成问题。应用信息系统通过使用安全基础设施平台所提供的各类安全服务,提升自身的安全等级,以更加安全的方式提供业务服务和信息管理服务。

安全综合管理平台的管理范围尽可能地涵盖安全技术体系中涉及的各种安全机制与安全设备,对这些安全机制和安全设备进行统一的管理和控制,负责管理和维护安全策略,配置管理相应的安全机制,确保这些安全技术与设施能够按照设计的要求协同运作,可靠运行。它在传统的信息系统应用体系与各类安全技术、安全产品、安全防御措施等安全手段之间搭起桥梁,使得各类安全手段能与现有的信息系统应用体系紧密地结合,实现"无缝连接",促成信息系统安全与信息系统应用真正的一体化,使得传统的信息系统应用体系逐步过渡为安全的信息系统应用体系。

统一的安全管理平台有助于各种安全管理技术手段的相互补充和有效发挥,也便于从系统整体的角度来进行安全的监控和管理,从而提高安全管理工作的效率,使人为的安全管理活动参与量大幅下降。

2. 安全组织与管理体系

安全组织与管理体系是安全技术体系真正有效发挥保护作用的重要保障。安全组织与管理体系的设计立足于总体安全策略,并与安全技术体系相互配合,增强技术防护体系的效率和效果,同时弥补当前技术无法完全解决的安全缺陷。

技术和管理是相互结合的。一方面,安全防护技术措施需要安全管理措施来加强;另一方面,安全防护技术措施也是对安全管理措施贯彻执行的监督手段。安全组织与管理体系的设计要参考和借鉴国际信息安全管理标准 BS7799(ISO 17799)的要求。

信息安全管理体系由若干信息安全管理类组成,每项信息安全管理类可分解为多个安全目标和安全控制。每个安全目标都有若干安全控制与其相对应,这些安全控制是为了达成相应安全目标的管理工作和要求。信息安全管理体系包括以下管理类:安全策略与制度、安全风险管理、人员和组织安全管理、环境和设备安全管理、网络和通信安全管理、主机和系统安全管理、应用和业务安全管理、数据安全和加密管理、项目工程安全管理、运行和维护安全管理、业务连续性管理、合规性(符合性)管理。

3. 运行保障体系

运行保障体系由安全技术和安全管理紧密结合的内容所组成,包括系统可靠性设计、系统数据的备份计划、安全事件的应急响应计划、安全审计、灾难恢复计划等。运行保障体系对于网络和信息系统的可持续性运营提供了重要的保障手段。

1.3.2 信息安全评估标准

1. 国外信息安全产品评估标准的发展

以美国为首的西方发达国家和俄罗斯及其盟国,早在 20 世纪 50 年代即着手开发用于政府和军队的信息安全产品。到 20 世纪末,美国信息安全产品产值已达 500 亿美元。

随着产品研发,有关信息安全产品评估标准的制定也相应地开展起来。

1) 国外信息安全产品评估标准的演变

国际上信息安全产品检测评估标准的发展大体上经历了三个阶段,如图 1-6 所示。

(1) 本土化阶段。1983 年,美国国防部率先推出了《可信计算机安全评估准则》(TCSEC),该标准事实上成了美国国家信息安全评估标准,对世界各国也产生了广泛影响。在 1990 年前后,英国、德国、加拿大等国也先后制定了立足于本国情况的信息安全评估标准,如加拿大的《可信计算机产品评估准则》(CTCPEC)等。在欧洲影响下,美国 1991 年制定了一个《联邦评估准则》(FC),但由于其不完备性,未能推开。

(2) 多国化阶段。由于信息安全评估技术的复杂性和信息安全产品国际市场的逐渐形成,单靠一个国家自行制定并实行自己的评估标准已不能满足国际交流的要求,于是多国共同制定统一的信息安全产品评估标准被提了出来。

1990 年,欧洲英国、法国、德国、荷兰四国国防部门信息安全机构率先联合制定了《信

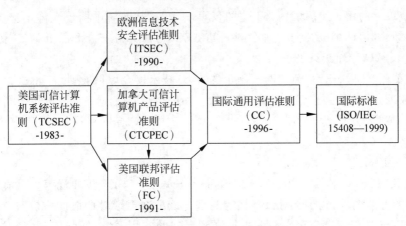

图 1-6　国外信息安全产品检测评估标准

息技术安全评估准则》(ITSEC),并在事实上成为欧盟各国使用的共同评估标准。这为多国共同制定信息安全标准开了先河。为了紧紧把握信息安全产品技术与市场的主导权,美国在欧洲四国出台 ITSEC 之后,立即倡议欧美六国七方(英国、法国、德国、荷兰、加拿大五国国防信息安全机构,加上美国国防部国家安全局(NSA)和美国商务部国家标准与技术局(NIST))共同制定一个供欧美各国通用的信息安全评估标准。1993—1996 年,经过四五年的研究开发,产生了《信息技术安全通用评估准则》,简称 CC 标准。

(3) 国际化阶段。为了适应经济全球化的形势要求,在 CC 标准制定出不久,六国七方即推动国际标准化组织(ISO)将 CC 标准纳入国际标准体系。经过多年协商和切磋,国际标准组织于 1999 年批准 CC 标准以 ISO/IEC 15408—1999 名称正式列入国际标准系列。

2) 国外信息安全产品及评估标准的分类、分级

(1) 分类。

美、俄两大集团在信息安全产品的开发与评估中都实行了分类、分级原则。

以美国为例,从 20 世纪 50 年代迄今,几经演变,目前信息安全产品大体上分为两部分、六大类。

两部分即政府(国防)专用安全产品(GOTS)和商用安全产品(COTS)。六大类分别为电磁(发射)安全(EMSEC 或 TEMPEST)产品、通信安全(COMSEC)产品、密码(CRYPT)产品、信息技术安全(ITSEC)产品、安全检测(SEC INSPECTION)产品、其他专用安全产品。与此相关的技术测评标准也大体上按此分类制定。例如,电磁安全标准是一个包括 20 多个具体标准的标准系列。其他类别也都包括一系列标准。

(2) 分级。

在分类的基础上,美、俄等国对每类产品中的每项具体产品又采取了分级,以便用户按安全需求,选择相应的产品。美国 1991 年将 TEMPEST 产品分为 3 级:第 1 级用于最高级的防护,第 2 级用于中级防护,第 3 级用于初级防护。美国的密码产品也分为多个等级,其中允许出口的密码产品,如数据加密标准(DES)产品,在 20 世纪 90 年代,其密钥长

度为 64 位以上的用于美国国内,64 位的仅可出口盟国,而对中国仅允许出口 40 位的密码。美国的《可信计算机安全评估准则》(TCSEC)将计算机安全产品分为 4 等(A、B、C、D)7 级(D、C1、C2、B1、B2、B3、A1)。

欧洲英国、法国、德国、荷兰四国制定的《信息技术安全评估准则》(ITSEC),继承并发展了 TCSEC,不仅保留了安全功能(F)等级,并且对评估保证(E)等级进行了划分。

美国、英国、法国、德国、荷兰、加拿大六国制定的 CC 标准将评估保证级(EAL)划分为 1~7 级。

3) TCSEC、ITSEC 和 CC

TCSEC、ITSEC 和 CC 标准一脉相承,各有长短。TCSEC 主要规范了计算机操作系统和主机的安全要求,侧重于对保密性的要求。该标准至今对评估计算机安全仍具有现实意义。ITSEC 将信息安全由计算机扩展到更广的实用系统,增强了对完整性、可用性的要求,发展了评估保证概念。CC 基于风险管理理论,对安全模型、安全概念和安全功能进行了全面、系统的描述,强化了评估保证。它们之间的关系如表 1-2 所示。

表 1-2 TCSEC、ITSEC 和 CC 标准分级大体对应关系

美国 TCSEC	欧洲 ITSEC	CC 标准
D:最小保护	E0	—
—	—	EAL1-功能测试
C1:自主安全保护	E1	EAL2-结构测试
C2:控制访问保护	F1 E2 F2	EAL3-方法测试和检验
B1:标识安全保护	F3 E3	EAL4-方法设计、测试和评审
B2:结构保护	F4 E4	EAL5-半形式化设计和测试
B3:安全域	F5 E5	EAL6-半形式化验证设计和测试
A1:验证设计	F5 E6	EAL7-形式化验证设计和测试

2. 我国信息安全产品(系统)评估标准现状

我国从 20 世纪 90 年代中期即开始制定关于信息安全产品的标准,2000 年开始有计划地研究制定信息安全评估标准。经国家标准化管理委员会批准,全国信息安全标准化技术委员会(简称信息安全标委会,TC260)于 2002 年 4 月 15 日在北京正式成立。信息安全标委会是在信息安全技术专业领域内,从事信息安全标准化工作的技术工作组织,负责组织开展国内与信息安全有关的标准化技术工作,主要工作范围包括安全技术、安全机制、安全服务、安全管理、安全评估等领域的标准化技术工作。2014 年 2 月,信息安全标委会发布《信息安全国家标准目录 V2.0 版》。信息安全标委会将信息安全国家标准分为 7 个大类,分别为基础类标准、技术与机制类标准、信息安全管理标准、信息安全测评标准、通信安全标准、密码技术标准、保密技术标准。其中部分主要信息安全相关标准如表 1-3 所示。

表 1-3 我国部分主要信息安全相关标准

分类	项目	标准名称	标准号	说明
基础类标准	安全术语	信息安全技术 术语	GB/T 25069—2010	给出了与信息安全技术领域相关的概念的术语和定义,并明确了这些条目之间的关系
	框架	信息技术 开放系统互连 目录 第8部分:公钥和属性证书框架	GB/T 16264.8—2005	描述了一套作为所有安全服务基础的框架,并规定了在鉴别及其他服务方面的安全要求
技术与机制类标准	标识与鉴别	信息技术 安全技术 带消息恢复的数字签名方案	GB 15851—1995	规定了对有限长消息使用公开密钥体制的带消息恢复的数字签名方案
		信息技术 安全技术 带附录的数字签名 第1部分:概述	GB/T 17902.1—1999	描述了带附录的数字签名的基本原则和要求以及该系列标准通用的定义和符号
		基于多用途互联网邮件扩展(MIME)的安全报文交换	GB/Z 19717—2005	阐述了安全发送和接收基于多用途互联网邮件扩展(MIME)数据的基本方法
		信息技术 安全技术 实体鉴别 第1部分:概述	GB/T 15843.1—2008	规定了采用安全技术的实体鉴别机制的鉴别模型及一般要求和限制
		信息技术 安全技术 实体鉴别 第2部分:采用对称加密算法的机制	GB/T 15843.2—2008	规定了采用对称加密算法的实体鉴别机制
		信息技术 安全技术 实体鉴别 第3部分:采用数字签名技术的机制	GB/T 15843.3—2008	规定了采用非对称签名技术的实体鉴别机制
		信息技术 安全技术 实体鉴别 第4部分:采用密码校验函数的机制	GB/T 15843.4—2008	规定了采用密码校验函数的实体鉴别机制
		信息技术 安全技术 实体鉴别 第5部分:使用零知识技术的机制	GB/T 15843.5—2005	规定了采用零知识技术的实体鉴别机制
		信息技术 安全技术 消息鉴别码 第1部分:采用分组密码的机制	GB/T 15852.1—2008	规定了一种使用密钥和 n 比特块密码算法计算 m 比特码校验值的方法
		信息技术 安全技术 带附录的数字签名 第2部分:基于身份的机制	GB/T 17902.2—2005	规定了任意长度消息的带附录的基于身份的数字签名机制的签名和验证过程的总的结构和基本过程

续表

分类	项目	标准名称	标准号	说明
技术与机制类标准	标识与鉴别	信息技术 安全技术 带附录的数字签名 第3部分：基于证书的机制	GB/T 17902.3—2005	规定了带附录的基于证书的数字签名机制
		信息安全技术 引入可信第三方的实体鉴别及接入架构规范	GB/T 28455—2012	规定了引入可信第三方的实体鉴别及接入架构的一般方法
		信息安全技术 鉴别与授权 安全断言标记语言	GB/T 29242—2012	定义了一系列遵从XML编码格式的关于安全断言的语法、语义规范、系统实体间传递和处理SAML断言的协议集合与SAML系统管理相关的处理规则
		信息安全技术 数字证书代理认证路径构造和代理验证规范	GB/T 29243—2012	规定了数字证书代理认证路径构造和代理验证两种服务的概念和协议要求，以及满足协议要求的代理服务协议
	授权与访问控制	信息技术 安全技术 抗抵赖 第1部分：概述	GB/T 17903.1—2008	描述了基于密码技术提供证据的抗抵赖机制的一种模型，并且描述如何使用对称或非对称密码技术生成密码校验值并以此形成证据
		信息技术 安全技术 抗抵赖 第2部分：采用对称技术的机制	GB/T 17903.2—2008	描述了可用于抗抵赖服务的通用结构，以及能用来提供原发抗抵赖(NRO)、交付抗抵赖(NRD)、提交抗抵赖(NRS)和传输抗抵赖(NRT)等有关的特殊通信机制
		信息技术 安全技术 抗抵赖 第3部分：采用非对称技术的机制	GB/T 17903.3—2008	规定了使用非对称技术提供与通信有关的特殊抗抵赖服务的机制
		信息技术 安全技术 公钥基础设施 在线证书状态协议	GB/T 19713—2005	规定了一种无须请求证书撤销列表(CRL)即可查询数字证书状态的机制
		信息技术 安全技术 公钥基础设施 证书管理协议	GB/T 19714—2005	描述了公钥基础设施(PKI)中的证书管理协议，定义了与证书产生和管理相关的各方面所需要的协议消息
		信息技术 安全技术 公钥基础设施 PKI组件最小互操作规范	GB/T 19771—2005	支持大规模公钥基础设施的互操作性
		信息安全技术 公钥基础设施 数字证书格式	GB/T 20518—2006	规定了中国数字证书的基本结构，并对数字证书中的各数据项内容进行了描述
		信息安全技术 公钥基础设施 特定权限管理中心技术规范	GB/T 20519—2006	规定了特定权限管理中心架构、系统相关协议、各种证书的发布模式等
		信息安全技术 公钥基础设施 时间戳规范	GB/T 20520—2006	规定了时间戳系统部件的组成、时间戳的管理、时间戳的格式和时间戳系统安全管理等方面的要求

续表

分类	项目	标准名称	标 准 号	说　明
技术与机制类标准	授权与访问控制	信息安全技术　公钥基础设施　PKI系统安全等级保护技术要求	GB/T 21053—2007	对PKI系统安全保护进行等级划分,规定了不同等级PKI系统所需要满足的评估内容
		信息安全技术　公钥基础设施　PKI系统安全等级保护评估准则	GB/T 21054—2007	规定了不同等级PKI系统所需要的安全技术要求
		信息安全技术　公钥基础设施安全支撑平台技术框架	GB/T 25055—2010	规定了基于公钥基础设施的安全支撑平台的技术框架
		信息安全技术　公钥基础设施　电子签名卡应用接口基本要求	GB/T 25057—2010	规定了电子签名卡的基本命令报文和相应的响应报文,以及电子签名卡的文件组织结构
		信息安全技术　公钥基础设施　简易在线证书状态协议	GB/T 25059—2010	规定了一种简易在线证书状态协议SOCSP
		信息安全技术　公钥基础设施　X.509数字证书应用接口规范	GB/T 25060—2010	定义了数字证书应用标识及一组证书应用接口
		信息安全技术　公钥基础设施　XML数字签名语法与处理规范	GB/T 25061—2010	规定了创建和表示XML数字签名的语法和处理规则
		信息安全技术　鉴别与授权　基于角色的访问控制模型与管理规范	GB/T 25062—2010	规定了基于角色的访问控制(RBAC)模型、RBAC系统和管理功能规范
		信息安全技术　公钥基础设施　电子签名格式规范	GB/T 25064—2010	定义了电子签名与验证的主要参与方、电子签名的类型、验证和仲裁要求
		信息安全技术　公钥基础设施　签名生成应用程序的安全要求	GB/T 25065—2010	规定了产生可靠电子签名的签名生成应用程序(SAC)的安全要求
		信息安全技术　公钥基础设施　证书策略与认证业务声明框架	GB/T 26855—2011	定义了证书策略(CP)和认证业务声明(CPS)的概念,解释二者之间的区别,并规定了CP和CPS应共同遵守的文档标题框架
		信息安全技术　电子认证服务机构运营管理规范	GB/T 28447—2012	规定了电子认证服务机构在业务运营、认证系统运行、物理环境与设施安全、组织与人员管理、文档、记录、介质管理、业务连续性、审计与改进等多方面应遵循的要求
		信息安全技术　公钥基础设施　桥CA体系证书分级规范	GB/T 29767—2013	规定了桥CA体系证书安全等级划分

续表

分类	项目	标准名称	标准号	说明
技术与机制类标准	授权与访问控制	信息安全技术 公钥基础设施 电子签名卡应用接口测试规范	GB/T 30274—2013	规定了电子签名卡的测试环境、测试内容、测试方法,以及预期测试结果
		信息安全技术 鉴别与授权 认证中间件框架与接口规范	GB/T 30275—2013	规范了认证中间件体系框架、组件、功能及通用接口,并给出了认证中间件的工作流程
		信息安全技术 公钥基础设施 电子认证机构标识编码规范	GB/T 30277—2013	确立了电子认证机构标识代码编制规范的一般原则
		信息安全技术 鉴别与授权 地理空间可扩展访问控制置标语言	GB/T 30280—2013	给出了XACML策略语言的一种扩展,使其可以支持对地理信息访问权限约束的申明和执行
		信息安全技术 鉴别与授权 可扩展访问控制标记语言	GB/T 30281—2013	规定了可扩展访问控制标记语言(XACML)的数据流模型、语言模型和语法
	物理安全技术标准	信息安全技术 信息系统物理安全技术要求	GB/T 21052—2007	规定了按照计算机信息系统物理安全等级划分所需的检验试验的技术要求
	可信计算	信息安全技术 可信计算规范 可信平台主板功能接口	GB/T 29827—2013	规定了可信平台主板的组成结构、信任链构建流程、功能接口
		信息安全技术 可信计算规范 可信连接架构	GB/T 29828—2013	规定了可信连接架构的层次、实体、部件、接口、实现流程、评估、隔离和修补以及各个接口的具体实现
		信息安全技术 可信计算密码支撑平台功能与接口规范	GB/T 29829—2013	描述了可信计算密码支撑平台功能原理与要求,并详细定义了可信计算密码支撑平台的密码算法、密钥管理、证书管理、密码协议、密码服务等应用接口规范
信息安全管理标准	管理基础	计算机信息系统 安全保护等级划分准则	GB 17859—1999	规定了计算机信息系统安全保护能力的5个等级
		信息技术 信息技术安全管理指南 第1部分:信息技术安全概念和模型	GB/T 19715.1—2005	提出了基本的管理概念和模型,将这些概念和模型引入IT安全管理是必要的
		信息技术 信息技术安全管理指南 第2部分:管理和规划信息技术安全	GB/T 19715.2—2005	提出了IT安全管理的一些基本专题以及这些专题之间的关系

续表

分类	项目	标准名称	标准号	说明
信息安全管理标准	管理要素	信息技术 安全技术 信息安全管理体系 要求	GB/T 22080—2008	从组织的整体业务风险的角度,为建立、实施、运行、监视、评审、保持和改进文件化的信息安全管理体系(ISMS)提出要求
		信息技术 安全技术 信息安全管理实用规则	GB/T 22081—2008	对信息安全管理给出建议,供负责在其中组织启动、实施或维护安全的人员使用
		信息技术 安全技术 信息安全管理体系审核认证机构的要求	GB/T 25067—2010	对实施信息安全管理体系(以下简称ISMS)审核和认证的机构提出要求并提供指南
		信息安全技术 信息系统安全管理要求	GB/T 20269—2006	规定了信息系统安全所要的各个安全等级的管理要求
		信息安全技术 信息安全管理体系审核指南	GB/T 28450—2012	为信息安全管理体系的审核原则、审核方案管理和审核实施提供了指导,并对审核员的能力及其评价提供了指导
		信息安全技术 信息系统安全管理评估要求	GB/T 28453—2012	规定了对信息系统进行安全管理评估的原则和模式、组织和活动、方法和实施
		信息安全技术 政府部门信息安全管理基本要求	GB/T 29245—2012	规定了政府部门信息安全管理基本要求,用于指导各级政府部门的信息安全管理工作
		信息技术 安全技术 信息安全管理体系 概述和词汇	GB/T 29246—2012	提供了信息安全管理体系标准族的术语和定义
	管理支撑技术	信息安全技术 信息安全风险评估规范	GB/T 20984—2007	提出了风险评估的基本概念、要素关系、分析原理、实施流程和评估方法,以及风险评估在信息系统生命周期不同阶段的实施要点和工作形式
		信息技术 安全技术 信息安全事件管理指南	GB/Z 20985—2007	描述了信息安全事件的管理过程
		信息安全技术 信息安全事件分类分级指南	GB/Z 20986—2007	为信息安全事件的分类分级提供指导
		信息安全技术 信息系统灾难恢复规范	GB/T 20988—2007	规定了信息系统灾难恢复应遵循的基本要求
		信息安全技术 基于互联网电子政务信息安全实施指南	GB/Z 24294—2009	确立了基于互联网电子政务信息安全保障总体架构
		信息安全技术 信息安全应急响应计划规范	GB/T 24363—2009	规定了编制信息安全应急响应计划的前期准备,确立了信息安全应急响应计划文档的基本要素、内容要求和格式规范
		信息安全技术 信息安全风险管理指南	GB/Z 24364—2009	规定了信息安全风险管理的内容和过程,为信息系统生命周期不同阶段的信息安全风险管理提供指导

续表

分类	项目	标准名称	标准号	说明
信息安全管理标准	管理支撑技术	信息技术 安全技术 IT网络安全 第3部分：使用安全网关的网间通信安全保护	GB/T 25068.3—2010	规定了各种安全网关技术、组件和各种类型的安全网关体系结构
		信息技术 安全技术 IT网络安全 第4部分：远程接入的安全保护	GB/T 25068.4—2010	规定了安全使用远程接入的安全指南
		信息技术 安全技术 IT网络安全 第5部分：使用虚拟专用网的跨网通信安全保护	GB/T 25068.5—2010	规定了使用虚拟专用网(VPN)连接到互联网以及将远程用户连接到网络上的安全指南
		信息技术 安全技术 IT网络安全 第1部分：网络安全管理	GB/T 25068.1—2012	规定了网络和通信安全方面的指导，包括信息系统网络自身的互联以及将远程用户连接到网络
		信息技术 安全技术 IT网络安全 第2部分：网络安全体系结构	GB/T 25068.2—2012	规定了用于提供端到端网络安全的网络安全体系结构
		信息技术 安全技术 入侵检测系统的选择、部署和操作	GB/T 28454—2012	给出了帮助组织准备部署IDS的指南
	工程与服务管理	信息安全技术 信息系统安全工程管理要求	GB/T 20282—2006	规定了信息系统安全工程的管理要求
		信息安全技术 信息系统安全等级保护基本要求	GB/T 22239—2008	规定了不同安全保护等级信息系统的基本保护要求
		信息安全技术 信息系统安全等级保护定级指南	GB/T 22240—2008	规定了信息系统安全等级保护的定级方法
		信息安全技术 信息系统安全等级保护实施指南	GB/T 25058—2010	规定了信息系统安全等级保护实施的过程
		信息安全技术 信息系统等级保护安全设计技术要求	GB/T 25070—2010	规定了信息系统等级保护安全设计技术要求
		信息安全技术 信息安全服务 分类	GB/T 30283—2013	规定了信息安全服务定义、信息安全服务基本类别
		信息安全技术 灾难恢复中心建设与运维管理规范	GB/T 30285—2013	规定了灾难恢复中心建设与运维的管理过程
	个人信息保护	信息安全技术 公共及商用服务信息系统个人信息保护指南	GB/Z 28828—2012	规范了全部或部分通过信息系统进行个人信息处理的过程

续表

分类	项目	标准名称	标准号	说明
信息安全测评标准	测评基础	计算机信息系统 安全保护等级划分准则	GB 17859—1999	规定了计算机信息系统安全保护能力的5个等级
		信息技术 安全技术 信息技术安全评估准则 第1部分：简介和一般模型	GB/T 18336.1—2015	定义了两种结构以表述IT安全功能和保证要求
		信息技术 安全技术 信息技术安全评估准则 第2部分：安全功能组件	GB/T 18336.2—2015	等同采用国际标准《信息技术 安全技术 信息技术安全性评估准则 第2部分：安全功能要求》
		信息技术 安全技术 信息技术安全性评估准则 第3部分：安全保证要求	GB/T 18336.3—2015	等同采用国际标准《信息技术 安全技术 信息技术安全性评估准则 第3部分：安全保证要求》
		信息安全技术 信息系统安全保障评估框架 第1部分：简介和一般模型	GB/T 20274.1—2006	给出了信息系统安全保障的基本概念和模型，并建立了信息系统安全保障框架
		信息安全技术 信息系统安全保障评估框架 第2部分：技术保障	GB/T 20274.2—2008	建立了信息系统安全技术保障的框架，确立了组织机构内的启动、实施、维护、评估和改进信息安全技术体系的指南和通用原则
		信息安全技术 信息系统安全保障评估框架 第3部分：管理保障	GB/T 20274.3—2008	建立了信息系统安全技术保障的框架，确立了组织机构内的启动、实施、维护、评估和改进信息安全技术体系的指南和通用原则
		信息安全技术 信息系统安全保障评估框架 第4部分：工程保障	GB/T 20274.4—2008	建立了信息系统安全技术保障的框架，确立了组织机构内的启动、实施、维护、评估和改进信息安全技术体系的指南和通用原则
		信息安全技术 保护轮廓和安全目标的产生指南	GB/Z 20283—2006	描述保护轮廓(PP)与安全目标(ST)中的内容及其各部分内容之间的相互关系的详细指南
		信息安全技术 信息系统安全等级保护测评要求	GB/T 28448—2012	规定了对实现的信息系统是否符合GB/T 22239—2008所进行的测试评估活动的要求
		信息安全技术 信息系统安全等级保护测评过程指南	GB/T 28449—2012	规定了信息系统安全等级保护测评工作的测评过程
		信息安全技术 安全漏洞标识与描述规范	GB/T 28458—2012	规定了计算机信息系统安全漏洞的标识与描述规范

续表

分类	项目	标准名称	标 准 号	说 明
信息安全测评标准	测评基础	信息技术 安全技术 信息技术安全性评估方法	GB/T 30270—2013	描述了评估者应执行的最小行为集,是ISO/IEC 15408的配套标准
		信息安全技术 信息安全服务能力评估准则	GB/T 30271—2013	定义了服务过程模型和信息安全服务商的服务能力的评估准则
		信息安全技术 信息安全漏洞管理规范	GB/T 30276—2013	规定了信息安全漏洞的管理要求,涉及漏洞的发现、利用、修复和公开等环节
		信息安全技术 安全漏洞等级划分指南	GB/T 30279—2013	规定了信息系统安全漏洞(简称漏洞)的等级划分要素和危害程度级别
		信息安全技术 信息系统保护轮廓和信息系统安全目标产生指南	GB/Z 30286—2013	给出了编制信息系统保护轮廓和信息系统安全目标的过程
		信息技术 安全技术 信息技术安全保障框架 第1部分:综述和框架	GB/Z 29830.1—2013	按照一般生存周期模型,介绍交付件的安全保障方法、联系及其分类
		信息技术 安全技术 信息技术安全保障框架 第2部分:保障方法	GB/Z 29830.2—2013	收集了一些保障方法,概括了这些方法的目标,描述了它们的特征以及引用文件和标准等
		信息技术 安全技术 信息技术安全保障框架 第3部分:保障方法分析	GB/Z 29830.3—2013	可使用户把特定保障需求和/或典型保障情况与一些可用保障方法所提供的一般性表现特征相匹配
	产品测评	信息安全技术 路由器安全技术要求	GB/T 18018—2007	分等级规定了路由器的安全功能、要求和安全保证要求
		信息安全技术 操作系统安全评估准则	GB/T 20008—2005	从信息技术方面规定了对操作系统安全保护等级划分所需要的评估内容
		信息安全技术 数据库管理系统安全评估准则	GB/T 20009—2005	从信息技术方面规定了对数据库管理系统安全保护等级划分所需要的评估内容
		信息安全技术 包过滤防火墙评估准则	GB/T 20010—2005	从信息技术方面规定了对采用传输控制协议/网间协议的包过滤防火墙产品安全保护等级划分所需要的评估内容
		信息安全技术 路由器安全评估准则	GB/T 20011—2005	从信息技术方面规定了对路由器产品安全保护等级划分所需要的评估内容
		信息安全技术 操作系统安全技术要求	GB/T 20272—2006	规定了各个安全等级的操作系统所需要的安全技术要求
		信息安全技术 数据库管理系统安全技术要求	GB/T 20273—2006	规定了各个安全等级的数据库管理系统所需要的安全技术要求
		信息安全技术 入侵检测系统技术要求和测试评价方法	GB/T 20275—2006	规定了入侵检测系统的技术要求和测评方法,并提出了入侵检测系统的分级要求

续表

分类	项目	标准名称	标准号	说明
信息安全测评标准	产品测评	信息安全技术 智能卡嵌入式软件安全技术要求（EAL4增强级）	GB/T 20276—2006	规定了EAL4增强级的智能卡嵌入式软件进行安全保护所需要的安全技术要求
		信息安全技术 网络脆弱性扫描产品技术要求	GB/T 20278—2006	规定了采用传输控制协议/网际协议的网络脆弱性扫描产品的技术要求
		信息安全技术 网络脆弱性扫描产品测试评价方法	GB/T 20280—2006	规定对采用传输控制协议/网际协议（TCP/IP）的网络脆弱性扫描产品的测试、评价方法
		信息安全技术 防火墙技术要求和测试评价方法	GB/T 20281—2006	规定采用传输控制协议/网际协议（TCP/IP）的防火墙类信息安全产品的技术要求和测评方法
		信息安全技术 信息系统安全审计产品技术要求和测试评价方法	GB/T 20945—2007	规定了信息系统安全审计产品技术要求和对应的测评方法
		信息安全技术 虹膜识别系统技术要求	GB/T 20979—2007	规定了用虹膜识别技术为身份鉴别提供支持的虹膜识别系统的技术要求
		信息安全技术 服务器安全技术要求	GB/T 21028—2007	规定了服务器所需要的安全技术要求，以及每一个安全保护等级的不同安全技术要求
		信息安全技术 网络交换机安全技术要求（评估保证级3）	GB/T 21050—2007	规定了网络交换机EAL3级的安全技术要求
		信息安全技术 具有中央处理器的集成电路（IC）卡芯片安全技术要求（评估保证级4增强级）	GB/T 22186—2008	规定了对具有中央处理器的集成电路（IC）卡芯片达到EAL4增强级所要求的安全功能要求及安全保证要求
		信息安全技术 服务器安全测评要求	GB/T 25063—2010	规定了服务器安全的测评要求
		信息安全技术 信息安全产品类别与代码	GB/T 25066—2010	规定了信息安全产品的主要类别与代码
		信息安全技术 网络型入侵防御产品技术要求和测试评价方法	GB/T 28451—2012	规定了网络型入侵防御产品的功能要求、产品自身安全要求和产品保证要求，并提出了入侵防御产品的分级要求
		IPSec协议应用测试规范	GB/T 28456—2012	对IPSec协议应用的测试内容及测试步骤进行了规范
		SSL协议应用测试规范	GB/T 28457—2012	规定了SSL协议应用的测试内容和基本测试步骤
		信息安全技术 终端计算机通用安全技术要求与测试评价方法	GB/T 29240—2012	规定了终端计算机的安全技术要求和测试评价方法

续表

分类	项目	标准名称	标准号	说明
信息安全测评标准	产品测评	信息安全技术 办公设备基本安全要求	GB/T 29244—2012	规定了办公设备安全技术要求和安全管理功能要求
		信息安全技术 网站数据恢复产品技术要求与测试评价方法	GB/T 29766—2013	规定了网站数据恢复产品技术要求与测试评价方法
		信息安全技术 数据备份与恢复产品技术要求与测试评价方法	GB/T 29765—2013	规定了数据备份与恢复产品的技术要求与测试评价方法
		信息安全技术 公钥基础设施 标准一致性测试评价指南	GB/T 30272—2013	规定了公钥基础设施相关组件的测试评价指南
		信息安全技术 政务计算机终端核心配置规范	GB/T 30278—2013	提出了政务计算机终端核心配置的基本概念和要求,规定了核心配置的自动化实现方法,规范了核心配置实施流程
		信息安全技术 网络脆弱性扫描产品安全技术要求	GB/T 20278—2013	规定了网络脆弱性扫描产品的安全功能要求、自身安全要求和安全保证要求,并根据安全技术要求的不同对网络脆弱性扫描产品进行了分级
		信息安全技术 信息系统安全审计产品技术要求和测试评价方法	GB/T 20945—2013	规定了信息系统安全审计产品的技术要求和测试评价方法
		信息安全技术 反垃圾邮件产品技术要求和测试评价方法	GB/T 30282—2013	规定了反垃圾邮件产品的技术要求和测试评价方法
		信息安全技术 移动通信智能终端操作系统安全技术要求(EAL2级)	GB/T 30284—2013	规定了EAL2级移动通信智能终端操作系统的安全技术要求
	系统测评	信息安全技术 网络基础安全技术要求	GB/T 20270—2006	规定了各个安全等级的网络系统所需要的基础安全技术要求
		信息安全技术 信息系统通用安全技术要求	GB/T 20271—2006	规定了信息系统安全所需要的安全技术的各个安全等级要求
		信息安全技术 网上银行系统信息安全保障评估准则	GB/T 20983—2007	规定了网上银行系统的描述、安全环境、安全保障目的、安全保障要求及网上银行系统信息安全保障目的和安全保障要求的符合性声明
		信息安全技术 网上证券交易系统信息安全保障评估准则	GB/T 20987—2007	规定了网上证券交易系统的描述、安全环境、安全保障目的、安全保障要求及网上证券系统信息安全保障目的和安全保障要求的符合性声明
		信息安全技术 应用软件系统通用安全技术要求	GB/T 28452—2012	规定了对应用软件系统进行等级保护所涉及的通用安全管理要求

续表

分类	项目	标准名称	标准号	说明
信息安全测评标准	系统测评	信息安全技术 公钥基础设施 PKI互操作性评估准则	GB/T 29241—2012	规定了PKI系统和PKI应用的5个互操作能力等级,完成了分等级的PKI互操作性评估准则
		信息安全技术 信息系统安全保障通用评估指南	GB/T 30273—2013	描述了评估者在使用GB/T 20274所定义的准则进行评估时需要完成的评估活动
		信息安全技术 网络入侵检测系统技术要求和测试评价方法	GB/T 20275—2013	规定了网络入侵检测系统的技术要求和测试评价方法
通信安全标准		IP认证头(AH)	GB/T 21643—2008	规定了AH协议的技术要求,包括AH协议头格式、AH协议处理、一致性要求等
密码技术标准		信息技术 安全技术 散列函数 第1部分:概述	GB/T 18238.1—2000	规定了散列函数,它可用于提供鉴别、完整性和抗抵赖服务
		信息技术 安全技术 散列函数 第2部分:采用n位块密码的散列函数	GB/T 18238.2—2002	规定了采用n位块密码算法的散列函数
		信息技术 安全技术 散列函数 第3部分:专用散列函数	GB/T 18238.3—2002	规定了专用散列函数,即专门设计的散列函数
		信息安全技术 分组密码算法的工作模式	GB/T 17964—2008	描述了分组密码算法的其中工作模式,以便规范分组密码的使用
		信息安全技术 证书认证系统密码及其相关安全技术规范	GB/T 25056—2010	规定了为公众服务的数字证书认证系统的设计、建设、检测、运行及管理规范
保密技术标准		电话机电磁泄漏发射限值和测试方法	BMB1—1994	规定了电话机电磁泄漏辐射发射、传导发射的限值和测试方法
		使用现场的信息设备电磁泄漏发射检查测试方法和安全判据	BMB2—1998	规定了使用现场的信息设备电磁泄漏辐射发射、传导发射检查测试方法和信息安全判据
		处理涉密信息的电磁屏蔽室的技术要求和测试方法	BMB3—1999	规定了处理涉密信息的电磁屏蔽室的电磁场屏蔽效能要求、传导泄漏发射抑制要求和测试方法
		电磁干扰器技术要求和测试方法	BMB4—2000	规定了电磁干扰器的辐射发射要求、传导发射及抑制要求、抗视频信息还原性能要求和测试方法以及等级划分

续表

分类	项目	标准名称	标准号	说明
保密技术标准		涉密信息设备使用现场的电磁泄漏发射防护要求	BMB5—2000	规定了对涉密信息系统的设备选用、使用环境和工程安装等防护要求
		密码设备电磁泄漏发射限值	BMB6—2001	规定了密码设备电场辐射发射、磁场辐射发射和传导发射限值以及等级划分
		密码设备电磁泄漏发射测试方法(总则)	BMB7—2001	规定了密码设备电场辐射发射、磁场辐射发射和传导发射测试方法的总要求以及红黑信号识别的测试方法
		电话密码机电磁泄漏发射测试方法	BMB7.1—2001	规定了电话密码机电场辐射发射、磁场辐射发射和传导发射测试方法以及红黑信号识别方法
		国家保密局电磁泄漏发射防护产品检测实验室认可要求	BMB8—2004	规定了国家保密局电磁泄漏发射防护产品检测中心及其分中心的检测实验室在组织管理、技术能力以及检测人员、检测场地、检测设备、设施配置等方面应达到的认可要求
		涉及国家秘密的计算机网络安全隔离设备的技术要求和测试方法	BMB10—2004	规定了安全隔离计算机、安全隔离卡及安全隔离线路选择器的技术要求和测试方法
		涉及国家秘密的计算机信息系统防火墙安全技术要求	BMB11—2004	规定了涉及国家秘密的计算机信息系统使用的防火墙产品或系统的安全技术要求
		涉及国家秘密的计算机信息系统漏洞扫描产品技术要求	BMB12—2004	规定了涉密信息系统内使用的漏洞扫描产品的技术要求
		涉及国家秘密的计算机信息系统入侵检测产品技术要求	BMB13—2004	规定了涉密信息系统内使用的网络型和主机型入侵检测产品的技术要求
		涉及国家秘密的信息系统安全保密测评实验室要求	BMB14—2004	适用于申请获得实验室资格的单位的检查和评审,以及实验室的管理
		涉及国家秘密的信息系统安全审计产品技术要求	BMB15—2004	规定了涉密信息系统内使用的安全审计产品的技术要求
		涉及国家秘密的信息系统安全隔离与信息交换产品技术要求	BMB16—2004	规定了涉密信息系统使用的安全隔离与信息交换产品技术要求
		涉及国家秘密的信息系统分级保护技术要求	BMB17—2006	规定了涉密信息系统的等级划分准则和相应等级的安全保密技术要求
		涉及国家秘密的信息系统工程监理规范	BMB18—2006	规定了涉及国家秘密的信息系统新建、改建和扩建过程中工程监理的工作方法和工作内容

续表

分类	项目	标准名称	标 准 号	说 明
保密技术标准		电磁泄漏发射屏蔽机柜技术要求和测试方法	BMB19—2006	规定了电磁泄漏发射屏蔽机柜技术要求和测试方法
		信息设备电磁泄漏发射限值	GGBB1—1999	规定了信息设备电磁泄漏辐射发射、传导发射的限值
		信息设备电磁泄漏发射测试方法	GGBB2—1999	规定了信息设备电磁泄漏辐射发射、传导发射的测试方法
		涉及国家秘密的计算机信息系统保密技术要求	BMZ1—2000	规定了涉及国家秘密的计算机信息系统的安全保密技术要求
		涉及国家秘密的计算机信息系统安全保密方案设计指南	BMZ2—2001	规定了涉及国家秘密的计算机信息系统安全保密方案包括的主要内容
		涉及国家秘密的计算机信息系统安全保密测评指南	BMZ3—2001	规定了涉及国家秘密的计算机信息系统安全保密测评准则
		保密会议室移动通信干扰器技术要求和测试方法	BMB9.1—2007	规定了用于保密会议的移动通信无线信号干扰器的技术要求和测试方法
		保密会议室移动通信干扰器安装使用指南	BMB9.2—2007	规定了移动通信无线信号干扰器在保密会议场所的安装使用指南
		涉及国家秘密的信息系统分级保护管理规范	BMB20—2007	规定了涉密信息系统分级保护管理过程、管理要求和管理内容
		涉及国家秘密的载体销毁与信息消除安全保密要求	BMB21—2007	规定了涉密载体销毁和信息消除的等级、实施方法、技术指标以及相应的安全保密管理要求
		涉及国家秘密的信息系统分级保护测评指南	BMB22—2007	规定了涉密信息系统分级保护测评工作流程、测评内容、测评方法和测评结果判定准则
		涉及国家秘密的信息系统分级保护方案设计指南	BMB23—2008	规定了涉密信息系统分级保护方案应包括的主要内容

3. 信息安全产品评估标准的展望

展望信息安全产品评估标准的发展可以看到,随着世界各国对于标准的地位和作用的日益重视,信息安全评估标准多国化、国际化成为大势所趋;国际标准化组织将进一步研究改进 ISO/IEC 15408 标准,各国在采用国际标准的同时,将利用 TBT 等有关条款,保护本国利益;最终,国内、国际多个标准并存将成为普遍现象。

1.4 信息安全法律体系

1.4.1 我国信息安全法律体系

1. 体系结构

1）法律体系

我国法律体系也称部门法体系,是指我国的全部现行法律规范,按照一定的标准和原则,划分为不同的法律部门而形成的内部和谐一致、有机联系的整体。法律体系是一国国内法构成的体系,不包括完整意义的国际法(国际公法)。

在信息安全方面,我国法律体系中对信息安全保护都有规定。例如,宪法第四十条规定:"中华人民共和国公民的通信自由和通信秘密受法律的保护。除因国家安全或者追查刑事犯罪的需要,由公安机关或者检察机关依照法律规定的程序对通信进行检查外,任何组织或者个人不得以任何理由侵犯公民的通信自由和通信秘密。"刑法第二百八十五条规定:"违反国家规定,侵入国家事务、国防建设、尖端科学技术领域的计算机信息系统的,处三年以下有期徒刑或者拘役。"

2）政策体系

政府制定相应的法规、规章及规范性文件、强制性加大对信息安全系统保护的力度。

3）强制性技术标准

发布了多个技术标准,并且强制性执行,如《计算机信息系统安全保护等级划分准则》。

2. 信息系统安全保护法律规范的法律地位

1）信息系统安全立法的必要性和紧迫性

没有信息安全,就没有完全意义上的国家安全,也没有真正的政治安全、军事安全和经济安全。

在综合国力竞争十分激烈、国际局势瞬息万变的形势下,一个国家支配信息资源能力越强,就越有战略主动权,而一旦丧失了对信息的控制权和保护权,就很难把握自己的命运,就没有国家主权可言。作为信息战的战场,敌对国家之间、地区之间、竞争对手之间通过网络攻击对方的信息系统,窃取机密情报、实施破坏。信息安全的保障能力是21世纪综合国力、经济竞争实力和生存发展能力的重要组成部分,应将其上升到国家和民族利益的高度,作为一项基本国策加以重视。

2）信息系统安全保护法律规范的作用

（1）指引作用:是指法律作为一种行为规范,为人们提供某种行为模式,指引人们可以这样行为、必须这样行为或不得这样行为。

（2）评价作用:是指法律具有判断、衡量他人行为是否合法或违法以及违法性质和程度的作用。

（3）预测作用:是指当事人可以根据法律预先估计到他们相互将如何行为以及某行为在法律上的后果。

(4) 教育作用：是指通过法律的实施对一般人今后的行为所产生的影响。

(5) 强制作用：是指法律对违法行为人具有制裁、惩罚的作用。

1.4.2 法律、法规介绍

1. 刑法相关内容

1997年，刑法中增加了计算机犯罪的法条，对非法侵入重要计算机信息系统以及违反《计算机信息系统安全保护条例》并造成严重后果构成犯罪的，依法追究其刑事责任。

我国刑法关于计算机犯罪的三个专门条款，分别规定了非法侵入计算机信息系统罪；破坏计算机信息系统罪；利用计算机实施金融诈骗、盗窃、贪污、挪用公款、窃取国家秘密或者其他犯罪，并将其一并归入分则第六章"妨害社会管理秩序罪"第一节"扰乱公共秩序罪"。

刑法有关网络犯罪的规定，总体上可以分为两大类：一类是纯粹的网络犯罪，即刑法第二百八十五条、第二百八十六条单列的两种网络犯罪独立罪名；另一类不是纯粹的网络犯罪，而是隐含于其他犯罪罪名中的网络犯罪形式，例如，刑法第二百八十七条规定："利用计算机实施金融诈骗、盗窃、贪污、挪用公款、窃取国家秘密或者其他犯罪的，依照本法有关规定定罪处罚。"之所以要区分这两种类别，是因为第二类犯罪与传统犯罪之间并无本质区别，只是在犯罪工具的使用上有所不同而已，因此，不需要为其单列罪名；而第一类犯罪不仅在具体手段和侵犯客体方面与传统犯罪存在差别，而且由其特殊性所决定，传统犯罪各罪名已无法包括这些犯罪形式，因此为其单列罪名。

2015年刑法修正案（九）加强了对公民个人信息的保护，明确网络服务提供者履行网络安全管理的义务，完善网络犯罪的相关规定，增加编造、传播虚假信息犯罪的规定，进一步解决举证难问题。例如，将刑法第二百五十三条之一修改为："违反国家有关规定，向他人出售或者提供公民个人信息，情节严重的，处三年以下有期徒刑或者拘役，并处或者单处罚金；情节特别严重的，处三年以上七年以下有期徒刑，并处罚金。违反国家有关规定，将在履行职责或者提供服务过程中获得的公民个人信息，出售或者提供给他人的，依照前款的规定从重处罚。窃取或者以其他方法非法获取公民个人信息的，依照第一款的规定处罚。单位犯前三款罪的，对单位判处罚金，并对其直接负责的主管人员和其他直接责任人员，依照各该款的规定处罚。"

2. 治安管理处罚法相关内容

治安管理处罚法中第二十九条规定："有下列行为之一的，处五日以下拘留；情节较重的，处五日以上十日以下拘留：

（一）违反国家规定，侵入计算机信息系统，造成危害的；

（二）违反国家规定，对计算机信息系统功能进行删除、修改、增加、干扰，造成计算机信息系统不能正常运行的；

（三）违反国家规定，对计算机信息系统中存储、处理、传输的数据和应用程序进行删除、修改、增加的；

（四）故意制作、传播计算机病毒等破坏性程序，影响计算机信息系统正常运行的。"

3.《计算机信息系统安全保护条例》

1994年2月18日国务院发布了《计算机信息系统安全保护条例》。

1) 条例的宗旨和特点

条例的宗旨是为了保护计算机信息系统的安全,促进计算机的应用和发展,保障社会主义现代化建设的顺利进行。

条例的特点是重点维护国家事务、经济建设、国防建设、尖端科学技术等重要领域的计算机信息系统的安全。

2) 条例的适用

条例适用于任何组织或者个人。任何组织或者个人,不得利用计算机信息系统从事危害国家利益、集体利益和公民合法利益的活动,不得危害计算机信息系统的安全。中华人民共和国境内的计算机信息系统的安全保护,适用该条例。

3) 条例的主要内容

(1) 准确标明了安全保护工作的性质。保障计算机及其相关的和配套的设备、设施(含网络)的安全,运行环境的安全,保障信息的安全,保障计算机功能的正常发挥,以维护计算机信息系统的安全运行。

(2) 科学界定了计算机信息系统的概念。计算机信息系统,是指由计算机及其相关的和配套的设备、设施(含网络)构成的,按照一定的应用目标和规则对信息进行采集、加工、存储、传输、检索等处理的人机系统。

(3) 系统设置了安全保护的制度。其主要体现在计算机信息媒体进出境申报制、计算机信息系统安全管理负责制、计算机信息系统发生案件时的报告及有害数据的防治研究归口管理,用以下几个条款加以规范。第十二条规定:"运输、携带、邮寄计算机信息媒体进出境的,应当如实向海关申报。"第十三条规定:"计算机信息系统的使用单位应当建立健全安全管理制度,负责本单位计算机信息系统的安全保护工作。"第十四条规定:"对计算机信息系统中发生的案件,有关使用单位应当在24小时内向当地县级以上人民政府公安机关报告。"第十五条规定:"对计算机病毒和危害社会公共安全的其他有害数据的防治研究工作,由公安部归口管理。"

(4) 明确确定了安全监督的职权。条例明确确定了公安机关安全监督的职权,主要体现在以下几个条款。

第十七条规定:"公安机关对计算机信息系统安全保护工作行使下列监督职权:

(一) 监督、检查、指导计算机信息系统安全保护工作;

(二) 查处危害计算机信息系统安全的违法犯罪案件;

(三) 履行计算机信息系统安全保护工作的其他监督职责。"

第十八条规定:"公安机关发现影响计算机信息系统安全的隐患时,应当及时通知使用单位采取安全保护措施。"

(5) 全面规定了违法者的法律责任。条例全面规定了违法者的法律责任及处罚规范,其主要体现在以下条款。

第二十条规定:"违反本条例的规定,有下列行为之一的,由公安机关处以警告或者

停机整顿:
(一) 违反计算机信息系统安全等级保护制度,危害计算机信息系统安全的;
(二) 违反计算机信息系统国际联网备案制度的;
(三) 不按照规定时间报告计算机信息系统中发生的案件的;
(四) 接到公安机关要求改进安全状况的通知后,在限期内拒不改进的;
(五) 有危害计算机信息系统安全的其他行为的。"

第二十二条规定:"运输、携带、邮寄计算机信息媒体进出境,不如实向海关申报的,由海关依照《中华人民共和国海关法》和本条例以及其他有关法律、法规的规定处理。"

第二十三条规定:"故意输入计算机病毒以及其他有害数据危害计算机信息系统安全的,或者未经许可出售计算机信息系统安全专用产品的,由公安机关处以警告或者对个人处以 5000 元以下的罚款、对单位处以 15 000 元以下的罚款;有违法所得的,除予以没收外,可以处以违法所得 1 至 3 倍的罚款。"

第二十五条规定:"任何组织或者个人违反本条例的规定,给国家、集体或者他人财产造成损失的,应当依法承担民事责任。"

(6) 定义了计算机病毒及计算机信息系统安全专用产品。计算机病毒,是指编制或者在计算机程序中插入的破坏计算机功能或者毁坏数据,影响计算机使用,并能自我复制的一组计算机指令或者程序代码。计算机信息系统安全专用产品,是指用于保护计算机信息系统安全的专用硬件和软件产品。

4. 全国人民代表大会常务委员会《关于维护互联网安全的决定》

1) 制定决定的目的

我国的互联网,在国家大力倡导和积极推动下,在经济建设和各项事业中得到日益广泛的应用,使人们的生产、工作、学习和生活方式已经开始并将继续发生深刻的变化,对于加快我国国民经济、科学技术的发展和社会服务信息化进程具有重要作用。同时,如何保障互联网的运行安全和信息安全问题已经引起全社会的普遍关注。为了兴利除弊,促进我国互联网的健康发展,维护国家安全和社会公共利益,保护个人、法人和其他组织的合法权益,2000 年 12 月 28 日第九届全国人民代表大会常务委员会第十九次会议通过了《关于维护互联网安全的决定》。

2) 界定违法犯罪行为

为了保障互联网的运行安全,对有下列行为之一,构成犯罪的,依照刑法有关规定追究刑事责任:

(1) 侵入国家事务、国防建设、尖端科学技术领域的计算机信息系统;

(2) 故意制作、传播计算机病毒等破坏性程序,攻击计算机系统及通信网络,致使计算机系统及通信网络遭受损害;

(3) 违反国家规定,擅自中断计算机网络或者通信服务,造成计算机网络或者通信系统不能正常运行。

为了维护国家安全和社会稳定,对有下列行为之一,构成犯罪的,依照刑法有关规定追究刑事责任:

(1) 利用互联网造谣、诽谤或者发表、传播其他有害信息,煽动颠覆国家政权、推翻社会主义制度,或者煽动分裂国家、破坏国家统一;

(2) 通过互联网窃取、泄露国家秘密、情报或者军事秘密;

(3) 利用互联网煽动民族仇恨、民族歧视,破坏民族团结;

(4) 利用互联网组织邪教组织、联络邪教组织成员,破坏国家法律、行政法规实施。

为了维护社会主义市场经济秩序和社会管理秩序,对有下列行为之一,构成犯罪的,依照刑法有关规定追究刑事责任:

(1) 利用互联网销售伪劣产品或者对商品、服务作虚假宣传;

(2) 利用互联网损害他人商业信誉和商品声誉;

(3) 利用互联网侵犯他人知识产权;

(4) 利用互联网编造并传播影响证券、期货交易或者其他扰乱金融秩序的虚假信息;

(5) 在互联网上建立淫秽网站、网页,提供淫秽站点链接服务,或者传播淫秽书刊、影片、音像、图片。

为了保护个人、法人和其他组织的人身、财产等合法权利,对有下列行为之一,构成犯罪的,依照刑法有关规定追究刑事责任:

(1) 利用互联网侮辱他人或者捏造事实诽谤他人;

(2) 非法截获、篡改、删除他人电子邮件或者其他数据资料,侵犯公民通信自由和通信秘密;

(3) 利用互联网进行盗窃、诈骗、敲诈勒索。

3) 行动指南

利用互联网实施该决定第一条、第二条、第三条、第四条所列行为以外的其他行为,构成犯罪的,依照刑法有关规定追究刑事责任。

利用互联网实施违法行为,违反社会治安管理,尚不构成犯罪的,由公安机关依照治安管理处罚法予以处罚;违反其他法律、行政法规,尚不构成犯罪的,由有关行政管理部门依法给予行政处罚;对直接负责的主管人员和其他直接责任人员,依法给予行政处分或者纪律处分。利用互联网侵犯他人合法权益,构成民事侵权的,依法承担民事责任。

各级人民政府及有关部门要采取积极措施,在促进互联网的应用和网络技术的普及过程中,重视和支持对网络安全技术的研究和开发,增强网络的安全防护能力。有关主管部门要加强对互联网的运行安全和信息安全的宣传教育,依法实施有效的监督管理,防范和制止利用互联网进行的各种违法活动,为互联网的健康发展创造良好的社会环境。从事互联网业务的单位要依法开展活动,发现互联网上出现违法犯罪行为和有害信息时,要采取措施,停止传输有害信息,并及时向有关机关报告。任何单位和个人在利用互联网时,都要遵纪守法,抵制各种违法犯罪行为和有害信息。人民法院、人民检察院、公安机关、国家安全机关要各司其职,密切配合,依法严厉打击利用互联网实施的各种犯罪活动。要动员全社会的力量,依靠全社会的共同努力,保障互联网的运行安全与信息安全,促进社会主义精神文明和物质文明建设。

5.《计算机信息网络国际联网安全保护管理办法》

1997年12月11日经国务院批准,1997年12月16日公安部发布了《计算机信息网络国际联网安全保护管理办法》。

1) 制定办法的重要性和必要性

制定办法的重要性和必要性在于加强对计算机信息网络国际联网的安全保护,维护公共秩序和社会稳定。

2) 制定办法的指导思想

(1) 体现促进发展的原则。

(2) 体现保障安全的原则。

(3) 体现严格管理的原则。

(4) 体现与国家现行法律体系一致性的原则。

3) 办法的适用范围、调整对象和公安机关职责

(1) 办法的适用范围:中华人民共和国境内的计算机信息网络国际联网安全保护管理。

(2) 办法的调整对象:从事国际联网业务的单位和个人。

(3) 公安机关职责:公安网监部门负责计算机信息网络国际联网的安全保护管理工作。公安网监部门应当保护计算机信息网络国际联网的公共安全,维护从事国际联网业务的单位和个人的合法权益和公众利益。

4) 安全保护责任、义务和法律责任

(1) 安全保护责任和义务。从事国际联网业务的单位和个人应当接受公安机关的安全监督、检查和指导,如实向公安机关提供有关安全保护的信息、资料及数据文件,协助公安机关查处通过国际联网的计算机信息网络的违法犯罪行为。

(2) 法律责任。违反法律、行政法规,有该办法第五条、第六条所列行为之一的,由公安机关给予警告,有违法所得的,没收违法所得,对个人可以并处5000元以下的罚款,对单位可以并处15 000元以下的罚款;情节严重的,并可以给予六个月以内停止联网、停机整顿的处罚,必要时可以建议原发证、审批机构吊销经营许可证或者取消联网资格;构成违反治安管理行为的,依照治安管理处罚法的规定处罚;构成犯罪的,依法追究刑事责任。违反该办法第四条、第七条规定的,依照有关法律、法规予以处罚。

6.《互联网安全保护技术措施规定》

2005年11月23日公安部部长办公会议通过了《互联网安全保护技术措施规定》(以下简称《规定》),于2005年12月13日正式发布,并于2006年3月1日起施行。

《规定》是和《计算机信息网络国际联网安全保护管理办法》配套的一部部门规章。《规定》从保障和促进我国互联网发展出发,根据《计算机信息网络国际联网安全保护管理办法》的有关规定,对互联网服务提供者和联网使用单位落实安全保护技术措施提出了明确、具体和可操作性的要求,保证了安全保护技术措施的科学、合理和有效实施,有利于加强和规范互联网安全保护工作,提高互联网服务提供者和联网使用单位的安全防范能力和水平,预防和制止网上违法犯罪活动。

1)《规定》的制定背景

随着我国互联网的发展和普及,互联网安全问题日益突显。2005年上半年,我国互联网上网用户已经突破1亿人,成为世界上第二大互联网用户国。网上论坛、电子邮件、网上短消息、网络游戏、电子商务和搜索引擎等网上服务已经成为人们工作学习、生活娱乐的重要工具,互联网在经济社会发展中的作用越来越突出。与此同时,互联网上淫秽色情、赌博等有害信息传播、垃圾电子邮件和垃圾短信息泛滥,计算机病毒传播和网络攻击破坏频繁发生,网上违法犯罪活动不断增多,严重危害了上网用户的合法权益和互联网服务提供者的正常运营,人们反映强烈,对我国互联网的发展带来严重的负面影响。据统计,2000年我国互联网违法犯罪案件有2700起,2004年达到1.4万起,并且还保持着较快的增长态势。网上淫秽色情、赌博和诈骗活动已经成为网上多发性违法犯罪案件,2005年公安机关依法关闭境内淫秽色情和赌博网站1800余个。2004年,公安机关的调查表明,每年我国有半数以上的联网单位发生各种信息网络安全事件,联网单位计算机病毒的感染率持续在80%以上的较高水平。同时,我国已经成为国际上互联网垃圾电子邮件接收和发送大国,据有关单位统计,国内用户平均每天收到的垃圾电子邮件达到6000余万封。

有效防范、打击网上违法犯罪和治理各种有害垃圾信息,需要"打防结合",动员社会各界力量开展综合治理。截至2005年上半年,我国在防范、打击和治理工作中,安全技术保护措施滞后和不落实的问题比较突出。我国联网单位防范网络攻击和计算机病毒传播的安全保护技术措施使用率低,大部分安全保护技术措施的使用率低于25%;同时,安全保护技术措施缺乏必要的管理和维护,一些措施形同虚设,使用效果很不理想。2004年,公安机关侦办的一起"僵尸网络"入侵案件中,犯罪嫌疑人利用国内联网单位安全保护技术措施不落实的漏洞,在一年时间内入侵并控制了国内6万余台联网主机,造成了重大经济损失。此外,因安全保护技术措施不落实造成的用户资料信息和账号密码泄露等案件、事件频繁发生,给上网用户和互联网服务提供者造成了很大损失,也严重影响了电子商务等互联网应用服务的发展。

落实安全保护技术措施是有效防范、打击网上违法犯罪活动和治理有害垃圾信息的重要保障。1997年经国务院批准、公安部发布施行的《计算机信息网络国际联网安全保护管理办法》第十条明确规定,互联网服务提供者和联网使用单位应当落实安全保护技术措施,保障本网络的运行安全和信息安全。但是,限于当时我国互联网发展和应用水平较低,对于互联网安全保护技术措施缺乏明确、具体的规定和要求,在实践中难以执行和落实。为了尽快改变互联网服务提供者和联网单位安全保护技术措施滞后,不适应当前互联网安全保护工作要求的现状,使安全保护技术措施更加科学、合理、有效,公安部在广泛征求互联网服务提供者、联网单位、相关专家和政府有关部门意见的基础上,制定、发布了《互联网安全保护技术措施规定》。

2)《规定》的主要内容

《规定》包括立法宗旨、适用范围、互联网服务提供者和联网使用单位及公安机关的法律责任、安全保护技术措施要求、措施落实与监督和相关名词术语解释等6个方面的内容,共19条2000余字,主要内容有:

（1）明确了互联网安全保护技术措施，是指保障互联网网络安全和信息安全、防范违法犯罪的技术设施和技术方法，并且规定了互联网安全保护技术措施负责落实的责任主体是互联网服务提供者和联网使用单位，负责实施监督管理工作的责任主体是各级公安机关公共信息网络安全监察部门。

（2）强调了互联网服务提供者和联网使用单位要建立安全保护技术措施管理制度，保障安全保护技术措施的实施不得侵犯用户的通信自由和通信秘密，除法律和行政法规规定外，任何单位和个人未经用户同意不得泄露和公开用户注册信息。

（3）规定了互联网服务提供者和联网使用单位应当落实的基本安全保护技术措施，并分别针对互联网接入服务单位、互联网信息服务单位、互联网数据中心服务单位和互联网上网服务单位规定了各自应当落实的安全保护技术措施。安全保护技术措施主要包括防范计算机病毒、防范网络入侵攻击和防范有害垃圾信息传播，以及系统运行和用户上网登录时间和网络地址记录留存等。

（4）为了保证安全保护技术措施的科学合理和统一规范，规定安全保护技术措施应当符合国家标准，没有国家标准的应当符合公共安全行业标准。为了及时发现报警和预警防范网上计算机病毒、网络攻击和有害信息传播，规定了安全保护技术措施应当具有符合公共安全行业技术标准的联网接口。

（5）为保证安全保护技术措施的正常运行，规定明确了互联网服务提供者和联网单位不得实施故意破坏安全保护技术措施、擅自改变措施功能和擅自删除、篡改措施运行记录等行为。同时，《规定》作为《计算机信息网络国际联网安全保护管理办法》的完善和补充，不再设立新的罚则，对违反《规定》的行为将依照《计算机信息网络国际联网安全保护管理办法》第二十一条的规定予以处罚。

（6）明确了公安机关监督管理责任和规范了公安机关监督检查行为。《规定》明确公安机关应当依法对辖区内互联网服务提供者和联网使用单位安全保护技术措施的落实情况进行指导、监督和检查。同时规定，公安机关在依法监督检查时，监督检查人员不得少于两人，并应当出示执法身份证件，互联网服务提供者、联网使用单位应当派人参加。

习题 1

1. 简述信息安全的定义。
2. 信息安全的目标是什么？
3. 简述信息安全 PDR 模型。
4. 信息安全面临的主要威胁有哪些？

第 2 章　信息安全与密码学

本章首先介绍信息安全加密技术的发展历史，在对密码技术有了感性认识的基础上，介绍密码学的基本概念，包括密码系统的组成、密码体制的分类、密码系统的安全性以及密码分析，最后介绍古典密码体制中一些有代表性的加密算法。

2.1　密码技术发展简介

信息安全主要包括系统安全及数据安全两方面的内容。系统安全一般采用防火墙、病毒查杀等被动措施；而数据安全则主要是指采用密码技术对己方信息的完整性、保密性与可用性进行主动保护。所以说，密码技术是保障信息安全最基本、最核心的技术，是随着人们的需求、计算机通信与网络等信息技术的发展而不断发展的。

2.1.1　古典密码技术

近代密码技术必须在计算机上运行，而人类使用密码却已经有几千年的历史，使用密码的目的，就是不让敌方知道信息内容。对使用汉字的中国人而言，很早就有妇女们所使用的"女书"，对于不该知道内容的男人而言，这就是一种密码技术。而西方使用字母文字的民族，早期的密码技术主要以字母的代替（Substitution）以及字母的位移（Transposition）为主，有时也用混合代码法代替整个单字或词组。

在中世纪，西方学者致力于研究可兰经，甚至分析了经文每个不同字词及字母的出现频率；当时西方数学与语言学都处于很高的水平，这也为密码分析学（Cryptanalysis）提供了可能的环境。在欧洲还处于黑暗时期时，远在中东与近东的人们早已熟悉用频率分析破译的单字母代换密码。简单的单字母代换密码在频率分析未发明之前如同无字天书，但在频率分析破译法产生后破译起来就易如反掌了。

16 世纪，一种名为 Vigenere 密码的多字母代换密码诞生了，这在当时被视为无法破译的密码，一直到 19 世纪才被破译，而破译的方法仍是以频率分析为主。

在这个时期，破译密码的技术要高于编译密码的技术。第一次世界大战爆发时，密码学家还无法提供高明的密码编译方法，只能将多字母代换与移位结合产生密码，如 Playfair 或 ADFGVX 被勉强使用，那时，经常出现"早已被破译的"进攻作战计划。但在第一次世界大战末期，却发明了一种真正无法破译的密码：一次一密密码（One-Time Pad）。在冷战时期，美苏之间领导人的热线就使用了这种密码技术。然而此类密码技术所需成本极高，每加密一次就要用不同的密钥，这在军事应用上尤其困难，故无法大量使用。

古典密码发展的最后一个阶段,应是第二次世界大战前后所使用的滚轮(Rotor Machine)编码。最著名的应属德国采用的 Enigma 密码机,这种密码机拥有如同天文数字的密钥数量,这是无法用传统的频率分析法破译的。然而在德国发动战争之前,Enigma 密码机被波兰密码分析师成功破译。随着战争的爆发,德国继续加强他们的密码机,这项破译技术也适时地转移到英国。布莱奇利公园(Bletchley Park)作为昔日英国保守最好的秘密,是第二次世界大战期间英国的密码破译中心所在地,一群天才数学家,包括艾伦·图灵(Alan Turing)组成的破译小组,继续破译德国的密码机。他们借助所制造的机器,对所截获的密码的分析结果进行计算对比,而这种用来协助破译密码的机器 Colossus,就是计算机的前身。

常用的古典密码技术有恺撒密码、仿射密码、维吉尼亚密码、福尔摩斯密码、Fairplay 密码、Hill 密码以及 Enigma 密码机等。在 2.3 节,将具体讨论一些有代表性的古典密码体制。

2.1.2 现代密码技术

信息技术的高速发展和现代数学方法的出现为密码研究者提供了前所未有的条件:一方面为加密技术提供了新的概念和工具,从而可以设计出更加复杂和更为高效的密码系统;另一方面也给密码破译者提供了有力的武器。二者相互促进,使得密码技术新的理念层出不穷。

1949 年,香农(C. E. Shannon)发表的论文《保密系统的通信理论》(*Communication Theory of Secrecy Systems*)标志着现代密码学的真正开始。在这篇论文中,香农首次将信息论引入密码学研究中,他利用概率统计的观点和熵的概念对信息源、密钥源、传输的密文和密码系统的安全性进行了数学描述和定量分析,并提出了对称密码体制的模型。香农的工作为现代密码编码学及密码分析学奠定了坚实的理论基础,使密码学成为一门真正的科学。

需要指出的是,虽然现代密码学有了一个很好的理论框架,但由于受历史的局限,20 世纪 70 年代中期以前的密码学研究基本上是秘密地进行的,而且主要应用于军事、政府、外交等重要部门。密码学的真正蓬勃发展和广泛应用是从 20 世纪 70 年代中期开始的,源于计算机网络的普及和发展。1973 年,美国的国家标准局(National Bureau of Standards,NBS)认识到建立数据加密标准的迫切性,开始征集联邦数据加密标准。很多公司着手这项工作并提交了建议,最后 IBM 公司的 Lucifer 加密系统获得了胜利。经过两年多的公开讨论之后,1977 年 1 月 15 日 NBS 决定使用这个算法,并将其更名为数据加密标准(Data Encryption Standards,DES)。不久,其他组织也认可并采用 DES 作为加密算法供商业和非国防性政府部门使用。DES 算法的公开,揭开了密码学的神秘面纱,使密码学研究进入了一个崭新的时代。1997 年开始征集 AES(高级加密标准),2000 年选定比利时人设计的 Rijndael 算法作为新标准。数据加密标准(DES)和高级加密标准(AES)完全公开了加密、解密算法,使得密码学得以在商业等民用领域广泛应用,从而给密码学这门学科带来巨大的生命力,使其得到了迅速发展。

1976年以前的所有密码系统均属于对称密码学范畴。但在1976年，W. Diffie和M. E. Hellman在刊物 IEEE Transactions on Information Theory 发表了一篇著名论文《密码学的新方向》(New Directions in Cryptography)，在这篇经典论文中二人提出了一个崭新的密码设计思想，不仅加密算法本身可以公开，甚至加密用的密钥也可以公开，这就是著名的公钥密码体制思想。这种新的密码体制可以将加密密钥像电话簿一样公开，任何用户向其他用户传送加密信息时，可以从这本密钥簿中查到该用户公开的加密密钥，用它来加密，而接收用户能用他所独有的解密密钥得到明文，任何第三者由于没有解密密钥，因此不能获得明文。这篇经典论文为现代密码学的发展开辟了一个崭新的思路，标志着公钥密码体制的诞生。公钥密码的思想给密码学的发展带来质的飞跃，开创了公钥密码学的新纪元，导致了密码学的一场革命，可以说"没有公钥密码体制就没有现代密码学"。

1978年，美国麻省理工学院的 Rivest、Shamir 和 Adleman 提出 RSA 公钥密码体制。这是迄今为止第一个成熟的、最成功的公钥密码体制。其安全性是基于数论中的大整数因子分解，该问题是数论中的困难问题，至今没有有效的破解算法，这使得该体制具有较高的安全性。此后不久，人们又相继提出了 Rabin、ElGamal、Goldwasser-Micali 概率公钥密码、ECC 和 NTRU 等公钥密码体制。

由于嵌入式系统和智能卡的广泛应用，以及这些设备系统本身资源的限制，要求密码算法以较少的资源快速实现，因此，公开密钥算法的高效性成为一个新的研究热点。同时，由于近年来其他相关学科的进步和发展，出现了一些新的密码技术，如 DNA 密码、混沌密码和量子密码等。

由此可看到，现代密码学的特点是：
(1) 有坚实的理论基础，已经形成一门新的学科。
(2) 对密码学公开地研究。
(3) 应用于社会各个方面，如金融、商业等行业。
(4) 破译密码系统归结为求解数学的难解问题。

整个密码学的发展过程是从简单到复杂、从不完善到较为完善、从具有单一功能到具有多种功能的过程，这符合历史发展规律和人类对客观事物的认识规律，而且也可以看出密码学的发展受到诸如数学、计算机科学等其他学科的极大促进。这说明在科学的发展进程中，各个学科互相推动、互相联系，乃至互相渗透，其结果是不断涌现出新的交叉学科，从而达到人类对事物更深的认识。

2.2 密码学的基本概念

人们日常广泛应用的存储加密环节是密码学一个小的应用领域。严格来说，密码学主要是研究信息安全保密的学科，它包括两个分支：密码编码学和密码分析学。密码编码学主要研究对信息进行变换，以保护信息在信道的传递过程中不被敌手窃取、解读和利用的方法；密码分析学则与密码编码学相反，它主要研究如何分析和破译密码；两者既相互对立又相互促进。

2.2.1 密码系统的组成

密码学最初是为保密的目的而设置的。通信双方通过一个不安全的信道通信,若A是一个窃听者,要求其不能解密所截取的信息。例如,这个传输信道可以是电话线或计算机网。B想送给C的消息称为明文(Plaintext),现实世界中的信息可以是任何形式,如文本、声音、视频等,明文常常是指这些信息编码后的数字序列。例如,在一些古典密码体制中,26个英文字母常被抽象为0~25的整数。B用预先指定的密钥(Key)加密(Encryption)明文,得到相应的密文(Ciphertext),并通过信道发送给C。A通过搭线窃听到密文,却无法确定明文是什么。但接收者C因知道解密密钥,可以解密密文并重构明文。发送者加密消息时所采用的一组规则称为加密算法(Encryption Algorithm)。接收者对密文解密时所采用的一组规则称为解密算法(Decryption Algorithm)。加密算法和解密算法的操作通常是在一组密钥的控制下进行的,分别称为加密密钥和解密密钥。加密变换与解密变换可以统称密码变换。密码变换一般是复杂的非线性变换,这是因为,如果密码变换是线性变换,那么就可以很容易地用已知明文的攻击方式解方程来确定密码变换。

从数学的角度来讲,一个密码系统是由密码方案确定的一簇映射,它在密钥的控制下将明文空间中的每一个元素映射到密文空间上的某个元素,具体使用哪一个映射由密钥决定。这里需要说明的是,密码学中术语"系统""体制""方案"和"算法"本质上是一回事。一个密码系统(Cryptosystem)可以用一个五元组 $S=\{M,C,K,E,D\}$ 来描述。

(1) 明文空间 M: 全体明文的集合。

(2) 密文空间 C: 全体密文的集合。

(3) 密钥空间 K: 全体密钥的集合,通常每个密钥 k 都由加密密钥 k_e 和解密密钥 k_d 组成, $k=\langle k_e, k_d \rangle$, k_e 和 k_d 可能相同也可能不相同。

(4) 加密算法 E: 由加密密钥控制的加密变换的集合。

(5) 解密算法 D: 由解密密钥控制的解密变换的集合。

设 $m \in M$ 是一个明文, $k=\langle k_e, k_d \rangle \in K$ 是一个密钥,则有一个加密算法 $E_{k_e} \in E$ 和相应的解密算法 $D_{k_d} \in D$,使得 $E_{k_e}: M \to C$ 和 $D_{k_d}: C \to M$ 分别为加密、解密函数,满足:

$$c = E_{k_e}(m) \in C$$
$$m = D_{k_d}(c) \in M$$

以上描述说明:如果一个明文 m 是用 E_{k_e} 加密的,且得到相应的密文 c,随后只要用 D_{k_d} 解密,就可获得起初的明文 m,也就是说, E_{k_e} 和 D_{k_d} 的作用相互抵消。显然,每个加密函数 E_{k_e} 一定是个双射函数,否则在一个模棱两可的情况下,解密无法进行。

此外,在密码系统所处的环境中除了接收者外,还有非授权者(或称攻击者),他们通过各种方法进行窃听和干扰信息,包括主动攻击和被动攻击两种手段。

(1) 主动攻击指非授权者采用删除、更改、增添、重放、伪造等手段主动向系统注入虚假消息;

（2）被动攻击指非授权者采用电磁侦听、声音窃听、搭线窃听等方法直接得到未加密的明文或加密后的密文。

对一个密码系统的被动攻击将损害明文信息的机密性，即需要保密的明文信息遭到泄露；而对一个密码系统的主动攻击将损害明文信息的完整性，即通信时的接收方所接收到的信息与发送方所发送的信息不一致。保证信息机密性的方法是使用密码算法进行加密；而保证信息完整性的方法是使用鉴别与认证机制，数字签名与散列函数（鉴别码）即属于鉴别与认证机制，这些知识点会在后面章节中详细阐述。

这样，一个密码系统可以用图 2-1 所示的模型完整地表示出来。

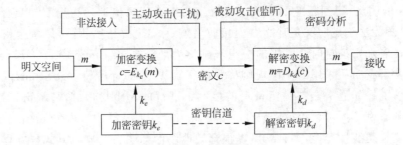

图 2-1　密码系统模型图

如果一个密码系统是实用的，它将满足某种特性。下面列举出这些特性中的两个。

（1）每个加密函数 E_{k_e} 和每个解密函数 D_{k_d} 应当能有效地被计算。

（2）攻击者或窃听者即使接收到密文 C，其想确定出所用的密钥 k 或明文 m 也是不可行的。

上述第一个特性是说合法用户应当很"容易"地使用系统，第二个特性以非常含糊的方式定义了"安全"的想法。已知密文 C 的情况下试图计算密钥 k 的过程称为密码分析（Cryptanalysis）。注意，如果发送者能决定密钥 k，则他能和接收者一样用 D_{k_d} 解密密文 C。因此，计算密钥 k 至少应当和计算密文 C 一样困难。这里的"不可行"指的是"计算上不可行"。

2.2.2　密码体制的分类

密码体制的分类方法有很多，常用的分类方法有如下几种。

（1）根据加密算法与解密算法所使用的密钥是否相同，可以将密码体制分成对称密码体制（也叫单钥密码体制、秘密密钥密码体制）和非对称密码体制（也叫双钥密码体制、公开密钥密码体制）。

如果一个密码系统的加密密钥 k_e 和解密密钥 k_d 相同，即 $k_e = k_d$，则所采用的就是对称密钥密码体制。DES、AES、IDEA 等都是对称密钥密码体制的例子，此外所有的古典密码体制也都是单钥密码体制。使用对称密钥密码体制时，如果有能力加密（或解密）就意味着必然有能力解密（或加密）。

如果一个密码系统把加密和解密的密钥分开，即 $k_e \neq k_d$，并且由加密密钥 k_e 推导出解密密钥 k_d 是计算上不可行的，则该系统所采用的就是非对称密码体制。采用非对称密码体制的每个用户都有一对选定的密钥，其中一个是可以公开的，另一个由用户自己秘密保存。RSA、ElGamal、椭圆曲线密码等都是非对称密钥密码体制的典型代表。

对称密钥密码体制基于复杂的非线性变换实现；非对称密钥密码体制一般基于某个数学上的难题实现。由于后者的安全程度与现实的计算能力具有密切的关系，因此，常常认为后者的保密强度似乎比前者更弱，但后者也具有前者所不具备的一些特性，它适应于开放性的使用环境，密钥管理问题相对简单，可以方便、安全地实现数字签名和认证等。

(2) 根据密码算法对明文信息的处理方法，可分为流密码和分组密码。

流密码逐位或逐字节地加密明文消息字符，也称序列密码；分组密码将明文分成固定长度的组，用同一密钥和算法对每一组加密，输出也是固定长度的密文。

(3) 按照是否能进行可逆的加密变换，又可分为单向函数密码体制以及人们通常所指的双向变换密码体制。

单向函数是一类特殊的密码体制，其性质是可以容易地把明文转换成密文，但再把密文转换成原来的明文却是困难的(有时甚至是不可能的)。单向函数只适用于某种特殊的、不需要解密的场合(如密钥管理和信息完整性鉴别技术)，以及双向变换密码算法中某些环节(绝大多数情况下，总是要求所使用的密码算法能够进行可逆的双向加解密变换，否则接收者就无法把密文还原成明文)。典型的单向函数包括 MD5、SHA-1 等。

另外，关于密码体制的分类，还有一些其他方法，例如，按照在加密过程中是否注入了客观随机因素可以分为确定型密码体制和概率密码体制等，在此不再进行详细介绍。

人们最经常使用的基本分类方法是第一种分类方法。同时，将对称密码体制再区分为流密码与分组密码，由于大多数现有的公开密钥密码体制都属于分组密码，所以非对称密钥密码体制不再区分流密码与分组密码。

2.2.3 密码系统的安全性

1. Kerckhoffs 原理

现代密码学最重要的假设之一是 Kerckhoffs 原理(Kerckhoffs's Principle)，由 Auguste Kerckhoffs 在 1883 年提出。Kerckhoffs 原理指在密码算法的分析当中，一般先假设密码攻击者了解密码方案的全部知识，可以得到相当数量的密文，知道明文的统计特性和密钥的统计特性，但不知道每个密文 c 所用的特定的密钥 k，这时整个密码系统的安全性全部寄托于密钥的保密之上，即"一切秘密寓于密钥之中"。

一个可靠的密码体制必须遵循 Kerckhoffs 原理。

如果密码分析者或敌手不知道所使用的密码系统，那么密码系统将更难破译，但不应该把密码系统的安全性建立在敌手不知道所使用的密码系统这个前提之下。换句话说，密钥应该是整个密码体制的核心所在，密码体制的安全性应该建立在密钥的基础上，而不是依赖于密码算法的隐藏。

有必要强调的是，Kerckhoffs 原理看上去有悖常理，设计一个看似更加安全的系统总是非常具有吸引力，因为可以隐藏所有细节，这也称为隐蔽式安全性(Security by Obscurity)。然而，历史经验说明这样的系统总是非常脆弱的，一旦该系统的设计被逆向工程或通过其他途径泄露了，攻击者很轻易就可以将其攻破。一个典型示例就是用于保护 DVD 内容的内容加扰系统(Content Scrambling System,CSS),只要对这个系统进行逆向工程,很容易就能将其破译。这就是为什么即使攻击者知道加密算法,加密方案也必须确保安全的原因。

2. 密码系统安全性的评估方法

1) 无条件安全性

对于一个密码系统来说,若攻击者无论得到多少密文也求不出确定明文的足够信息,这种密码系统就是理论上不可破译的,称该密码系统具有无条件安全性(Unconditionally Secure)或理论安全性。

构建无条件安全的密码体制是可能的。如下的密码体制(常被称为一次一密密码)已经被证明是无条件安全的。

不失一般性,假设明文空间、密文空间与密钥空间为

明文空间　　$M = (m_1, m_2, \cdots, m_l, \cdots, m_L)$

密钥空间　　$K = (k_1, k_2, \cdots, k_i, \cdots, k_R)$

密文空间　　$C = (c_1, c_2, \cdots, c_j, \cdots, c_S)$

其中,$m_l (1 \leqslant l \leqslant L)$、$k_i (1 \leqslant i \leqslant R)$ 与 $c_j (1 \leqslant j \leqslant S)$ 均为 0、1 数字。

令 $L = R = S$,并假定明文空间与密钥空间统计独立,且密钥 k 为一随机数字序列。

定义加密变换为

$$c_j = E_k(M) = m_l \oplus k_i$$

其中,$m_l \oplus k_i$ 表示明文 m_l 与密钥 k_i 按位模 2 加(按位异或)。

解密变换为

$$m_l = D_k(C) = c_S \oplus k_i$$

其中,$c_j \oplus k_i$ 表示密文 c_j 与密钥 k_i 按位模 2 加(按位异或)。

因此,解密变换确实可以还原加密过的密文。

可以证明,如上的密码体制是无条件安全的(由于证明中使用了信息论的有关知识,在此不再给出详细的证明过程)。

2) 实际安全性

实际安全性又分为计算安全性(Computationally Secure)和可证明安全性(Provable Secure)两种。

(1) 计算安全性。若一个密码系统原则上虽可破译,但为了由密文得到明文或密钥却需付出十分巨大的计算,而不能在希望的时间内或实际可能的经济条件下求出准确的答案,这种密码系统就是实际不可破译的,或称该密码系统具有计算安全性。

(2) 可证明安全性。一个密码系统为可证明安全是指该密码安全性问题可转化成密码研究人员公认的困难问题。事实上,公开密钥密码系统 RSA 是可证明安全的,因为该密码系统的安全性问题,在大量的研究下,一般可转化成素因数分解的问题,而素因数分解的问题,一般认为是很困难的。

对于任何一个密码系统,如果达不到理论上不可破译,就必须达到实际不可破译。密码系统要达到实际安全性,需要满足以下准则。

(1) 破译该密码系统的实际计算量(包括计算时间或费用)十分巨大,以致在实际上是无法实现的。

(2) 破译该密码系统所需要的计算时间超过被加密信息有用的生命周期。例如,战争中发起战斗攻击的作战命令只需要在战斗打响前需要保密;重要新闻消息在公开报道前需要保密的时间往往也只有几个小时。

(3) 破译该密码系统的费用超过被加密信息本身的价值。

如果一个密码系统能够满足以上准则之一,就可以认为是满足实际安全性的。

3. 密码系统的安全因素

一个密码系统的实际安全性牵涉两方面的因素。

(1) 所使用的密码算法的保密强度。

密码算法的保密强度取决于密码设计的水平、破译技术的水平以及攻击者对于加密系统知识的多少。密码系统所使用的密码算法的保密强度提供了该系统安全性的技术保证。

(2) 密码算法以外不安全的因素。

即使密码算法能够达到实际不可破译,攻击者也可能不通过对密码进行破译的途径,而是通过其他各种非技术手段(例如用金钱收买密钥管理人员等)攻破一个密码系统。

因此,密码算法的保密强度并不等价于密码系统整体上的安全性。一个密码系统必须同时完善技术与制度要求,才能保证整个系统的安全。

本书仅讨论影响一个密码系统安全性的技术因素,即密码算法本身。

2.2.4 密码分析

1. 密码分析的类型

设计一个密码算法的目的是其保密强度可以在 Kerckhoffs 原理下达到安全性要求。在此假设下,常用的密码分析有以下四种类型。

1) 纯密文攻击

纯密文攻击(Ciphertext-Only Attack)是指攻击者手中除了截获的密文外,没有其他任何辅助信息,尝试恢复成相应明文,或者找出密钥。例如,理论上不可破译的密码与实际不可破译的密码都是针对纯密文攻击而言的。

2) 已知明文攻击

已知明文攻击(Known-Plaintext Attack)是指攻击者除了掌握密文,还掌握了部分明文和密文的对应关系。例如,如果是遵从通信协议的对话,由于协议中使用固定的关键字,如 login、password 等,通过分析可以确定这些关键字对应的密文。此外,如果传输的是法律文件、单位通知等类型的公文,由于大部分公文有固定的格式和一些约定的文字,在截获的公文较多的条件下,可以推测出一些文字、词组对应的密文。

3) 选择明文攻击

选择明文攻击(Chosen-Plaintext Attack)是指攻击者知道加密算法,同时能够选择明文并得到相应明文所对应的密文。这是比较常见的一种密码分析类型。例如,攻击者截获了有价值的密文,并获取了加密使用的设备,向设备中输入任意明文可以得到对应的密文,以此为基础,攻击者尝试对有价值的密文进行破解。选择明文攻击常常被用于破解采用公开密钥密码系统加密的信息内容。

4) 选择密文攻击

选择密文攻击(Chosen-Ciphertext Attack)是指攻击者知道加密算法,同时可以选择一些对攻击有利的特定密文,并将密文破译成对应的明文。采用选择密文攻击这种攻击方式,攻击者的攻击目标通常是加密过程使用的密钥。基于公开密钥密码系统的数字签名,容易受到这种类型的攻击。

上述每种攻击的目的是决定所使用的密钥。这四种攻击类型的强度按顺序递增,纯密文攻击是最弱的一种攻击,选择密文攻击是最强的一种攻击。如果一个密码系统能够抵抗选择密文攻击,那么它当然能够抵抗其余三种攻击。

2. 密码分析的方法

从密码分析的途径来看,在密码分析过程中可以采用穷举攻击法、统计分析法和数学分析法三种方法。

1) 穷举攻击法

穷举攻击法的破解思路是尝试所有的可能以找出明文或者密钥。穷举攻击法可以划分为穷举密钥和穷举明文两类。穷举密钥是指攻击者依次使用各种可能的解密密钥对截收的密文进行试译,如果某个解密密钥能够产生有意义的明文,则相应的密钥就是正确的解密密钥。穷举明文是指攻击者在保持加密密钥不变的条件下,对所有可能的明文进行加密,如果某段明文加密的结果与截获的密文一致,则相应的明文就是发送者发送的信息。

为了对抗穷举攻击,现代密码系统在设计时往往采用扩大密钥空间或者提高加密、解密算法复杂度的方法。当密钥空间扩大以后,采用穷举密钥的方法,在破解的过程中需要尝试更多的解密密钥;提高加密、解密算法的复杂度,将使攻击者无论采用穷举密钥还是穷举明文的方法对密码系统进行破解,每次破解尝试都需要付出更加高昂的计算开销。对于一个完善的现代密码系统,采用穷举攻击法进行破解需要付出的代价很可能超过密文破解产生的价值。

2) 统计分析法

统计分析法是通过分析明文和密文的统计规律来破解密文的一种方法。一些古典密码系统加密的信息,密文中字母及字母组合的统计规律与明文完全相同,此类密码系统容易被统计分析法破解。统计分析法首先需要获得密文的统计规律,在此基础上,将密文的统计规律与已知的明文统计规律对照比较,提取明文、密文的对应关系,进而完成密文破解。

要对抗统计分析攻击,密码系统在设计时应当着力避免密文和明文在统计规律上存在一致,从而使攻击者无法通过分析密文的统计规律来推断明文内容。

3) 数学分析法

大部分现代密码系统以数学难题作为理论基础。数学分析法是指攻击者针对密码系统的数学基础和密码学特性,利用一些已知量,如一些明文和密文的对应关系,通过数学求解破译密钥等未知量的方法。对于基于数学难题的密码系统,数学分析法是一种重要的破解手段。

2.3 古典密码体制

2.3.1 古典密码技术分类

古典密码技术主要分为代换(Substitution)密码系统和置换(Permutation)密码系统,亦称代换密码和置换密码。代换密码又分为单字母代换(Monogram Substitution)密码和多字母代换(Polygram Substitution)密码;单字母代换密码又分为单表代换(Monoalphabetic Substitution)密码和多表代换(Polyalphabetic Substitution)密码,如图 2-2 所示。分类的原则不是根据密码系统质量好或坏,而是根据其设计的内部特性。

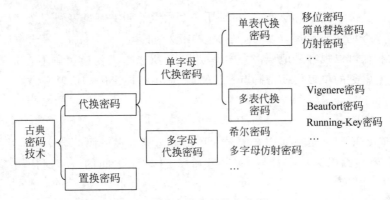

图 2-2 古典密码技术分类

2.3.2 代换密码

令 Γ 表示明文字母表,内有 q 个"字母"或"字符"。例如,可以是普通的英文字母 A~Z,也可以是数字、空格、标点符号或任意可以表示明文消息的符号。可以将 Γ 抽象地表示为一个整数集 $\mathbb{Z}_q = \{0, 1, 2, \cdots, q-1\}$,在加密时通常将明文消息划分成长为 L 的消息单元,称为明文组,以 m 表示,如 $m = (m_0, m_1, \cdots, m_l, \cdots, m_{L-1}), m_l \in \mathbb{Z}_q, 0 \leq l \leq L-1$。$m$ 也称 L-报文,它可以被视为定义在 $\mathbb{Z}_q^L$ 上的随机变量。

$$\mathbb{Z}_q^L = \mathbb{Z}_q \times \mathbb{Z}_q \times \cdots \times \mathbb{Z}_q (L \text{ 个})$$
$$= \{m = (m_0, m_1, \cdots, m_l, \cdots, m_{L-1}) \mid m_l \in \mathbb{Z}_q, 0 \leq l \leq L-1\}$$

$L=1$ 为单字母报(1-gram),$L=2$ 为双字母报(Digrams),$L=3$ 为三字母报(Trigrams)。这时明文空间 $P = \mathbb{Z}_q^L$。

令 Γ' 表示 q' 个"字母"或"字符"的密文字母表,可抽象地用整数集 $\mathbb{Z}_{q'} = \{0, 1, 2, \cdots, q'-1\}$ 表示。密文单元或组为 $c = (c_0, c_1, \cdots, c_{l'}, \cdots, c_{L'-1})(L' \text{ 个}), c_{l'} \in \mathbb{Z}_{q'}, 0 \leq l' \leq L'-1$。$c$ 是定义在 $\mathbb{Z}_{q'}^{L'}$ 上的随机变量。密文空间 $C = \mathbb{Z}_{q'}^{L'}$。

一般地,明文和密文由同一字母表构成,即 $\Gamma=\Gamma'$。

代换密码可以看作从 $\mathbb{Z}_q^L$ 到 $\mathbb{Z}_{q'}^{L'}$ 的映射。$L=1$ 时,称为单字母代换,也称流密码;$L>1$ 时,称为多字母代换,也称分组密码。

正常情况下,选择的明文和密文字母表是相同的。此时,若 $L=L'$,则代换映射是一一映射,密码无数据扩展;若 $L<L'$,则有数据扩展,可将加密函数设计成一对多的映射,即明文组可以找到多于一个密文组来代换,这称为多名(或同音)代换密码(Homophonic Substitution Cipher);若 $L>L'$,则明文数据被压缩,此时代换映射不可能构成可逆映射,从而密文有时会无法完全恢复出原明文消息,因此保密通信中必须要求 $L\leqslant L'$。但 $L>L'$ 的映射可以用在认证系统中。

在 $\Gamma=\Gamma',q=q',L=1$ 时,若对所有明文字母,都用一种固定的代换进行加密,则称这种密码为单表代换;若用一个以上的代换表进行加密,则称多表代换,这是古典密码中的两种重要体制。还有一个常见的是多字母代换密码。

1. 单表代换密码

单表代换密码是对明文的所有字母都用一个固定的明文字母表到密文字母表的映射,即 $f:\mathbb{Z}_q\to\mathbb{Z}_q$。令明文 $m=m_0,m_1,\cdots$,则相应的密文为 $c=e_k(m)=c_0c_1\cdots=f(m_0)f(m_1)\cdots$。由于语言的特征可以很容易地从密文中提取出来,所以单表代换密码不能非常有效地抵抗密码攻击。常见的单表代换密码有移位密码、简单替换密码和仿射密码等,下面分别进行介绍。

1) 移位密码

移位密码(Shift Cipher)的基础是数论中的模运算。在密码的数学描述中,字母表中的 26 个字母都被编码为数字,即英文字母和模 26 剩余之间的一一对应关系,如表 2-1 所示。

表 2-1 移位密码中的字母编码

字母	A	B	C	D	E	F	G	H	I	J	K	L	M
编码	0	1	2	3	4	5	6	7	8	9	10	11	12
字母	N	O	P	Q	R	S	T	U	V	W	X	Y	Z
编码	13	14	15	16	17	18	19	20	21	22	23	24	25

如果明文中的字母和密文中的字母被数字化,且各自表示为 x、y,这样 x 和 y 都是环 $\mathbb{Z}_{26}$ 中的元素,包括密钥 k(即移位的长度)也在环 $\mathbb{Z}_{26}$ 中。移位密码的加密过程和解密过程如定义 2-1 所示。

定义 2-1 移位密码。设 $x,y,k\in\mathbb{Z}_{26}$,则

加密:$e_k(x)\equiv(x+k)\bmod 26$ 解密:$d_k(y)\equiv(y-k)\bmod 26$

容易看出,对每个 $x\in\mathbb{Z}_{26}$,移位满足密码系统的定义,即 $d_k(e_k(x))=x$。

历史上最著名的移位密码就是恺撒密码,恺撒密码中取 $k=3$。下面以恺撒密码为例说明移位密码的使用。

例 2-1 移位密码在加密时,对英文 26 个字母进行位移代换,将每一个字母向前推移 k 位。试对以下明文按照恺撒密码规则进行加密。

明文:caesar cipher is a shift substitution

首先,由于恺撒密码是 $k=3$ 的情况,即通过简单的向右移动源字母表 3 个字母,则形成代换字母表,如表 2-2 所示。

表 2-2 恺撒密码代换字母表

Γ	a	b	c	d	e	f	g	h	i	j	k	l	m
Γ'	D	E	F	G	H	I	J	K	L	M	N	O	P
Γ	n	o	p	q	r	s	t	u	v	w	x	y	z
Γ'	Q	R	S	T	U	V	W	X	Y	Z	A	B	C

则密文为:FDHVDU FLSKHU LV D VKLIW VXEVWLWXWLRQ

安全性分析:移位密码是极不安全的(mod 26),因为它可被穷举密钥搜索所分析:仅有 26 个可能的密钥,尝试每一个可能的解密规则 d_k,直到一个有意义的明文串被获得。平均一个明文在尝试 26/2=13 次解密规则后,将显现出来。

可以设想:如果密文字母表是用随机的次序放置,而不是简单地对应于源字母表的偏移,密钥量将大幅度增加。这就是下面要介绍的简单替换密码。

2) 简单替换密码

另一个众所周知的古典密码系统是简单替换密码(Simple Substitution Cipher)。这个密码系统已被用了数百年。报纸上的数字猜谜游戏就是简单替换密码的一个典型例子。其定义如定义 2-2 所示。

定义 2-2 简单替换密码。令 $P=C=\mathbb{Z}_{26}$,K 由 26 个数字 $0,1,\cdots,25$ 的所有可能替换组成。对任意的替换 $\pi \in K$,定义:

$$\text{加密}: e_\pi(x)=\pi(x) \qquad \text{解密}: d_\pi(y)=\pi^{-1}(y)$$

其中,π^{-1} 是 π 的逆替换。

事实上,可以认为 P 和 C 是 26 个英文字母。在移位密码中使用 $\mathbb{Z}_{26}$ 是因为加密和解密都是代数运算。但是在简单替换密码中,可将加密和解密过程直接看作一个字母表上的替换。

任取一替换 π,便可得到一加密函数,如表 2-3 所示(同前,小写字母表示明文,大写字母表示密文)。

表 2-3 加密函数替换表

x	a	b	c	d	e	f	g	h	i	j	k	l	m
$\pi(x)$	X	N	Y	A	H	P	O	G	Z	Q	W	B	T
x	n	o	p	q	r	s	t	u	v	w	x	y	z
$\pi(x)$	S	F	L	R	C	V	M	U	E	K	J	D	I

按照表 2-3 应有 $e_\pi(a)=X, e_\pi(b)=N$,等等。解密函数是相应的逆替换,由表 2-4 给出。

表 2-4 解密函数逆替换表

x	A	B	C	D	E	F	G	H	I	J	K	L	M
$\pi^{-1}(x)$	d	l	r	y	v	o	h	e	z	x	w	p	t
x	N	O	P	Q	R	S	T	U	V	W	X	Y	Z
$\pi^{-1}(x)$	b	g	f	j	q	n	m	u	s	k	a	c	i

因此,$d_\pi(A)=d, d_\pi(B)=l$,等等。

显然,简单替换密码的密钥是由 26 个元素随机替换生成,太复杂而不容易记忆,因此实际中常使用密钥句子。密钥句子中的字母依次填入密文字母表(重复的字母只用一次),未用的字母按自然顺序排列。简单替换密码亦称为密钥短语密码。

例 2-2   密钥句子为:the message was transmitted an hour ago
源字母表为:a b c d e f g h i j k l m n o p q r s t u v w x y z
代换字母表为:THEMSAGWRNIDOUBCFJKLPQVXYZ
明文:please   confirm   receipt
密文:CDSTKS   EBUARJO   JSESRCL

由于密钥短语密码的一个密钥刚好对应于 26 个英文字母的一种替换。所有可能的替换有 26!种,因此,其密钥空间大小为 26!。即使对现代计算机来说,穷举密钥搜索计算量也会很大。

3) 仿射密码

从前面可以看到,移位密码实际上只包含了 26!种密钥空间中的 26 种。下面介绍的仿射密码(Affine Cipher)是另一个代换密码的特殊情况,就不存在这个弱点。在仿射密码中,加密函数定义为

$$e(x)=(ax+b)\bmod 26$$

其中,$a,b\in\mathbb{Z}_{26}$。因为这样的函数被称为仿射函数,所以也将这样的密码系统称为仿射密码(注意,当 $a=1$ 时,其对应的正是移位密码)。

下面给出完整的仿射密码系统的定义,如定义 2-3 所示。

定义 2-3   仿射密码。令 $P=C=\mathbb{Z}_{26}$,且 $K=\{(a,b)\in\mathbb{Z}_{26}\times\mathbb{Z}_{26}|\gcd(a,26)=1\}$,对任意的 $k=(a,b)\in K, x,y\in\mathbb{Z}_{26}$,其定义如下:

加密:$e_k(x)=(ax+b)\bmod 26$

解密:$d_k(y)=a^{-1}(y-b)\bmod 26$

为了能对密文进行解密,必须保证所选用的仿射函数是一个双射函数。换句话说,对任意 $y\in\mathbb{Z}_{26}$,下面的同余方程要求有唯一解 x:

$$ax+b\equiv y(\bmod 26)$$

上述同余方程等价于:

$$ax\equiv y-b(\bmod 26)$$

显然,对任意 $y\in\mathbb{Z}_{26}$,都相应有 $y-b\in\mathbb{Z}_{26}$。故只需研究同余方程 $ax\equiv y(\bmod 26)$ ($y\in\mathbb{Z}_{26}$)即可。数论知识告诉我们,当且仅当 $\gcd(a,26)=1$(gcd 表示最大公约数)时,上述同余方程对每个 y 有唯一解。

因为 $26=2\times13$,故所有与 26 互素的数为 $a\in\{1,3,5,7,9,11,15,17,19,21,23,25\}$,

即满足 $a \in \mathbb{Z}_{26}, \gcd(a, 26) = 1$ 的 a 只有 12 种候选,参数 b 的取值可为 $\mathbb{Z}_{26}$ 中的任何数。因此,仿射密码的密钥空间为 $12 \times 26 = 312$(当然,这个密钥太小,是很不安全的)。

例 2-3 设 $k = (7, 3)$,$7^{-1} \bmod 26 = 15$,加密函数为 $e_k(x) = 7x + 3$,则相应的解密函数为 $d_k(y) = 15(y - 3) = 15y - 19$,其中所有的运算都是在 $\mathbb{Z}_{26}$ 上完成的。下面验证对任意的 $x \in \mathbb{Z}_{26}$,都有 $d_k(e_k(x)) = x$。

$$d_k(e_k(x)) = d_k(7x + 3) = 15(7x + 3) - 19 = x + 45 - 19 = x \pmod{26}$$

使用上面的密钥,我们来加密明文 hot。首先转化这三个字母为对应的模 26 下的数,分别为数字 7、14、19。将其分别加密如下:

$$(7 \times 7 + 3) \bmod 26 = 52 \bmod 26 = 0$$
$$(7 \times 14 + 3) \bmod 26 = 101 \bmod 26 = 23$$
$$(7 \times 19 + 3) \bmod 26 = 136 \bmod 26 = 6$$

所以,三个密文字符为 0、23、6,相应的密文应为 AXG。具体的解密变换留给读者自行练习。

至此,可得出结论:通常,上述所介绍的单表代换方式不是非常抗密码攻击的,因为语言的特征仍能从密文中提取出来。可以通过运用不止一个代换表来进行代换,从而来掩盖密文的一些统计特征。与单表代换密码相对应,称其为多表代换密码。

2. 多表代换密码

多表代换密码是以一系列(两个以上)代换表依次对明文消息的字母进行代换的加密方法。令明文字母表为 $\mathbb{Z}_q$,$f = (f_1, f_2, \cdots)$ 为代换序列,明文字母序列为 $x = (x_1, x_2, \cdots)$,则相应的密文字母序列为 $c = e_k(x) = f(x) = f_1(x_1), f_2(x_2), \cdots$。若 f 是非周期的无限序列,则相应的密码称为非周期多表代换密码。这类密码,对每个明文字母都采用不同的代换表(或密钥)进行加密,称为一次一密密码,这是一种理论上唯一不可破的密码。这种密码完全可以隐蔽明文的特点,但由于需要的密钥量和明文消息长度相同而难以广泛使用。为了减少密钥量,在实际应用中多采用周期多表代换密码,即代换表个数有限,重复地使用。

有名的多表代换密码有 Vigenere、Beaufort、Running-Key 和转轮机(Machine)等密码。

下面对 Vigenere 密码进行详细介绍。

Vigenere 密码(维吉尼亚密码)是由法国密码学家 Blaise de Vigenere 于 1858 年提出的,它是一种以移位代换(当然也可以用一般的字母代换表)为基础的周期代换密码,是多表代换密码的典型代表,如定义 2-4 所示。

定义 2-4 维吉尼亚密码。设 m 是某固定的正整数,令 $P = C = K = (\mathbb{Z}_{26})^{26}$,对一个密钥 $k = (k_1, k_2, \cdots, k_m)$,定义如下。

加密:$e_k(x_1, x_2, \cdots, x_m) = (x_1 + k_1, x_2 + k_2, \cdots, x_m + k_m)$

解密:$d_k(y_1, y_2, \cdots, y_m) = (y_1 - k_1, y_2 - k_2, \cdots, y_m - k_m)$

所有的运算都在 $\mathbb{Z}_{26}$ 中。

使用上述方法,对应 A↔0, B↔1, $\cdots$, Z↔25,则每个密钥 $k = (k_1, k_2, \cdots, k_m)$ 为长为 m 的字母串,称为密钥字。维吉尼亚密码一次加密 m 个明文字母,当明文串的长度大于

m 时,将明文串按 m 一组分段,然后逐段使用密钥字 k。下面给出具体实例。

例 2-4 设 $m=6$,且密钥字为 CIPHER,其对应密钥串 $k=(2,8,15,7,4,17)$。假定明文串是 thiscryptosystemisnotsecure。

首先将明文中转化为数字串,按 6 个一组分段,然后模 26 "加"上密钥字得

19	7	8	18	2	17	24	15	19	14	18	24	18	19
2	8	15	7	4	17	2	8	15	7	4	17	2	8
21	15	23	25	6	8	0	23	8	21	22	15	20	1

4	12	8	18	13	14	19	18	4	2	20	17	4
15	7	4	17	2	8	15	7	4	17	2	8	15
19	19	12	9	15	22	8	25	8	19	22	25	19

其相应的密文应该为

VPXZGIAXIVWPUBTTMJPWIZITWZT

解密过程与加密过程类似,不同的只是进行模 26 减,而不是模 26 加。

此外,也可以利用由维吉尼亚密码加密原理生成的维吉尼亚代换方阵表,如表 2-5 所示,更直观地进行加密和解密运算。

表 2-5 维吉尼亚代换方阵表

明文	a	b	c	d	e	f	g	h	i	j	k	l	m	n	o	p	q	r	s	t	u	v	w	x	y	z
a	A	B	C	D	E	F	G	H	I	J	K	L	M	N	O	P	Q	R	S	T	U	V	W	X	Y	Z
b	B	C	D	E	F	G	H	I	J	K	L	M	N	O	P	Q	R	S	T	U	V	W	X	Y	Z	A
c	C	D	E	F	G	H	I	J	K	L	M	N	O	P	Q	R	S	T	U	V	W	X	Y	Z	A	B
d	D	E	F	G	H	I	J	K	L	M	N	O	P	Q	R	S	T	U	V	W	X	Y	Z	A	B	C
e	E	F	G	H	I	J	K	L	M	N	O	P	Q	R	S	T	U	V	W	X	Y	Z	A	B	C	D
f	F	G	H	I	J	K	L	M	N	O	P	Q	R	S	T	U	V	W	X	Y	Z	A	B	C	D	E
g	G	H	I	J	K	L	M	N	O	P	Q	R	S	T	U	V	W	X	Y	Z	A	B	C	D	E	F
h	H	I	J	K	L	M	N	O	P	Q	R	S	T	U	V	W	X	Y	Z	A	B	C	D	E	F	G
i	I	J	K	L	M	N	O	P	Q	R	S	T	U	V	W	X	Y	Z	A	B	C	D	E	F	G	H
j	J	K	L	M	N	O	P	Q	R	S	T	U	V	W	X	Y	Z	A	B	C	D	E	F	G	H	I
k	K	L	M	N	O	P	Q	R	S	T	U	V	W	X	Y	Z	A	B	C	D	E	F	G	H	I	J
l	L	M	N	O	P	Q	R	S	T	U	V	W	X	Y	Z	A	B	C	D	E	F	G	H	I	J	K
m	M	N	O	P	Q	R	S	T	U	V	W	X	Y	Z	A	B	C	D	E	F	G	H	I	J	K	L
n	N	O	P	Q	R	S	T	U	V	W	X	Y	Z	A	B	C	D	E	F	G	H	I	J	K	L	M
o	O	P	Q	R	S	T	U	V	W	X	Y	Z	A	B	C	D	E	F	G	H	I	J	K	L	M	N
p	P	Q	R	S	T	U	V	W	X	Y	Z	A	B	C	D	E	F	G	H	I	J	K	L	M	N	O
q	Q	R	S	T	U	V	W	X	Y	Z	A	B	C	D	E	F	G	H	I	J	K	L	M	N	O	P
r	R	S	T	U	V	W	X	Y	Z	A	B	C	D	E	F	G	H	I	J	K	L	M	N	O	P	Q
s	S	T	U	V	W	X	Y	Z	A	B	C	D	E	F	G	H	I	J	K	L	M	N	O	P	Q	R
t	T	U	V	W	X	Y	Z	A	B	C	D	E	F	G	H	I	J	K	L	M	N	O	P	Q	R	S
u	U	V	W	X	Y	Z	A	B	C	D	E	F	G	H	I	J	K	L	M	N	O	P	Q	R	S	T
v	V	W	X	Y	Z	A	B	C	D	E	F	G	H	I	J	K	L	M	N	O	P	Q	R	S	T	U
w	W	X	Y	Z	A	B	C	D	E	F	G	H	I	J	K	L	M	N	O	P	Q	R	S	T	U	V
x	X	Y	Z	A	B	C	D	E	F	G	H	I	J	K	L	M	N	O	P	Q	R	S	T	U	V	W
y	Y	Z	A	B	C	D	E	F	G	H	I	J	K	L	M	N	O	P	Q	R	S	T	U	V	W	X
z	Z	A	B	C	D	E	F	G	H	I	J	K	L	M	N	O	P	Q	R	S	T	U	V	W	X	Y

例 2-5 设明文为 polyalphabetic cipher,密钥字 $k=$ RADIO,周期 $m=5$,首先将明文

分解成长为 5 的序列：
$$polya\ lphab\ eticc\ ipher$$
每一段用密钥 k=RADIO,参考维吉尼亚代换方阵表,可得密文：
$$c=GOOGO\ CPKTP\ NTLKQ\ ZPKMF$$

利用密钥 k=RADIO 对明文 polya 加密得密文 GOOGO,第一个 G 是在 r 行 p 列上,第二个 O 是在 a 行 o 列上,第三个 O 是在 d 行 l 列上,以此类推。解密时 p 是 r 行含 G 的列,同理 o 是 a 行含 O 的列。依此可以推出全部密文,从而恢复出明文。

可以看出,维吉尼亚密码的密钥空间大小为 26^m,所以即使 m 的值很小,使用穷尽密钥搜索方法也需要很长的时间。例如,当 $m=5$ 时,密钥空间大小超过 $1.1×10^7$,这样的密钥量已经超出了使用手算进行穷尽搜索的能力范围(当然使用计算机另当别论)。在一个具有密钥长度为 m 的维吉尼亚密码中,一个字母可被映射到 m 个可能的字母之一(假定密钥字包含 m 个不同的字符)。

一般来说,这种多表代换密码系统分析起来比单表代换更困难一些。

3. 多字母代换密码——希尔密码

多字母代换密码的特点是每次对 $L>1$ 个字母进行代换,这样做的优点是容易将字母的频率信息隐蔽或均匀化而有利于抗统计分析。

希尔密码(Hill Cipher)是一种多字母代换密码,这种密码体制于 1929 年由 Lester S. Hill 提出,其主要思想是利用线性变换的方法进行密码变换处理。

定义 2-5 给出了 $\mathbb{Z}_{26}$ 上希尔密码的具体描述。

定义 2-5 希尔密码。设 $m\geq 2$ 是某个固定的正整数,$P=C=(\mathbb{Z}_{26})^m$,且 $K=\{$定义在 $\mathbb{Z}_{26}$ 上的 $m\times m$ 可逆矩阵$\}$,对任意的密钥 k,密码变换定义如下。

加密：$e_k(x)=xk$

解密：$d_k(y)=yk^{-1}$

以上运算都是在 $\mathbb{Z}_{26}$ 上进行的。

可以看出,当 $m=1$ 时,系统退化为单字母仿射代换密码,可见希尔密码是仿射密码体制的推广。

当 $m=2$ 时,可以将每一个明文单元使用 $x=(x_1,x_2)$ 来表示,同样密文单元使用 $y=(y_1,y_2)$ 来表示。具体加密中,y_1,y_2 将被表示为 x_1,x_2 的线性组合。

例如：
$$y_1=(11x_1+3x_2)\bmod 26$$
$$y_2=(8x_1+7x_2)\bmod 26$$

这样可以使用矩阵形式将上式简记为 $\boldsymbol{y}=\boldsymbol{xk}$,即
$$(y_1,y_2)=(x_1,x_2)\begin{pmatrix}11 & 8\\ 3 & 7\end{pmatrix}$$

其中,$\boldsymbol{k}=\begin{pmatrix}11 & 8\\ 3 & 7\end{pmatrix}$ 为密钥。

因此,通过已学的线性代数相关知识,可求出密钥矩阵 $\boldsymbol{k}$ 的逆矩阵 $\boldsymbol{k}^{-1}$ 来解密,此时

的解密公式为 $x = yk^{-1}$。可以验证：

$$\begin{pmatrix} 11 & 8 \\ 3 & 7 \end{pmatrix}^{-1} = \begin{pmatrix} 7 & 18 \\ 23 & 11 \end{pmatrix}$$

除了 m 取值很小（如 $m=2,3$）时，计算 k^{-1} 还没有一种更高效的方法，所以大大限制了它的广泛应用，但对密码学的早期研究有很好的推动作用。

例 2-6 假定密钥是 $\begin{pmatrix} 11 & 8 \\ 3 & 7 \end{pmatrix}$，则 $k^{-1} = \begin{pmatrix} 7 & 18 \\ 23 & 11 \end{pmatrix}$。现在加密明文 july，分为两个明文组 (9,20)（相应于 ju）和 (11,24)（相应于 ly）。计算如下：

$$(9,20)\begin{pmatrix} 11 & 8 \\ 3 & 7 \end{pmatrix} = (99+60, 72+140) = (3,4) \pmod{26}$$

$$(11,24)\begin{pmatrix} 11 & 8 \\ 3 & 7 \end{pmatrix} = (121+72, 88+168) = (11,22) \pmod{26}$$

因此，明文串 july 加密后的密文串为 DELW。

2.3.3 置换密码

置换密码（Permutation Cipher）的使用已有数百年的历史，最早在 1563 年就由 Giovanni Porta 给出了置换密码和代换密码的具体区别。置换密码特点是通过重新排列消息中元素的位置而不改变元素本身来变换一个消息，故其又称为换位密码（Transposition Cipher）。

定义 2-6 置换密码。设 X 是一个有限集合，则 X 上的一个双射函数 $\pi: X \rightarrow X$ 称为 X 上的一个置换，易知置换 π 的逆置换也是 X 上的置换，记为 π^{-1}。

给定一个集合 $X = \{1,2,3,\cdots,b\}$ 上的一个置换 π，可按下面的方式定义置换 π 的关联置换矩阵 $\boldsymbol{K}_\pi = (k_{ij})_{b \times b}$，其中

$$k_{ij} = \begin{cases} 1 & i = \pi(j) \\ 0 & i \neq \pi(j) \end{cases}$$

假设消息分组的大小为正整数 b，$M = C = (Z_N)^b$，$\boldsymbol{K}$ 由集合 $X = \{1,2,3,\cdots,b\}$ 上的置换组成，对任意一个置换（密钥）$\pi \in \boldsymbol{K}$，定义加密变换为

$$E_\pi(m_1, m_2, \cdots, m_b) = (m_{\pi(1)}, m_{\pi(2)}, \cdots, m_{\pi(b)}) = (m_1, m_2, \cdots, m_b)\boldsymbol{K}_\pi = (c_1, c_2, \cdots, c_b)$$

解密变换为

$$D_\pi(c_1, c_2, \cdots, c_b) = (c_{\pi^{-1}(1)}, c_{\pi^{-1}(2)}, \cdots, c_{\pi^{-1}(b)}) = (c_1, c_2, \cdots, c_b)\boldsymbol{K}_\pi^{-1} = (m_1, m_2, \cdots, m_b)$$

常见的置换密码主要有倒置法、列换位法、矩阵换位法。

1. 倒置法

1）完全倒置法

把明文中的字母按顺序倒过来写，然后以固定长度的字母组发送或记录。

明文：computer systems

密文：smet sysr etup moc

2) 分组倒置法

把明文中的字母按固定长度分组后,每组字母串倒过来写。

明文:computer systems

分组:comp uter syst ems

密文:pmoc retu tsys sme

2. 列换位法

将明文字符分割成为若干个(例如 5 个)一行的分组,并按一组后面跟着另一组的形式排好,形式如下:

c1 c2 c3 c4 c5
c6 c7 c8 c9 c10
……

最后,不全的组可以用不常使用的字符或 a,b,c,…填满。

密文是取各列来产生的:c1c6…,c2c7…,c3c8…,c4c9…,c5c10…。

例如,明文 WHAT YOU CAN LEARN FROM THIS BOOK,取密钥为 5,进行排列:

W H A T Y
O U C A N
L E A R N
F R O M T
H I S B O
O K X X X

则密文为 WOLFHOHUERIKACAOSXTARMBXYNNTOX

3. 矩阵换位法

由定义知,置换密码事实上是希尔密码的特例。一个置换矩阵是指每行和每列刚好只有一个元素 1,其余元素都为 0 的矩阵。

例 2-7 明文为 attack begins at five,密钥为 cipher,将明文按照每行 6 列的形式排在矩阵中,形成如下形式:

$$A = \begin{pmatrix} a & t & t & a & c & k \\ b & e & g & i & n & s \\ a & t & f & i & v & e \end{pmatrix}$$

根据密钥 cipher 中各字母在字母表中出现的先后顺序,给定一个置换:

$$\pi = \begin{pmatrix} 1 & 2 & 3 & 4 & 5 & 6 \\ 1 & 4 & 5 & 3 & 2 & 6 \end{pmatrix}$$

置换 π 的关联置换矩阵为

$$K_\pi = \begin{pmatrix} 1 & 0 & 0 & 0 & 0 & 0 \\ 0 & 0 & 0 & 0 & 1 & 0 \\ 0 & 0 & 0 & 1 & 0 & 0 \\ 0 & 1 & 0 & 0 & 0 & 0 \\ 0 & 0 & 1 & 0 & 0 & 0 \\ 0 & 0 & 0 & 0 & 0 & 1 \end{pmatrix}$$

根据置换 π，得到如下形式的密文：

$$B = \begin{pmatrix} a & t & t & a & c & k \\ b & e & g & i & n & s \\ a & t & f & i & v & e \end{pmatrix} \begin{pmatrix} 1 & 0 & 0 & 0 & 0 & 0 \\ 0 & 0 & 0 & 0 & 1 & 0 \\ 0 & 0 & 0 & 1 & 0 & 0 \\ 0 & 1 & 0 & 0 & 0 & 0 \\ 0 & 0 & 1 & 0 & 0 & 0 \\ 0 & 0 & 0 & 0 & 0 & 1 \end{pmatrix} = \begin{pmatrix} a & a & c & t & t & k \\ b & i & n & g & e & s \\ a & i & v & f & t & e \end{pmatrix}$$

要由密文解密出明文，首先计算 π 的逆置换 π^{-1}：

$$\pi^{-1} = \begin{pmatrix} 1 & 2 & 3 & 4 & 5 & 6 \\ 1 & 5 & 4 & 2 & 3 & 6 \end{pmatrix}$$

置换 π^{-1} 的关联置换矩阵为

$$K_{\pi^{-1}} = \begin{pmatrix} 1 & 0 & 0 & 0 & 0 & 0 \\ 0 & 0 & 0 & 1 & 0 & 0 \\ 0 & 0 & 0 & 0 & 1 & 0 \\ 0 & 0 & 1 & 0 & 0 & 0 \\ 0 & 1 & 0 & 0 & 0 & 0 \\ 0 & 0 & 0 & 0 & 0 & 1 \end{pmatrix}$$

根据逆置换 π^{-1}，由密文恢复出如下形式的明文：

$$\begin{pmatrix} a & a & c & t & t & k \\ b & i & n & g & e & s \\ a & i & v & f & t & e \end{pmatrix} \begin{pmatrix} 1 & 0 & 0 & 0 & 0 & 0 \\ 0 & 0 & 0 & 1 & 0 & 0 \\ 0 & 0 & 0 & 0 & 1 & 0 \\ 0 & 0 & 1 & 0 & 0 & 0 \\ 0 & 1 & 0 & 0 & 0 & 0 \\ 0 & 0 & 0 & 0 & 0 & 1 \end{pmatrix} = \begin{pmatrix} a & t & t & a & c & k \\ b & e & g & i & n & s \\ a & t & f & i & v & e \end{pmatrix} = A$$

置换密码很容易硬件实现。一般情况下，明文用比特序列表示，每一分组就是一个 b 比特单位，关联置换矩阵就是简单地指定 b 比特的输入到特定的 b 比特的输出，这些硬件实现常称为一个"P-盒(P-box)"。对于消息分组的长度 b，共有 $b!$ 种不同的密钥。

习题 2

1. 密码技术的发展经历了哪些阶段？分别发生了哪些显著的变化？
2. 一个密码系统的基本组成包含哪些因素？
3. 密码技术有哪些分类方法？其中常用的是哪种分类？
4. 简述 Kerckhoffs 原理，并说明其在密码系统中的作用。
5. 如何评估一个密码系统的安全性？安全性因素有哪些？
6. 密码分析有哪几种类型？试分别举例说明。
7. 当 $k=5, b=3$ 时，用仿射密码加密字符：WO SHI XUESHENG。

8. 使用维吉尼亚方案，给出密文：ZICVTWQNGRZGVTWAVZHCQYGLMGJ，找出对应下列明文的密钥：wearediscoveredsaveyourself。

9. 分析维吉尼亚密码体制的安全性，并编程实现维吉尼亚密码算法。

10. 分析希尔密码体制的安全性，并编程实现希尔密码算法。

11. 英文字母 a,b,c,…,z 分别编码为 0,1,2,3,4,…,25，已知希尔密码中的明文分组长度为 2，密钥 k 是 Z_{26} 上的一个二阶可逆方阵，假设密钥为 hello，明文为 welcome，试求密文。

第 3 章 对称密码体系

本章先介绍对称密码体系的概念、结构和特点,之后详细阐述对称密码体系的两类算法:流密码和分组密码。流密码部分重点说明其构造算法和工作原理;分组密码部分主要介绍 Feistel 密码结构。然后通过介绍一些有代表性的加密算法,如 DES、AES 和 IDEA,强化读者对对称加密算法的理解。最后介绍分组密码的常用工作模式。

3.1 对称密码体系概述

对称密码算法(Symmetric Algorithm)也称传统密码算法、单钥密码算法,它包括许多数据加密方法。公钥密码技术出现之前,对称密码系统已被使用了多年。对称密码体系的基本模型如图 3-1 所示,其基本特征是:数据加密和解密使用同一个密钥。在算法公开的前提下所有秘密都在密钥中,因此密钥本身应该通过另外的秘密信道传递。对称密码体系的安全性依赖于两个因素:其一,加密算法强度至少应该满足当敌手已知算法时通过截获密文不能导出明文或者发现密钥,更高的要求是敌手即使拥有部分密文以及相应明文段落也不能导出明文或者发现密钥系统;其二,发送方和接收方必须以安全的方式传递和保存密钥副本,对称加密的安全性取决于密钥的保密性而不是算法的机密性。

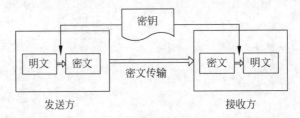

图 3-1 对称密码体系的基本模型

对称加密算法可以分成两类:一类为流算法,是一次只对明文中单个位(有时为字节)加密或解密的运算;另一类为分组算法,是一次只对明文的一组固定长度的字节加密或解密的运算。现代计算机密码算法一般采用的都是分组算法,一般分组的长度为 64 位,这是由于这个长度大到足以防止分析破译,但又小到足以方便使用。

对称算法的加密和解密表示为

$$E_k(M) = C$$
$$D_k(C) = M$$

常用的对称加密体系有五个组成部分。

(1) 明文 M：原始数据信息。

(2) 加密算法 E_k：以密钥 k 为参数，对明文 M 进行多种置换和转换的规则和步骤，结果即为密文。

(3) 密钥 k：加密与解密算法的参数，直接影响对明文进行变换的结果。

(4) 密文 C：对明文进行变换的结果。

(5) 解密算法 D_k：加密算法的逆变换，以密文 C 为输入、密钥 k 为参数，变换结果为明文。

对称密码体系的优点是算法实现的效率高、速度快，缺点是密钥的管理过于复杂。如果按照上述方法，任何一对发送方和接收方都有他们各自商议的密钥，那么很明显，假设有 N 个用户进行对称加密通信，则需要产生 $N(N-1)$ 把密钥，每个用户要记住或保留 $N-1$ 把密钥，当 N 很大时，记住是不可能的，而保留起来又会引起密钥泄露可能性的增加。常用的对称加密算法有 DES、AES 和 IDEA 等。

3.2 流密码

3.2.1 流密码简介

香农证明了"一次一密"密码体制在理论上是不可破译的，促使人们长期以来一直寻求某种能仿效"一次一密"密码的密码体制，流密码就是所寻求的方法之一。流密码也称序列密码(Stream Cipher)，具有实现简单、便于硬件实施、加解密处理速度快、没有或只有有限的错误传播等特点。因此在实际应用中，特别是在专用或机密机构中保持着优势，典型的应用领域包括世界军事、无线通信、外交通信。

流密码加密时先将文本、声音、图像等原始明文转换成 0-1 串，然后将它与密钥流逐位异或生成密文流传送给接收者，接收者将密文流与相同的密钥流逐位异或恢复出明文。在流密码中，将明文分成一定长度的分组，分别对各个分组用同一密钥流序列的不同部分进行加密产生相应的密文。相同的明文分组因为处于明文序列中的不同位置，所对应的密钥流位也不同，因此会加密成不同的密文组。

流密码系统可以用一个六元组 (M, C, K, Z, E_k, D_k) 来描述。其中，M 表示明文空间，C 表示密文空间，K 表示密钥空间，Z 表示密钥流生成算法，E_k 和 D_k 表示密钥流与明文(密文)的加密和解密规则，通常为异或运算。对密钥 $k \in K$，由 Z 确定一个密钥流。流密码系统加解密的原理如图 3-2 所示。

流密码的加密是用一个密钥流序列(伪随机)和明文序列相异或来产生密文，解密过程相同，即用同一密钥流序列和密文序列相异或来获得明文。

设二进制序列 $M = M_1 M_2 \cdots M_i \cdots M_n$ 是明文序列，$M_i \in \mathrm{GF}(2)$，$i \geqslant 1$；二进制序列 $C_1 C_2 \cdots C_i \cdots C_n$ 作为密文比特流，$C_i \in \mathrm{GF}(2)$，$i \geqslant 1$；序列 $k = k_1 k_2 \cdots k_i \cdots k_n$ 作为密钥流序列，同样 $k_i \in \mathrm{GF}(2)$，$i \geqslant 1$。加密过程可表示为 $C_i = M_i \oplus k_i$，解密操作表示为 $M_i = C_i \oplus k_i$，$i \geqslant 1$。$\oplus$ 表示按位异或运算。

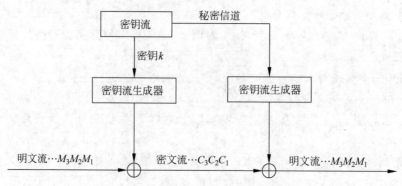

图 3-2　流密码系统加解密的原理

密钥流序列的伪随机性决定了流密码的安全性。当密钥流序列是由无记忆离散的二进制均匀分布信源产生的随机序列时,产生该序列的密码就是"一次一密"密码,在理论上它已经被证明是安全的。但是,用产生真正随机序列的方法来产生完全相同的随机序列几乎是不可能的。实际使用"一次一密"密码时要求信息的收发双方必须持有加解密信息所用的密钥流副本。已经证明仅当密钥数目与明文数目至少一样多时,"一次一密"才是完全保密的,即密钥必须至少和明文一样长且不重复使用。而很长的密钥序列不便于存储和分配,流密码的设计就是研究如何用一个短的密钥生成一个周期长且安全的密钥流。利用这种方法能够重复产生相同的密钥序列,但产生的序列不是真正的随机序列,而是伪随机的,这就要求伪随机序列满足真随机序列的一些随机特性。要实现保密通信,只需要在信息的发送方和接收方之间传送一个短的密钥。

3.2.2　流密码的结构

根据明文和密文的消息流与密钥流序列的关系,可将流密码分为同步流密码和自同步流密码两类。

1. 同步流密码

在同步流密码中,密钥流的产生独立于明文和密文。发送方和接收方只要有相同的密钥和初始内部状态,就能产生相同的密钥流。同步流密码加密结构如图 3-3 所示。

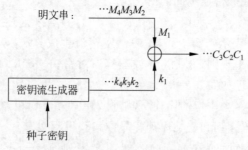

图 3-3　同步流密码加密结构

由于密钥流与明文串无关,所以同步流密码中的每个密文字符 c_i 不依赖于之前的明文 $m_{i-1},\cdots,m_1$。所以同步流密码的一个重要特点就是无错误传播:在传输期间一个密文字符被改变只影响该符号的恢复,不会对后继的符号产生影响。但是,在同步流密码中发送方和接收方必须是同步的,用同样的密钥且该密钥操作在同样的位置时才能保证正确解密。如果在传输过程中密文字符有插入或删除导致同步丢失,密文与密钥流将不能对齐,导致无法正确解密。要正确还原明文,密钥流必须再次同步。与同步流密码相反,自同步流密码有错误传播现象,但可以自行实现同步。

2. 自同步流密码

在自同步流密码中,密钥流的产生与之前已经产生的若干密文有关,其加密结构如图 3-4 所示。其中,密钥流 k_i 的生成过程如图 3-5 所示。

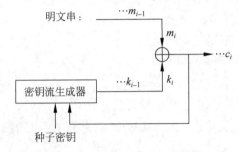
图 3-4 自同步流密码加密结构

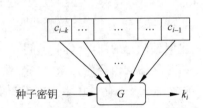
图 3-5 同步流密码的密钥流生成过程

用函数表示为

$$\sigma_i = F(\sigma_{i-1}, c_{i-1}, \cdots, c_{i-k})$$
$$k_i = G(\sigma_i, k)$$
$$c_i = E(k_i, m_i)$$

其中,k 是种子密钥;σ_i 是密钥流生成器的内部状态(初始状态记为 σ_0);F 是状态转移函数;G 是生成密钥流的函数;E 是自同步流密码的加密变换,它是 k_i 与 m_i 的函数。

由此可见,如果自同步流密码中某一符号出现传输错误,则将影响到它之后 k 个符号的解密运算,亦即,自同步流密码有错误传播现象。等到该错误移出寄存器后寄存器才能恢复同步,因而一个错误至多影响 k 个符号。在 k 个密文字符之后,这种影响将消除,密钥流自行实现同步。由于密文流参与了密钥流的生成,使得密钥流的理论分析复杂化,目前的流密码研究结果大部分都是关于同步流密码的,因为这些流密码的密钥流的生成独立于消息流,从而使它们的理论分析成为可能。

3.2.3 反馈移位寄存器与线性反馈移位寄存器

如前所述,序列密码的安全强度取决于密钥流生成器生成的密钥流的安全性(如周期、游程分布、线性复杂度等)。有多种产生同步密钥流生成器的方法,最普遍的是使用一种称为线性反馈移位寄存器(Linear Feedback Shift Register,LFSR)的设备。

采用 LFSR 作为基本部件的主要原因如下:
(1) LFSR 的结构非常适合硬件实现;
(2) LFSR 的结构便于使用代数方法进行理论分析;
(3) 产生的序列的周期可以很大;

(4) 产生的序列具有良好的统计特性。

1. 反馈移位寄存器

图 3-6 所示为一个反馈移位寄存器的流程图,信号从左到右。a 表示存储单元,取值为 0 或 1,a_i 的个数 n 称为反馈移位寄存器的级。在某一时刻,这些级的内容构成该反馈移位寄存器的一个状态,共有 2^n 个可能的状态,每一个状态对应于 F 上的一个 n 维向量,用 $(a_1,a_2,\cdots,a_n)$ 表示。函数 f 是一个 n 元布尔函数,称之为反馈函数。

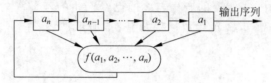

图 3-6 反馈移位寄存器流程图

在主时钟确定的周期区间上,每一级存储器 a_i 都将其存储内容向下一级 a_{i-1} 传递,最右一级存储器的内容作为该时刻的输出,根据该时刻寄存器的状态计算 $f(a_1,a_2,\cdots,a_n)$ 作为最左一级寄存器在下一时刻的内容。显然,一个反馈移位寄存器的逻辑功能完全由该移位寄存器的反馈函数所标志。

2. 线性反馈移位寄存器

如果反馈函数形如 $f(a_1,a_2,\cdots,a_n)=c_na_1\oplus c_{n-1}a_2\oplus\cdots\oplus c_1a_n$,其中,系数 $c_i=0$,1,这里的加法运算为模 2 加,乘法运算为普通乘法,则称该反馈函数是 $a_1,a_2,\cdots,a_n$ 的线性函数,对应的反馈移位寄存器称为线性反馈移位寄存器,用 LFSR 表示。否则,称为非线性反馈移位寄存器(Non-Linear Feedback Shift Register,NLFSR)。LFSR 的示意图如图 3-7 所示。

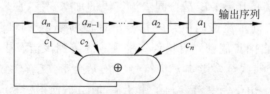

图 3-7 线性反馈移位寄存器流程图

显然,根据 LFSR 中反馈函数的系数 $c_i(i=1,\cdots,n)$ 取值的不同,这样的反馈函数有 2^n 种。令 $a_i(t)$ 表示 t 时刻第 i 级寄存器的内容,则第 $t+1$ 时刻寄存器的内容为:

$$a_i(t+1)=a_{i+1}(t), \quad i=1,2,\cdots,n-1$$
$$a_n(t+1)=c_na_1(t)\oplus c_{n-1}a_2(t)\oplus\cdots\oplus c_1a_n(t)$$

通常称多项式 $c_nx^n+c_{n-1}x^{n-1}+\cdots+c_1x^1+1$ 为上述 LFSR 的特征多项式。

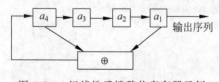

图 3-8 4 级线性反馈移位寄存器示例

LFSR 的特征多项式与它的反馈函数是一一对应的,如果知道了 LFSR 的特征多项式,便立即可以求得该移位寄存器的反馈函数,反之亦然。

例 3-1 图 3-8 为一个 4 级线性反馈移位寄

存器,状态转移关系为

$$a_i(t+1)=a_{i+1}(t), \quad i=1,2,3$$
$$a_4(t+1)=a_1(t)\oplus a_4(t)$$

假设初始状态为$(a_1,a_2,a_3,a_4)=(0,1,1,0)$,则可根据反馈函数计算出该线性反馈移位寄存器在各时刻的所有状态,如表 3-1 所示。

表 3-1 各时刻的所有状态

t	a_4	a_3	a_2	a_1	t	a_4	a_3	a_2	a_1
0	0	1	1	0	8	1	1	1	0
1	0	0	1	1	9	1	1	1	1
2	1	0	0	1	10	0	1	1	1
3	0	1	0	0	11	1	0	1	1
4	0	0	1	0	12	0	1	0	1
5	0	0	0	1	13	1	1	0	1
6	1	0	0	0	14	1	1	0	1
7	1	1	0	0	15	0	1	1	0

由计算过程可见,在 $t=15$ 时刻该寄存器的状态恢复至 $t=0$ 时刻的状态,因此之后的状态将开始重复。这个移位寄存器输出的序列就是 0110010001111010110010001111101 ……,序列的周期为 15,也称该移位寄存器的周期为 $15(=2^4-1)$。

为了从直观上描述这一 LFSR 的状态转移情况,可以使用一些方框以及连接这些方框的箭头组成的图形,即为状态转移图,如图 3-9 所示。

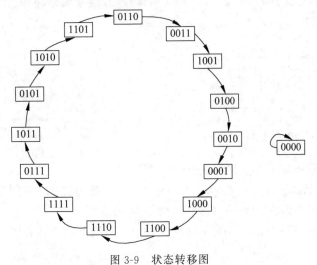

图 3-9 状态转移图

例 3-2 图 3-10 所示是一个特征多项式为 x^3+x+1 的线性反馈移位寄存器。

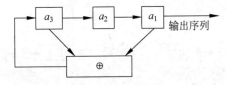

图 3-10 3 级线性反馈移位寄存器示例

根据特征多项式可知,该 LFSR 的反馈函数为 $f(a_1,a_2,a_3)=a_1\oplus a_3$。假设初始状态为 $(a_1,a_2,a_3)=(1,1,1)$,其状态转移图如图 3-11 所示。

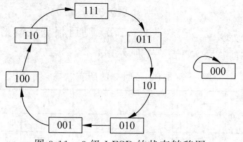

图 3-11 3 级 LFSR 的状态转移图

在状态转移图中,从初始状态开始,沿着箭头所指示的路径依次取出最右边的分量便得到该 LFSR 的输出序列:1110100 1110100……,周期为 $7(=2^3-1)$。3 级移位寄存器的所有可能状态数为 $2^3=8$(含状态 $(0,0,0)$),而本例中从初始状态 $(1,1,1)$ 开始可以得到所有非 $(0,0,0)$ 的状态。

若以状态转移图中任一状态作为初始状态,沿箭头所指示的路径依次取出最右边的分量还可得到另外 6 个序列:1101001 1101001……;1010011 1010011……;0100111 0100111……;1001110 1001110……;0011101 0011101……;0111010 0111010……。全部 7 个序列取自同一个状态转移图,将这 7 个序列之一经过适当的移位可以得到其余任一序列,称这 7 个序列是移位等价的。

例 3-3 图 3-12 所示为一个 4 级 LFSR,其特征多项式为 $x^4+x^3+x^2+x+1$。

① 如取初始状态为 $(a_1,a_2,a_3,a_4)=(1,1,1,1)$,则其状态转移图如图 3-13 所示。

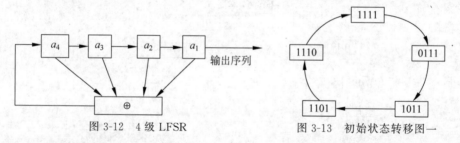

图 3-12 4 级 LFSR　　　　图 3-13 初始状态转移图一

对应的输出序列为 11110 11110……,周期为 5。

② 如取初始状态为 $(a_1,a_2,a_3,a_4)=(0,0,0,1)$,则其状态转移图如图 3-14 所示。
对应的输出序列为 00011 00011……,周期为 5。

③ 如取初始状态为 $(a_1,a_2,a_3,a_4)=(1,0,1,0)$,则其状态转移图如图 3-15 所示。

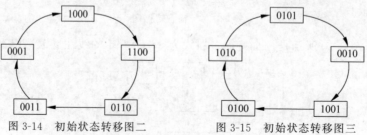

图 3-14 初始状态转移图二　　　　图 3-15 初始状态转移图三

对应的输出序列为 10100 10100……,周期为 5。

以上 15 个状态连同状态(0,0,0,0)即为 4 级移位寄存器所有可能的 $2^4=16$ 个状态。

3.2.4 m 序列及其伪随机性

1. m 序列与最长线性移位寄存器

根据 LFSR 的状态转移图可以看出,一个 n 级 LFSR 序列的周期最大只能为 2^n-1:有 LFSR 序列周期可能远小于这个值,但也有的 LFSR 序列的周期可以达到这个值。如果以 GF(2)上 n 次多项式 $c_nx^n+c_{n-1}x^{n-1}+\cdots+c_1x+1$ 为连接多项式的 n 级 LFSR 所产生的非零序列的周期为 2^n-1,则称这个序列为 n 级最大周期线性移位寄存器序列,简称 m 序列。显然,如果一个 n 级 LFSR 产生了 m 序列,则该 LFSR 的状态转移图仅由两个圈构成,其中一个是由全零状态构成的长度为 1 的圈,另一个是由全部其余 2^n-1 个状态构成的长度为 2^n-1 的圈。换句话说,如果一个 n 级 LFSR 输出的非零序列是 m 序列,则其余 2^n-2 个非零序列也是 m 序列,它们一起构成了一个移位等价类。这里把产生周期为 2^n-1 的 m 序列的 n 级 LFSR 称为最长线性移位寄存器。

显而易见,一个序列是否是 m 序列应当与产生这一序列的 LFSR 的连接多项式有密切的关系。事实上,已证明下面的结论是正确的:如果以 GF(2)上 n 次多项式 $c_nx^n+c_{n-1}x^{n-1}+\cdots+c_1x+1$ 为连接多项式的 n 级 LFSR 所产生的非零序列是 m 序列,则 $c_nx^n+c_{n-1}x^{n-1}+\cdots+c_1x+1$ 必为 GF(2)上的不可约多项式。这一结果表明一个 LFSR 为最长移位寄存器的必要条件是它的连接多项式为不可约多项式。

但是,连接多项式为不可约的假设尚不足以保证该 LFSR 输出的非零序列是 m 序列。例如,对于 GF(2)上 4 次不可约多项式 $x^4+x^3+x^2+x+1$,对应的 LFSR 的非零序列周期为 5,而非 2^4-1。关于 m 序列的充分必要条件是:以 GF(2)上 n 次多项式 $c_nx^n+c_{n-1}x^{n-1}+\cdots+c_1x+1$ 为连接多项式的 n 级 LFSR 所产生的非零序列是 m 序列 $\Leftrightarrow$ $c_nx^n+c_{n-1}x^{n-1}+\cdots+c_1x+1$ 为 GF(2)上的 n 次本原多项式。

因此,一个 n 级 LFSR 为最长移位寄存器的充要条件是它的连接多项式为 GF(2)上的 n 次本原多项式。例如,多项式 x^3+x+1 是 GF(2)上的 3 次本原多项式,可以验证以此为连接多项式的 LFSR 的输出序列均为 m 序列。在实践中,经常使用 GF(2)上的本原三项式,这是因为它只需要一个抽头,所以电路设计最简单。

由以上的讨论可知,本原多项式的概念不论是在理论上还是实践上均起重要作用。由代数学的知识知道,当 2^n-1 为素数时,GF(2)上的每一个 n 次不可约多项式均为 n 次本原多项式。形如 2^n-1 的素数称为梅森(Mersenne)数,如 $n=2,3,5,7,13$ 等。

2. m 序列的安全性

LFSR 的输出序列就是流密码的密钥流。一个 LFSR 可以输出足够长的二进制位以匹配明文的二进制位。要解密密文,只需要运行具有相同初始状态的 LFSR 即可。对于给定的整数 n,由于 m 序列是周期最长的,是否可以用 m 序列直接作为密钥流实现流密码?或者说将 LFSR 作为密码序列产生器,安全吗?下面通过一个简单的例子来描述 m 序列直接在流密码中使用时可能遇到的问题。

例 3-4 m 序列的破译。假设在某个流密码体制中,其密钥流生成器是一个 5 级

LFSR,如图 3-16 所示。设攻击者得到密文串 10110 10111 和相应的明文串 01100 11111，并知道该流密码体制中的 LFSR 是 5 级的。因此，攻击者可计算出相应使用的密钥流为 11010 01000。

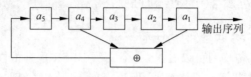

图 3-16　5 级 LFSR

由于

$$a_6 = c_5 a_1 + c_4 a_2 + c_3 a_3 + c_2 a_4 + c_1 a_5$$
$$a_7 = c_5 a_2 + c_4 a_3 + c_3 a_4 + c_2 a_5 + c_1 a_6$$
$$a_8 = c_5 a_3 + c_4 a_4 + c_3 a_5 + c_2 a_6 + c_1 a_7$$
$$a_9 = c_5 a_4 + c_4 a_5 + c_3 a_6 + c_2 a_7 + c_1 a_8$$
$$a_{10} = c_5 a_5 + c_4 a_6 + c_3 a_7 + c_2 a_8 + c_1 a_9$$

攻击者可根据密钥流建立如下方程组：

$$0 = c_5 1 + c_4 1 + c_3 0 + c_2 1 + c_1 0 \tag{1}$$
$$1 = c_5 1 + c_4 0 + c_3 1 + c_2 0 + c_1 0 \tag{2}$$
$$0 = c_5 0 + c_4 1 + c_3 0 + c_2 0 + c_1 1 \tag{3}$$
$$0 = c_5 1 + c_4 0 + c_3 0 + c_2 1 + c_1 0 \tag{4}$$
$$0 = c_5 0 + c_4 0 + c_3 1 + c_2 0 + c_1 0 \tag{5}$$

由(5)知 $c_3 = 0$；从而由(2)知 $c_5 = 1$；从而由(4)知 $c_2 = 1$；从而由(1)知 $c_4 = 0$；从而由(3)知 $c_1 = 0$。这样，攻击者就知道了该 LFSR 的具体结构。

攻击者利用这一结构和已经掌握的部分密钥流，就可以计算出之后所有的密钥序列。因此，相应的流密码毫无安全性可言。

上述分析可以推广到一般情况：对于一个 n 级的 LFSR，如果攻击者可以得到 $2n$ 个明文-密文对，就可以获得该 LFSR 的具体代数结构。

3. Golomb 随机性假设

流密码的安全性取决于密钥流的安全性，要求密钥流序列有好的随机性，以使密码分析者对它无法预测。也就是说，即使截获其中一段，也无法推测后面是什么。如果密钥流是周期的，要完全做到随机性是困难的。严格地说，这样的序列不可能做到随机，只能要求截获比周期短的一段密钥流时不会泄露更多信息，这样的序列称为伪随机序列。之所以把这种序列称为伪随机序列，是因为产生这种序列是按照完全确定的方式进行的，而不像随机序列那样元素的出现是随机的。

下面先说明游程的概念：设 $\{a_i\} = (a_1 a_2 a_3 \cdots)$ 为 0、1 序列，例如 00110111，其前两个数字是 00，称为 0 的 2 游程；接着是 11，是 1 的 2 游程；再下来是 0 的 1 游程和 1 的 3 游程。

Golomb 提出了度量伪随机序列随机性的三条规则，称为 Golomb 随机性假设。简单起见，假设所述伪随机序列为二元序列 $a_1, a_2, \cdots, a_i, \cdots, a_n, \cdots (a_i \in \{0,1\})$，其周期为 n。

(1) 在每一周期内，0 的个数与 1 的个数近似相等。

(2) 在每一周期内，长度为 i 的游程数占游程总数的 $1/2^i$。

(3) 定义自相关函数为 $C(\tau) = \sum_{i=1}^{n}(-1)^{a_i+a_{i+\tau}}$，这是一个二值函数：

$$C(\tau) = \begin{cases} n, & \tau \equiv 0 \bmod n \\ c, & \text{其他} \end{cases}$$

其中，c 为一个常数。

例如，在周期为 7 的序列 1110010……中，每一周期内有 4 个 1，3 个 0，4 个游程，且有 2 个长度为 1 的游程、1 个长度为 2 的游程、1 个长度为 3 的游程。自相关函数为：

$$C(\tau) = \begin{cases} 7, & \tau \equiv 0 \bmod n \\ -1, & \text{其他} \end{cases}$$

m 序列是满足 Golomb 随机性假设的典型代表。

4. m 序列的伪随机性

m 序列之所以在电子工程的许多领域获得广泛的应用，主要是由于它具有与随机序列类似的性质，满足 Golomb 的三个随机性假设。下面不加证明地给出其相应的结论，感兴趣的读者可以自己尝试给出其正确性证明。

(1) 在 n 级 m 序列的一个周期段内，1 出现的次数恰为 2^{n-1}，0 出现的次数恰为 $2^{n-1}-1$。

(2) 在 n 级 m 序列的一个周期段内，游程总数为 2^{n-1}；长为 $k(1 \leqslant k \leqslant n-2)$ 的 0-游程（或 1-游程）数为 2^{n-2-k}；长为 $n-1$ 的游程只有 1 个，为 0-游程；长为 n 的游程也只有 1 个，为 1-游程。

(3) 自相关函数是二值的，且为

$$C(\tau) = \begin{cases} 2^n - 1, & \tau \equiv 0 \bmod (2^n - 1) \\ -1, & \text{其他} \end{cases}$$

需要说明的是，对于密钥流序列而言，Golomb 随机性假设只是判别二元周期序列的随机性标准的必要条件，并不是充分的。这是因为，由其中很小一部分就可简单地确定出整个密钥序列。

5. 线性复杂度

除了要求伪随机序列具有长周期、满足 Golomb 的三个随机性假设外，还要求适用于流密码的伪随机序列满足高的线性复杂度(Linear Complexity)。给定二元序列 $a_1, a_2, \cdots, a_i, \cdots, a_n, \cdots (a_i \in \{0,1\})$，其线性复杂度定义为能够输出该序列的最短线性移位寄存器的级数。

例如，给定序列 011 011……，连接多项式为 x^2+x+1 的 LFSR 可以生成该序列，连接多项式为 x^3+1 的 LFSR 也可以生成该序列。但连接多项式为 $x+1$ 的 LFSR 则无法做到这一点，所以，该序列的线性复杂度为 2。序列线性复杂度的概念在密码学中的重要意义是通过以下结论体现出来的：如果序列的线性复杂度为 $l(l \geqslant 1)$，则只要知道序列中任意相继的 $2l$ 位，就可确定整个序列。由此可见，序列线性复杂度是流密码安全性的重要指标，作为密钥流序列，其线性复杂度很小是不安全的。通常认为一个安全的密钥流应该满足以下三个基本条件：周期充分长；随机统计特性好（即基本满足 Golomb 的随机性假设）；线性复杂度大。这里长周期一般指不少于 10^{16}，而线性复杂度为序列长度的一半是比较合适的。

3.2.5 线性移位寄存器的非线性组合

由于直接使用 LFSR 的 m 序列是不安全的,因此线性移位寄存器序列不能直接作为密钥流使用。如果在 LFSR 的基础上加入非线性化的手段,便可产生适合于流密码应用的密钥序列。

为了使密钥流生成器输出的二元序列尽可能复杂,应保证其周期尽可能大、线性复杂度和不可预测性尽可能高,常使用多个 LFSR 来构造二元序列,称每个 LFSR 的输出序列为驱动序列。这样 LFSR 作为驱动源以其输出推动了一个非线性组合函数所决定的电路产生出非线性序列。实际上,这就是所谓的非线性前馈序列生成器。线性移位寄存器用来保证密钥流的周期长度,非线性组合函数用来保证密钥流的各种密码性能,以抗击各种可能的攻击。许多专用流密码算法都是用这种方法构成,通常可将这种方法分为三类:滤波生成器、组合生成器和钟控生成器。

1. 滤波生成器

滤波生成器(Filter Generator)是一种常见的密钥流生成器,由一个 n 级线性移位寄存器和一个 $m(m<n)$ 元非线性滤波函数组成,滤波函数的输出为密钥流序列,工作模式如图 3-17 所示。

这里 g 为一个 m 元布尔函数,其输入由 LFSR 中的一部分抽头构成,其输出构成整个生成器的输出。

2. 组合生成器

在序列密码设计和分析中,组合生成器(Combinatorial Generator)也有着广泛的应用,它由若干线性移位寄存器 $LFSR_i(i=1,\cdots,n)$ 和一个非线性组合函数组成,组合函数的输出构成密钥流序列。组合生成器工作模式如图 3-18 所示。

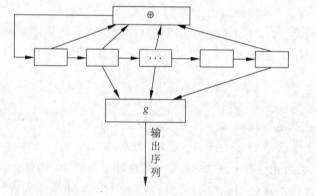

图 3-17 滤波生成器工作模式

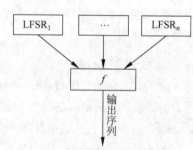

图 3-18 组合生成器工作模式

其中,$LFSR_i(i=1,\cdots,n)$ 为 n 个级数分别为 $r_1,r_2,\cdots,r_n$ 的线性移位寄存器,相应的移位寄存器序列为 $\{a_{i_j}\}(i=1,\cdots,n)$。函数 $f(x_1,x_2,\cdots,x_n)$ 是 n 元布尔函数。令 $k_j = f(a_{1_j},a_{2_j},\cdots,a_{n_j})$,则 $\{k_j\}$ 即为该组合生成器的输出。

使用组合生成器可以极大地提高序列的周期。事实上,如果 $r_1,r_2,\cdots,r_n$ 两两互素,函数 $f(x_1,x_2,\cdots,x_n)$ 与各变元均有关,则 $\{k_j\}$ 的周期为 $\prod_{i=1}^{n}(2^{r_i}-1)$。

3. 钟控生成器

钟控方法设计密钥流生成器的基本思想是：用一个或多个移位寄存器来控制另一个或多个移位寄存器的时钟，这样的序列生成器称为钟控生成器（Clock-Controlled Generator）。最终的输出称为钟控序列，基本模型如图3-19所示。

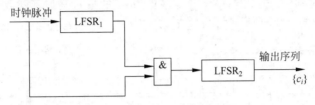

图3-19 钟控序列生成器基本模型

假设 $LFSR_1$ 和 $LFSR_2$ 分别输出序列 $\{a_k\}$ 和 $\{b_k\}$。当 $LFSR_1$ 输出1时，移位时钟脉冲通过与门使 $LFSR_2$ 进行一次移位，从而生成下一位。当 $LFSR_1$ 输出0时，移位时钟脉冲无法通过与门影响 $LFSR$，因此 $LFSR$ 重复输出前一位。

例如，假设 $LFSR_1$ 输出周期序列 10101 10101……，$LFSR_2$ 输出周期为3的序列 a_0，$a_1,a_2,a_0,a_1,a_2,\cdots$，则上述钟控生成器输出的钟控序列为 $a_0,a_0,a_1,a_1,a_2,a_0,a_0$，$a_1,a_1,a_2,\cdots$，周期为5。

交错停走式生成器也是一种钟控生成器。这个生成器使用了3个不同级数的移位寄存器，如图3-20所示。

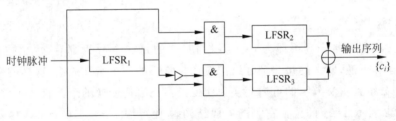

图3-20 交错停走式生成器

当 $LFSR_1$ 的输出是1时，$LFSR_2$ 被时钟驱动；当 $LFSR_1$ 的输出是0时，$LFSR_3$ 被时钟驱动。最后，$LFSR_2$ 的输出与 $LFSR_3$ 的输出做异或运算即为这个交错停走式生成器的输出，输出的序列具有长周期和大的线性复杂度。

除利用 LFSR 的良好结构设计伪随机序列生成器之外，还有其他一些基于数论或有限域的知识构造的伪随机序列。这些生成器所依赖的数学工具可对它们的周期、随机统计特性、线性复杂度等进行理论分析。

3.3 分组密码

3.3.1 分组密码概述

在许多密码系统中，分组密码是系统安全的一个重要组成部分。分组密码易于构造伪随机数生成器、流密码、消息认证码(MAC)和散列函数等,还可进而成为消息认证技术、数据完整性机制、实体认证协议以及单钥数字签字体制的核心组成部分。

分组密码是将明文消息编码表示后的数字序列 $x_0,x_1,\cdots,x_i,\cdots$ 划分成长为 n 的组 $x=(x_0,x_1,\cdots,x_{n-1})$,各组(长为 n 的量)分别在 $k=(k_0,k_1,\cdots,k_{t-1})$ 控制下变换成等长的输出数字序列 $y=(y_0,y_1,\cdots,y_{m-1})$(长为 m 的量),其加密函数 $E:V_n\times K\to V_m$,V_n 为 n 维明文空间,V_m 为 m 维密文空间,K 为密钥空间,如图 3-21 所示。

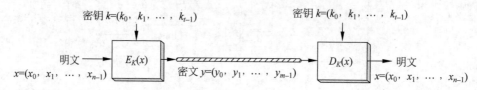

图 3-21 分组密码框图

分组密码与流密码的不同之处在于:输出的每一位数字不是只与相应时刻输入的明文数字有关,而是与一组长为 n 的明文数字有关。在相同密钥下,分组密码对长为 n 的输入明文组所实施的变换是等同的,所以只需研究对任一组明文数字的变换规则。这种密码实质上是字长为 n 的数字序列的代换密码。通常取 $m=n$。若 $m>n$,则为有数据扩展的分组密码;若 $m<n$,则为有数据压缩的分组密码。下面介绍设计分组密码时的一些常用方法。

1. 代换

设明文和密文的分组长都为 n 比特,则明文的每一个分组都有 2^n 个可能的取值。为使加密运算可逆,明文的每一个分组都应产生唯一的一个密文分组,这样的变换是可逆的,称明文分组到密文分组的可逆变换为代换。不同可逆变换的个数有 $2^n!$ 个。

图 3-22 表示 $n=4$ 的代换密码的一般结构,4 比特输入产生 16 个可能输入状态中的一个,由代换结构将这一状态映射为 16 个可能输出状态中的一个,每一输出状态由 4 个比特表示。加密映射和解密映射可由代换表来定义,如表 3-2 所示。这种方法是定义分组密码最简单的常用形式。

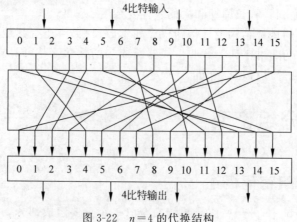

图 3-22 $n=4$ 的代换结构

表 3-2 $n=4$ 对应的代换表

明文	密文	明文	密文
0000	1110	1000	0011
0001	0100	1001	1010
0010	1101	1010	0110
0011	0001	1011	1100
0100	0010	1100	0101
0101	1111	1101	1001
0110	1011	1110	0000
0111	1000	1111	0111

2. 扩散和混淆

扩散和混淆是由信息论创始人香农提出的设计密码系统的两个基本方法,目的是抗击敌手对密码系统的统计分析。如果敌手知道明文的某些统计特性,如消息中不同字母出现的频率、可能出现的特定单词或短语,而且这些统计特性以某种方式在密文中反映出来,那么敌手就有可能得出加密密钥或其一部分,或者得出包含加密密钥的一个可能的密钥集合。在香农称之为理想密码的密码系统中,密文的所有统计特性都与所使用的密钥独立。

所谓扩散,就是将明文的统计特性散布到密文中去,实现方式是使得明文的每一位影响密文中多位的值,即密文中每一位均受明文中多位影响。例如,对英文消息 $M = m_1 m_2 m_3 \cdots$,对字符 c_n 的加密操作为:

$$c_n = m_n \oplus_{26} m_{n+1} \oplus_{26} m_{n+2} \oplus \cdots \oplus_{26} m_{n+k}$$

上式表示密文字母 c_n 由明文中连续 k 个字母进行模 26 相加所得。这样使密文中各字母出现的频率特征较为平均,敌手无从猜测其中的关键短语或者词汇。单纯的扩散较容易被敌手攻破。混淆试图使密文的统计特征与密钥取值的关系尽量复杂,实现混淆的常用方法是代换。要注意的是线性变换起不到有效的混淆效果。

流密码通过反馈设计加入了一些扩散,但它主要依赖于混淆。分组密码算法既用到了扩散,也用到了混淆。E. Schaefer(1996)为教学目的提出了一个简化的 DES(S-DES)加密算法,这个算法非常具体地说明了分组密码中如何实施扩散和混淆。

S-DES 加密算法以 10 位密钥和 8 位明文分组为输入,产生 8 位分组密文输出。其解密算法用同一密钥对 8 位密文分组产生原来的明文分组。图 3-23 给出了 S-DES 算法流程。

S-DES 加密算法步骤如下。

(1) 对输入的 8 位明文分组 m 执行初始置换 $IP(m)$。

(2) 执行一个包含置换、替代操作且依赖于密钥的变换 f_{k_1}。

(3) 将数据进行左右 4 位两半部分交换 SW。

(4) 结果再执行 f_{k_2}。

(5) 最后执行 IP^{-1} 产生逆密文输出 c,并且

$$c = IP^{-1}(f_{k_2}(SW(f_{k_1}(IP(m)))))$$

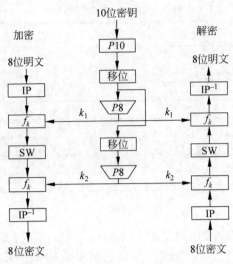

图 3-23 S-DES 算法流程

解密是加密的逆变换,即

$$m = \mathrm{IP}^{-1}(f_{k_1}(\mathrm{SW}(f_{k_2}(\mathrm{IP}(c)))))$$

其中,密钥 k_1、k_2 都是 8 位子密钥,由 10 位输入密钥产生。

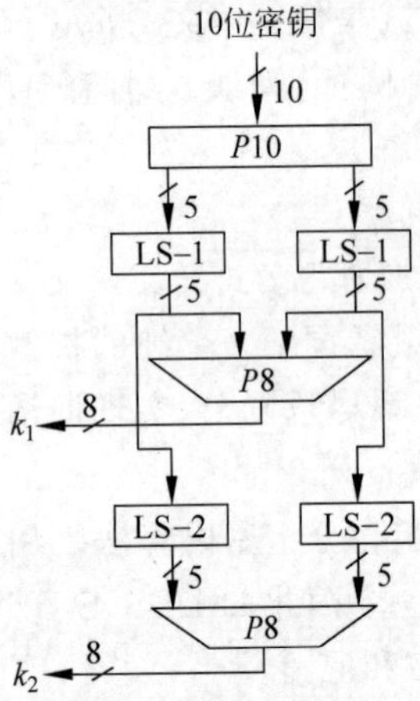

1) S-DES 密钥的生成

S-DES 密钥是一个 10 位码,由发送、接收双方共享。两个 8 位子密钥由 10 位输入密钥按照图 3-24 所示的流程生成。子密钥 k_1、k_2 生成过程如下。

(1) 对 10 位码 m 中进行 10 阶置换 $P10$。置换 $P10$ 定义为

$$P10 = \begin{pmatrix} 1,2,3,4,5,6,7,8,9,10 \\ 3,5,2,7,4,10,1,9,8,6 \end{pmatrix}$$

即对 $m=(b_1,b_2,b_3,b_4,b_5,b_6,b_7,b_8,b_9,b_{10})$,$m_1=P10(m)=(b_3,b_5,b_2,b_7,b_4,b_{10},b_1,b_9,b_8,b_6)$。

例如,$P10(1010000010)=(1000001100)$。

图 3-24 S-DES 密钥生成

(2) 将 m_1 看作左右两个 5 位码 m_{1L} 和 m_{1R},即 $m_1=m_{1L}\|m_{1R}$,分别循环左移一次(LS-1,LS 表示左移循环),输出 m_2 仍为 10 位码。如上例,$m_2=\mathrm{LS}-1(m_{1L})\|\mathrm{LS}-1(m_{1R})=(0000111000)$。

(3) 10 位转 8 位置换。$P8(b_1,b_2,b_3,b_4,b_5,b_6,b_7,b_8,b_9,b_{10})=(b_6,b_3,b_7,b_4,b_8,b_5,b_{10},b_9)$ 得子密钥 k_1。如上例,$k_1=P8(m_2)=P8(0000111000)=(10100100)$。

(4) 将 m_2 看作左右两个 5 位码 m_{2L} 和 m_{2R},即 $m_2=m_{2L}\|m_{2R}$,分别循环左移二次(LS-2),输出 m_3 仍为 10 位码。如上例,$m_3=\mathrm{LS}-2(m_{2L})\|\mathrm{LS}-2(m_{2R})=(0010000011)$。

(5) 对 m_3 做 10 位转 8 位置换 $P8$,得子密钥 $k_2=P8(m_3)$。如上例,$k_2=P8(m_3)=P8(0010000011)=(01000011)$。

2) S-DES 加密操作

S-DES 加密操作首先执行一个 8 位的置换 IP：

$$IP = \begin{pmatrix} 1,2,3,4,5,6,7,8 \\ 2,6,3,1,4,8,5,7 \end{pmatrix}$$

即 $IP(b_1,b_2,b_3,b_4,b_5,b_6,b_7,b_8) = (b_2,b_6,b_3,b_1,b_4,b_8,b_5,b_7)$。将 IP 上下两行互换，即得 IP 的逆置换 IP^{-1}，$IP^{-1}(IP(x)) = x$。加密操作中最复杂的是 f_k，f_k 是若干置换和代换的组合。如图 3-25 所示，$f_k(L,R) = (L \oplus P4((S_0 \| S_1)(E/P(R) \oplus Key))) \| R$，其中：

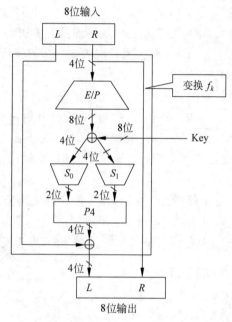

图 3-25 变换 f_k 的细节

① L、R 分别为输入字节的左半 4 位和右半 4 位。

② E/P 为一个 4 位到 8 位的扩展变换：$E/P(b_1,b_2,b_3,b_4) = (b_4,b_1,b_2,b_3,b_2,b_3,b_4,b_1)$。

③ $\oplus$ 是按位异或运算。

④ S_0、S_1 分别为 4 位到 2 位的变换盒，S_0 作用于 8 位字节的左 4 位，S_1 作用于 8 位字节的右 4 位。S_0、S_1 定义如下：

$$S_0 = \begin{bmatrix} 1 & 0 & 3 & 2 \\ 3 & 2 & 1 & 0 \\ 0 & 2 & 1 & 3 \\ 3 & 1 & 3 & 2 \end{bmatrix} \quad S_1 = \begin{bmatrix} 0 & 1 & 2 & 3 \\ 2 & 0 & 1 & 3 \\ 3 & 0 & 1 & 0 \\ 2 & 1 & 0 & 3 \end{bmatrix}$$

变换盒 S 的操作过程是将 4 位输入码的第 0、3 位作为 2 位数值 i，第 1、2 位作为 2 位数值 j，则 S 盒中元素 S_{ij} 即为输出。例如，$S_0(1110) = 3 = (11)$。

① P4 是一个 4 位置换：$P4(b_1,b_2,b_3,b_4) = (b_2,b_4,b_3,b_1)$。

② ‖ 表示两个位串的拼接。

S-DES 是一个对称分组加密的简化模型,它揭示了设计分组密码算法的基本模式和框架。但是,S-DES 没有实际应用价值。由于算法是公开的,所有秘密都在密钥中。即假设攻击者掌握 S-DES 算法细节(包括 IP、E/P、S_0、S_1、$P4$ 的值),已知明文 $m=(b_1,b_2,b_3,b_4,b_5,b_6,b_7,b_8)$ 和对应密文 $c=(p_1,p_2,p_3,p_4,p_5,p_6,p_7,p_8)$,则通过穷举攻击,遍历 $2^{10}=1024$ 个可能密钥,一定可以找出正确的加密密钥。

现代分组密码算法应满足以下要求。

(1) 分组长度 n 要足够大,使分组代换字母表中的元素个数 2^n 足够大,防止明文穷举攻击法奏效。DES、IDEA 分组长度 $n=64$,AES 的分组长度 $n=128$。

(2) 密钥空间要足够大,尽可能消除弱密钥并使所有密钥的加密强度相同,但是为便于密钥管理,密钥又不能过长。DES 的密钥长度为 56 位,但被认为太短。AES 的密钥长度为 128 位,目前被认为是安全的。

(3) 由密钥确定置换的算法要足够复杂,充分实现明文与密钥的扩散和混淆,能抗击各种已知的密码分析攻击。使得敌手除穷举攻击外没有其他捷径可循。

(4) 加密和解密运算简单,易于软件和硬件高速实现。通常的考虑是分组长度应该是 2 的幂,如取 32、64、128、256 等,密码运算的基本操作是加、与、或、异或、移位和矩阵变换等。

(5) 通常不考虑数据位扩展或者压缩,即输入明文和输出密文具有相同长度。

(6) 差错传播尽可能小。

扩散和混淆成功地实现了分组密码的本质属性,因而成为设计现代分组密码的基础。

3.3.2 Feistel 密码结构

1. Feistel 加密结构

由图 3-23,S-DES 算法对 8 位明文的加密过程分为两个阶段:第一阶段对明文作置换 IP,然后施以具有扩散和混淆效果的代换处理 f_{k_1};第二阶段对上阶段输出交换左、右半部,然后再次施以 f_{k_2},最后实施 IP^{-1}。其中每个阶段的模式基本一致。将实施一次 f_{k_i} 称为一轮,则下一轮的输入和上一轮输出的关系是:

$$L_2 = R_1$$
$$R_2 = L_1 \oplus F(R_1, k_2)$$

这种交换左、右半部,其中下一轮右半部为上一轮左半部和依赖于上轮右半部与子密钥的变换值,下一轮左半部为上一轮右半部的框架模式称为 Feistel 加密结构。

S-DES 仅实施了两轮具有 Feistel 结构特征的处理,一般的 Feistel 加密过程需要实施 n 轮迭代,其中第 i 轮迭代关系如下:

$$L_i = R_{i-1}$$
$$R_i = L_{i-1} \oplus F(R_{i-1}, k_i)$$

其中,k_i 是第 i 轮用的子密钥,由加密密钥 k 得到。

Feistel 网络中每轮结构都相同,总是依赖于上轮右半部数据与子密钥经过变换函数

$F(R_{i-1},k_i)$处理后,其结果与上轮左半部数据进行异或运算,这就是前面介绍的代换操作。代换过程完成后,再交换左、右两半数据,这一过程称为置换。这种结构是香农提出的代换-置换网络 SPN(Substitution-Permutation Network)的特有形式。

S-DES 中增加了开始的置换 IP 和最后结束的逆置换 IP^{-1}。在完整的 DES 中也是这样处理的。

Feistel 网络的实现与以下参数和特性有关。

(1) 分组大小。分组越大则安全性越高,但加密速度就越慢。分组密码设计中最为普遍使用的分组大小是 64 比特或者 128 比特。

(2) 密钥大小。密钥越长则安全性越高,但加密速度就越慢,现在普遍认为 64 比特或更短的密钥长度是不安全的,通常使用 128 比特的密钥长度。

(3) 轮数。单轮结构远不足以保证安全性,多轮结构有足够的安全性。典型的轮数取为 16。

(4) 子密钥产生算法。该算法的复杂性越大,则密码分析的困难性就越大。

(5) 轮函数 F。轮函数 F 的复杂性越大,密码分析的困难性也越大。

(6) 算法分析难度。算法结构清晰,解释没有二义性,则容易分析算法的复杂性和抗攻击能力。

2. Feistel 解密结构

Feistel 解密过程本质上和加密过程一样,算法使用密文作为输入,但使用子密钥 k_i 的次序与加密过程相反,即第 1 轮使用 k_n,第 2 轮使用 k_{n-1},…,最后一轮使用 k_1。这一特性保证了解密和加密可采用同一算法。

图 3-26 的左、右图分别表示 16 轮 Feistel 结构的加、解密过程,加密过程由上而下,解密过程由下而上。为清楚起见,加密算法每轮的左右两半用 LE_i 和 RE_i 表示,解密算法每轮的左右两半用 LD_i 和 RD_i 表示。图中右边标出了解密过程中每一轮的中间值与左边加密过程中间值的对应关系,即加密过程第 i 轮的输出是 $LE_i \| RE_i$($\|$ 表示连接),解密过程第 16-i 轮相应的输入是 $LD_i \| RD_i$。

加密过程的最后一轮执行完后,左右两半输出再经交换,因此密文是 $RE_{16} \| LE_{16}$。解密过程取以上密文作为同一算法的输入,即第 1 轮输入是 $RE_{16} \| LE_{16}$。下面证明解密过程第 1 轮的输出等于加密过程第 16 轮输入左右两半的交换值。

在加密过程中:

$$LE_{16} = RE_{15}$$
$$RE_{16} = LE_{15} \oplus F(RE_{15}, k_{16})$$

在解密过程中:

$$LD_1 = RD_0 = LE_{16} = RE_{15}$$
$$RD_1 = LD_0 \oplus F(RD_0, k_{16}) = RE_{16} \oplus F(RE_{15}, k_{16})$$
$$= [LE_{15} \oplus F(RE_{15}, k_{16})] \oplus F(RE_{15}, k_{16}) = LE_{15}$$

所以解密过程第 1 轮的输出为 $LE_{15} \| RE_{15}$,等于加密过程第 16 轮输入左右两半交换后的结果。容易证明这种对应关系在 16 轮中每轮都成立。

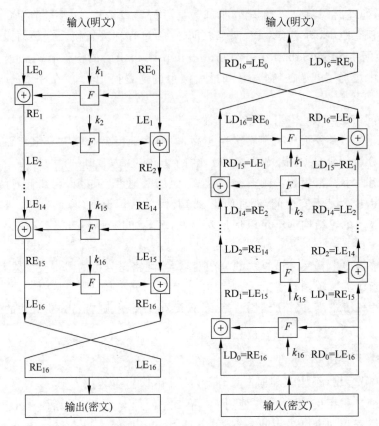

图 3-26　Feistel 加、解密过程

通常有 $LD_i = RE_{16-i}$, $RD_i = LE_{16-i}$, $i = 1, 2, \cdots, 16$。明文 $m = (LE_0 \parallel RE_0)$。这里并不要求 F 是可逆函数，事实上 F 的构造任意，以上过程仍然成立，但是从密码强度考虑，函数 F 的构造是关键。

3.4　DES

3.4.1　DES 算法简介

DES(Data Encryption Standard，数据加密标准)是 IBM 的研究成果，是数据加密算法(Data Encryption Algorithm，DEA)的规范描述，在 1997 年被美国政府正式采纳。值得注意的是，IBM 在美国国家标准局(NBS)第二次发布征集公告后，所提交的候选算法是在其早先开发的 Lucifer 算法基础上修改和发展而来的，密钥长度为 112，但是公布的 DES 算法的密钥长度为 56。无论如何，DES 算法成为使用最广泛的密钥系统之一，在各个领域特别是在金融领域数据安全保护中广泛应用，与此同时，对 DES 安全性的研究也在不断继续。

1997 年一个研究小组经过 4 个月努力，在 Internet 上搜索了 3×10^{16} 个密钥，找出了 DES 的密钥。同年美国国家标准与技术研究所(NIST)宣布 1998 年 12 月以后美国政府不再使用 DES,并且发出征集 AES(高级加密标准)的通知。1998 年 5 月美国研究机构 EFF(Electronic Frontier Foundation)宣布用一台价值 20 万美元的计算机改装的专用解密系统,花费 56h 破译了 56 位密钥的 DES。2000 年 10 月 2 日,NIST 公布了新的 AES,DES 作为标准正式结束。尽管如此,学习 DES,对于掌握分组密码的基本理论和设计思想仍然有重要参考价值。同时在非机密级的许多应用中,DES 仍在广泛使用。

3.4.2　DES 算法设计思想

DES 算法对明文以 64 位为分组单位进行分组,最后一组若不足 64 位,以 0 补齐。之后对每组 64 位的数据进行加密。DES 中密钥长度为 56 位,输出 64 位密文分组,其加密算法框图如图 3-27 所示。图的左边是明文的加密处理过程,该过程分三个阶段。

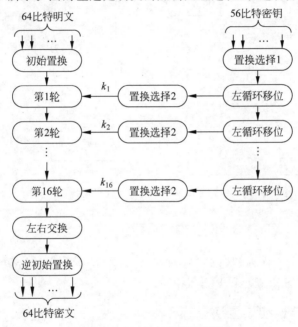

图 3-27　DES 加密算法框图

第一阶段：64 位明文进行初始置换 IP,用于重排明文分组的 64 比特数据。

第二阶段：顺序经过 16 轮功能相同的变换,每一轮变换的输入是上轮变换的输出和右部 56 位初始密钥生成的 48 位子密钥 k_i。对加密过程中每一轮,子密钥分发前都需进行左循环移位。因此 $k_1,\cdots,k_{16}$ 各不相同。

第三阶段：将第 16 轮变换输出的 64 位码进行左右 32 位变换,然后对其进行逆初始置换。所得结果即为 64 位密文分组。

除初始置换和逆初始置换外,DES 的结构和 Feistel 图的密码结构完全相同。

DES 算法中每轮处理细节如图 3-28 所示。结合图 3-27 可知,DES 的 16 轮循环处理流程具有严格的 Feistel 密码结构。由图 3-28 的左部,第 i 轮处理过程为：F 函数的输入为前一轮输出的右半部分 R_{i-1} 和当前轮密钥 k_i。F 函数的输出将与加密左半部分输入位 L_{i-1} 进行 XOR 操作产生 R_i。和 Feistel 网络一样,每轮变换可由以下公式表示：

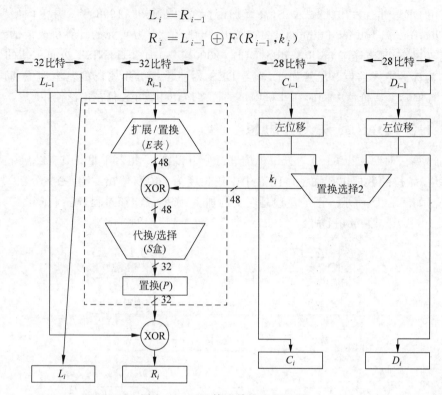

图 3-28 DES 算法单轮处理过程

3.4.3 DES 算法内部结构

DES 的基本构造元件为初始置换与逆初始置换、F 函数以及密钥生成,其中 F 函数涉及 E 盒扩展置换、S 盒置换和 P 盒置换。

1. 初始置换与逆初始置换

1) 初始置换 IP

初始置换 IP 的功能是把输入的 64 位明文数据,通过一个 8×8 的置换矩阵按位进行重新组合,如表 3-3 所示。初始置换是线性变换,它使明文发生位置上的变换。

表 3-3 初始置换 IP

IP							
58	50	42	34	26	18	10	2
60	52	44	36	28	20	12	4
62	54	46	38	30	22	14	6
64	56	48	40	32	24	16	8
57	49	41	33	25	17	9	1
59	51	43	35	27	19	11	3
61	53	45	37	29	21	13	5
63	55	47	39	31	23	15	7

设 x 是分块后的 64 位明文数据块,置换后 $x_0 = \text{IP}(x) = L_0 R_0$,这里 L_0 和 R_0 都是

32位。初始置换后效果如图3-29所示。

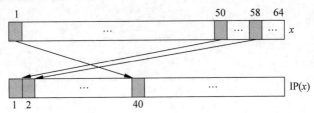

图3-29 初始置换中位交换的示例

2) 逆初始置换 IP^{-1}

在加密中,经过16次迭代运算后得到 L_{16} 和 R_{16},将此作为输入进行逆初始置换,即得到密文输出。逆置换正好是初始置换的逆运算。其逆置换的规则如表3-4所示。

表3-4 逆初始置换 IP^{-1}

IP^{-1}							
40	8	48	16	56	24	64	32
39	7	47	15	55	23	63	31
38	6	46	14	54	22	62	30
37	5	45	13	53	21	61	29
36	4	44	12	52	20	60	28
35	3	43	11	51	19	59	27
34	2	42	10	50	18	58	26
33	1	41	9	49	17	57	25

逆初始置换后效果如图3-30所示。

值得注意的是,初始置换和逆初始置换都没有增加DES的安全性。尽管人们不是很清楚这两种置换存在的真正原理,但看上去他们的初衷是以字节形式排列明文和密文,以方便8位数据总线的数据读取。8位数据总线是20世纪70年代初期最新的寄存器大小。

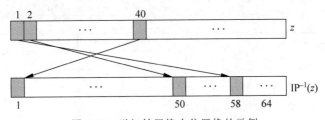

图3-30 逆初始置换中位置换的示例

2. 函数计算 $F(R_{i-1}, k_i)$

正如前文所述,F 函数在DES的安全性中发挥着重要作用,F 函数实现原理如图3-31所示。

1) E盒扩展置换

首先将输入分成8个4位的分组,然后将每个分组扩展为6位,从而将32位的输入扩展为48位。这个过程在E盒中进行,E盒是一种特殊的置换。第一个分组包含的位为(1,2,3,4),第二个分组包含的位为(5,6,7,8),以此类推。

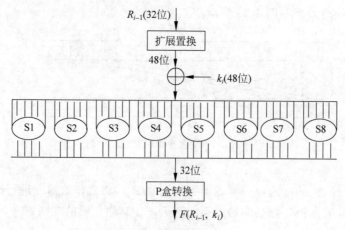

图 3-31 F 函数实现原理

图 3-32 显示了将 4 位扩展为 6 位的过程。

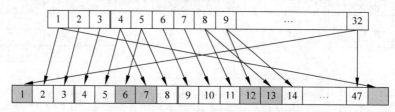

图 3-32 E 盒扩展置换的置换示例

从表 3-5 可知,32 个输入位中正好有 16 个输入位在输出中出现了两次。但是任意一个输入位都不会在同一个 6 位的输出分组出现两次。扩展盒增加了 DES 的扩散行为,因为某些输入位会影响两个不同的输出位置。

表 3-5 E 盒扩展置换表

E					
32	1	2	3	4	5
4	5	6	7	8	9
8	9	10	11	12	13
12	13	14	15	16	17
16	17	18	19	20	21
20	21	22	23	24	25
24	25	26	27	28	29
28	29	30	31	32	1

2) S 盒置换

将 E 盒扩展得到的 48 位结果与当前轮密钥 k_i 进行 XOR 操作,并将 8 个 6 位长的分组送入 8 个不同的替换盒中,这个替换盒也称 S 盒,如表 3-6 所示,每个 S 盒都是一个查找表,它将 6 位的输入映射为 4 位的输出。

每个 S 盒包含 $2^6=64$ 项,可以表示为一个 4 行 16 列的表格。每项是一个 4 位的值。图 3-33 列出了表格的读取方式:每个 6 位输入中最重要的位(MSB)和最不重要的位

(LSB)将选择表行,而 4 个内部位则选择列。该表中每个项的整数 $0,1,\cdots,15$ 表示的是 4 位值对应的十进制的值。

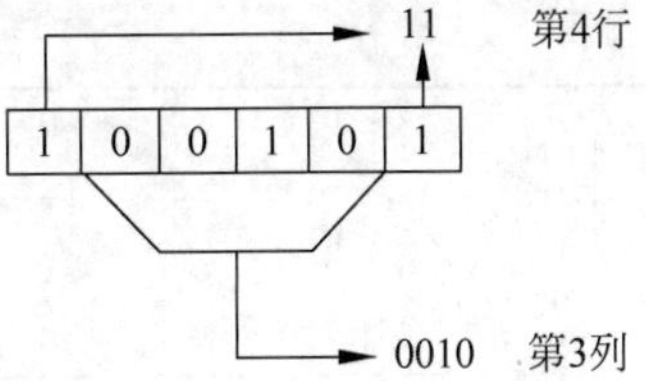

从密码学强度来讲,S 盒是 DES 的核心,因为 S 盒在密码中引用了非线性,即

$$S(a) \oplus S(b) \neq S(a \oplus b)$$

图 3-33 使用 S 盒 1 对输入 100101₂ 进行解码的示例

S 盒中的非线性构造元件也是 DES 算法中唯一的非线性元素,并提供了混淆。有了这些特征,DES 算法可以抵御各种高级的数学攻击,尤其是差分密码分析的攻击。

例 3-5 S 盒的输入 $b=(100101)_2$ 表示行 $11_2=3$(即第 4 行),以及列 $0010_2=2$(即第 3 列)。如果将输入 b 送入 S 盒 1,则输出为 $S_1(37=100101_2)=8=1000_2$。

例 3-6 求出用 DES 的 8 个 S 盒(见表 3-6)将 48 比特串 70a990f5fc36 压缩置换输出的 32 比特串(用十六进制写出每个 S 盒的输出)。

解:比特串 70a990f5fc36 用二进制表示为 011100 001010 100110 010000 111101 011111 110000 110110,每 6 比特一组共 8 组,分别用 8 个 S 盒变换如下:

$$S_1(011100) = S_1(00,1110) = S_1(0,14) = 0 = 0000 = 0$$
$$S_2(001010) = S_2(00,0101) = S_2(0,5) = 11 = 1011 = b$$
$$S_3(100110) = S_3(10,0011) = S_3(2,3) = 9 = 1001 = 9$$
$$S_4(010000) = S_4(00,1000) = S_4(0,8) = 1 = 0001 = 1$$
$$S_5(111101) = S_5(11,1110) = S_5(3,14) = 5 = 0101 = 5$$
$$S_5(111101) = S_5(11,1110) = S_5(3,14) = 5 = 0101 = 5$$
$$S_7(110000) = S_7(10,1000) = S_7(2,8) = 10 = 1010 = a$$
$$S_8(110110) = S_8(10,1011) = S_8(2,11) = 13 = 1101 = d$$

故 8 个 S 盒的输出为 00001011 10010001 01011000 10101101,即 0b9158ad。

表 3-6 S 盒置换表

S_1	14	4	13	1	2	15	11	8	3	10	6	12	5	9	0	7
	0	15	7	4	14	2	13	1	10	6	12	11	9	5	3	8
	4	1	14	8	13	6	2	11	15	12	9	7	3	10	5	0
	15	12	8	2	4	9	1	7	5	11	3	14	10	0	6	13
S_2	15	1	8	14	6	11	3	4	9	7	2	13	12	0	5	10
	3	13	4	7	15	2	8	14	12	0	1	10	6	9	11	5
	0	14	7	11	10	4	13	1	5	8	12	6	9	3	2	15
	13	8	10	1	3	15	4	2	11	6	7	12	0	5	14	9
S_3	10	0	9	14	6	3	15	5	1	13	12	7	11	4	2	8
	13	7	0	9	3	4	6	10	2	8	5	14	12	11	15	1
	13	6	4	9	8	15	3	0	11	1	2	12	5	10	14	7
	1	10	13	0	6	9	8	7	4	15	14	3	11	5	2	12

续表

S_4	7	13	14	3	0	6	9	10	1	2	8	5	11	12	4	15
	13	8	11	5	6	15	0	3	4	7	2	12	1	10	14	9
	10	6	9	0	12	11	7	13	15	1	3	14	5	2	8	4
	3	15	0	6	10	1	13	8	9	4	5	11	12	7	2	14
S_5	2	12	4	1	7	10	11	6	8	5	3	15	13	0	14	9
	14	11	2	12	4	7	13	1	5	0	15	10	3	9	8	6
	4	2	1	11	10	13	7	8	15	9	12	5	6	3	0	14
	11	8	12	7	1	14	2	13	6	15	0	9	10	4	5	3
S_6	12	1	10	15	9	2	6	8	0	13	3	4	14	7	5	11
	10	15	4	2	7	12	9	5	6	1	13	14	0	11	3	8
	9	14	15	5	2	8	12	3	7	0	4	10	1	13	11	6
	4	3	2	12	9	5	15	10	11	14	1	7	6	0	8	13
S_7	4	11	2	14	15	0	8	13	3	12	9	7	5	10	6	1
	13	0	11	7	4	9	1	10	14	3	5	12	2	15	8	6
	1	4	11	13	12	3	7	14	10	15	6	8	0	5	9	2
	6	11	12	8	1	4	10	7	9	5	0	15	14	2	3	12
S_8	13	2	8	4	6	15	11	1	10	9	3	14	5	0	12	7
	1	15	13	8	10	3	7	4	12	5	6	11	0	14	9	2
	7	11	4	1	9	12	14	2	0	6	10	13	15	3	5	8
	2	1	14	7	4	10	8	13	15	12	9	0	3	5	6	11

3) P 盒置换

S 盒置换后产生 32 位输出,该输出再经过表 3-7 定义的 P 盒置换进行按位置换,产生的结果即为函数 $F(R_i,k_i)$ 的输出。

表 3-7 P 盒置换表

P							
16	7	20	21	29	12	28	17
1	15	23	26	5	18	31	10
2	8	24	14	32	27	3	9
19	13	30	6	22	11	4	25

与初始置换 IP 及其逆初始置换 IP^{-1} 不同,P 盒置换将扩散引入 DES 中,因为每个 S 盒的 4 位输出都会进行置换,使得每位在下一轮中会影响多个不同的 S 盒。由扩充带来的扩散、S 盒与 P 盒置换可以保证,在第 5 轮结束时每个位都是每个明文位与每个密钥位的函数。这种行为也称雪崩效应。

3. 子密钥 k_i 的产生

图 3-34 显示了实际密钥生成过程。DES 的输入密钥通常是 64 位,由于 DES 算法规定,其中每第 8 个位都作为前面 7 位的一个奇偶校验位,不参与 DES 运算。

故经过表 3-8 所示的初始 PC-1(置换选择 1)置换后密钥的实际可用位数由 64 位压缩为 56 位,可以说 DES 是一个 56 位的密码,而不是 64 位的。

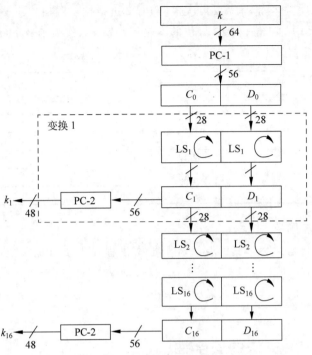

图 3-34 DES 加密的密钥生成过程

表 3-8 初始密钥置换 PC-1

PC-1							
57	49	41	33	25	17	9	1
58	50	42	34	26	18	10	2
59	51	43	35	27	19	11	3
60	52	44	36	63	55	47	39
31	23	15	7	62	54	46	38
30	22	14	6	61	53	45	37
29	21	13	5	28	20	12	4

长度均为 28 位的左右两部分将周期性地向左移动 1 位或 2 位(即循环移位),而移动的具体位数则取决于轮数 i,如表 3-9 所示,其规则如下:

表 3-9 循环左移位数

轮	1	2	3	4	5	6	7	8	9	10	11	12	13	14	15	16
位数	1	1	2	2	2	2	2	2	1	2	2	2	2	2	2	1

(1) 在 $i=1,2,9,16$ 轮中,左右两部分向左移动 1 位。

(2) 在 $i \neq 1,2,9,16$ 的其他轮中,左右两部分向左移动 2 位。

这里需要注意的是,循环移动位置的总数为 $4 \times 1 + 12 \times 2 = 28$,这样会使得 $C_0 = C_{16}$ 和 $D_0 = D_{16}$,此结果对解密密钥的生成非常有用。

移位后的结果作为求下一轮子密钥的输入,同时也作为表 3-10 的 PC-2(置换选择 2)

的输入,即密钥的左右两部分需要再次根据 PC-2 进行按位置换。C_i 和 D_i 总共有 56 位,而 PC-2 忽略了其中的 8 位,得到 48 位的本轮子密钥 k_i,作为函数 $F(R_{i-1}, k_i)$ 的输入。

表 3-10　PC-2 的轮密钥置换

PC-2							
14	17	11	24	1	5	3	28
15	6	21	10	23	19	12	4
26	8	16	7	27	20	13	2
41	52	31	37	47	55	30	40
51	45	33	48	44	49	39	56
34	53	46	42	50	36	29	32

4. DES 算法解密过程

DES 算法的优势之一是其解密过程与加密过程在本质上是完全相同的。这主要是因为 DES 基于 Feistel 网络。与加密相比,解密过程中只有密钥生成顺序逆转了,即解密的第一轮需要子密钥 k_{16},第二轮需要子密钥 k_{15},……,最后一轮用 k_1,算法本身并没有任何变化。

3.4.4　DES 算法的安全性

1. DES 算法的安全强度

在 DES 算法被提出后不久,针对 DES 密码强度的批评主要围绕以下两个方面。

(1) DES 的密钥空间太小,该算法很脆弱,易受蛮力攻击。

IBM 提议的原始密码的密钥长度为 128 位,而将它减少为 56 位的做法很令人怀疑。此外,DES 算法所使用的密钥 k_i 是各次迭代中递推产生的,这种相关性也必然降低了密码体制的安全性。

DES 蛮力攻击也为硬件开销的不断下降提供了很好的学习案例。EFF(Electronic Frontier Foundation)于 1998 年构建的硬件机器 Deep Crack,使用蛮力攻击可以在 56 小时内破解 DES,其平均搜索时间为 15 天。在 2006 年,来自德国波鸿大学和基尔大学一个研究小组基于商业集成电路构建的 COPACOBANA 机器破解 DES 的官方平均搜索时间不到 7 天。

总之,56 位的密钥大小已经不足以保证当今机密数据的安全性。因此,对大多数应用程序而言,单重 DES 只能用于要求短期安全性(比如几小时)的应用或被加密数据价值较低的情况。不过,多重 DES 仍然很安全,尤其是三重 DES。

(2) DES 算法中 S 盒的设计准则是保密的,所以有可能已经存在利用 S 盒数学属性的分析攻击,只是此攻击只有 DES 的设计者知道。

尽管 DES 算法自公布之日起就经历了许多很强的分析攻击,但至今还没发现能高效破解它的攻击方式。1990 年,Eli Biham 和 Adi Shamir 发现了差分密码分析(DC),这是一种非常强大的攻击方式,理论上它可以破解任何分组密码。1993 年,Mitsuru Matsui 公布了一种与 DC 相关但又不同的分析攻击,即线性分析攻击(LC)。与差分密码分析类似,这种攻击的有效性很大程度上取决于 S 盒的结构。

然而事实证明,DES 的 S 盒可以很好地抵抗住了这些攻击。

2. DES 算法的安全管理

1) 避开 DES 算法漏洞

在 DES 密钥 k_i 的使用、管理及密钥更换的过程中,应绝对避开 DES 算法的应用误区,即绝对不能把 k_i 的第 8、16、24、64 位作为有效数据位,来对 k_i 进行管理。从上述 DES 算法的描述中知道,每个字节的第 8 位作为奇偶校验位以确保密钥不发生错误,这 8 位不参与 DES 运算。因此,如果采用定期更换 DES 密钥 k_i 的办法来进一步提高系统的安全性和可靠性,忽略了上述应用误区,那么,更换新密钥将是徒劳的。所以更换密钥一定要保证新 k_i 与旧 k_i 真正的不同,即除了第 8、16、24、64 位以外其他位数据发生了变化,这样才能保证 DES 算法安全可靠地发挥作用。

2) DES 算法存在弱密钥

在 DES 算法中存在 12 个半弱密钥和 4 个弱密钥。由于在子密钥的产生过程中,密钥被分成了两个部分,如果这两个部分密钥是全 0 或全 1,那么每轮产生的子密钥都是相同的,当密钥是全 0 或全 1,或者一半是 1 或 0 时,就会产生弱密钥或半弱密钥,DES 算法的安全性就会变差。因此,在设定密钥时应避免弱密钥或半弱密钥的出现。

3.4.5 多重 DES

1. 二重 DES

为了提高 DES 的安全性,并利用实现 DES 的现有软硬件,可将 DES 算法在多密钥下多重使用。二重 DES 是多重使用 DES 最简单的形式,如图 3-35 所示。其中明文为 P,密文为 C,两个加密密钥为 k_1 和 k_2。

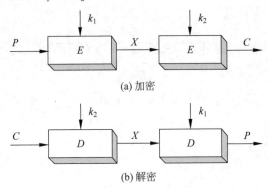

图 3-35 二重 DES

加密过程为 $C=E_{k_2}[E_{k_1}[P]]$。解密时,以相反顺序使用两个密钥 $P=E_{k_1}[E_{k_2}[C]]$。

对于任意 56 位密钥 k_1、k_2,是否能够找出 56 位密钥 k_3,使得 $E_{k_3}[P]=E_{k_2}[E_{k_1}[P]]$? 换言之,是否存在等价于二重 DES 的单重 DES 算法? 研究表明,这是不可能的。但是由于 DES 本身的安全性有限,对二重 DES 有以下一种称为中途相遇攻击的攻击方案,这种攻击不依赖于 DES 的任何特性,因而可用于攻击任何分组密码。其基本思想如下:

设 $C=E_{k_2}[E_{k_1}[P]]$，则令 $X=E_{k_1}[P]=D_{k_2}[C]$。如果知道明文-密文对(M,C)，可以用如下方法进行攻击（找出密钥）：

(1) 用 2^{56} 个所有可能密钥 k_1 对 P 加密，将结果按照递增序存入一个表 T 中。

(2) 用 2^{56} 个所有可能的 k_2 对 C 解密，在表 T 中查找与 C 解密结果相匹配的项。

(3) 如果找到匹配项，则记下相应的 k_1 和 k_2。

(4) 最后再用一新的明文-密文对(P',C')检验上面找到的 k_1 和 k_2，即 C' 是否等于 $E_{k_2}[E_{k_1}[P']]$，如果相等则攻击有效。

对已知的明文 P，二重 DES 能产生 2^{64} 个可能的密文，而可能的密钥个数为 2^{112} 个。因此就平均情况而言，对一个已知的明文，有 $2^{112}/2^{64}=2^{48}$ 个密钥可产生已知的密文。而再经过另外一对明文密文的检验，误报率将下降到 $2^{48-64}=2^{-16}$。所以在实施中途相遇攻击时，如果已知两个明文密文对，则找到正确密钥的概率为 $1-2^{-16}$。

2. 三重 DES

为了抵抗中途相遇攻击，又提出图 3-36 所示的三重 DES（TDES）：$C=E_{k_3}[D_{k_2}[E_{k_1}[M]]]$。其中第二步的解密操作的目的就是阻断中途相遇攻击。其使用了三个不同的密钥，TDES 密钥的有效长度为 168，它以 DES 为基础，但安全性大大增加。1999 年，三重 DES 被合并到数据加密标准中（FIPS PUB 46-3）。许多基于 Internet 的应用采用了三重 DES，其中包括 PGP 和 S/MIME。考虑到实现效率和开销，实际应用中使用的是两个密钥的三重 DES，即在三重 DES 中令 $k_1=k_3$。

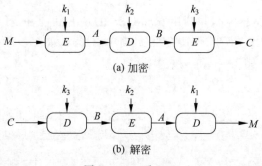

图 3-36 三重 DES

3.5 AES

3.5.1 AES 算法简介

随着未来计算机能力的提高，DES 加密技术已经难以满足长期高安全性的加密要求。NIST 于 1997 年公开征集新一代加密算法，希望能找到一种新的加密算法，选定的算法最终会形成 AES（Advanced Encryption Standard，高级加密标准）。新的加密算法要求满足四个基本条件：运算速度要比三重 DES 更快；安全强度不低于三重 DES；数据分组长度采用128位；密钥可支持128/192/256位等多种长度。

1998年8月，在首届AES会议上公布了15个候选算法。1999年8月，最终确定了五个算法作为候选方案进一步提交讨论，候选算法包括RC6、Rijndael、Twofish、MARS、Serpent。最后在2000年10月，选定由比利时的Joan Daemen和Vincent Rijmen提出的Rijndael算法作为AES的标准算法。Rijndael算法是一个分组密码算法，其分组长度和密钥长度相互独立，都可以改变，分组长度可以支持128位、192位、256位的明文分组长度。NIST对算法进行了一定的修改以简化其复杂度，修改后的算法只提供128位的明文分组长度，能符合当时的各种主流应用环境。

最终形成的AES算法是一个对称密钥的分组密码，是一个采用迭代的反复重排方式来实现加解密的演算法，以128位(16字节)分组大小加密和解密数据。算法采用的密钥长度有128、192、256位三种，分别形成AES-128、AES-192、AES-256系统。AES标准已成为NIST用于加密电子数据的规范，由于采用了新的加密算法，这样可更好地保护金融、电信和政府数字信息的安全。

3.5.2 AES算法设计思想

Rijndael算法分组大小和密钥大小都可以为128、192或256位。根据AES标准要求，只有分组长度为128位的Rijndael才称为AES算法。本节只讨论分组长度为128位的Rijndael的标准版本。图3-37显示了AES输入/输出参数。

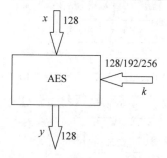

图3-37　AES输入/输出参数

AES算法同时支持三种密钥长度。一般而言，加密轮数N_r取决于密钥长度l_k，两者之间关系为$N_r = 6 + l_k/32$。表3-11给出了两者的关系。

表3-11　AES轮函数与密钥关系

参　　数	轮　函　数		
	AES-128	AES-192	AES-256
密钥长度N_r	128	192	256
轮数l_k	10	12	14

与DES不同，AES未采用Feistel结构。Feistel网络在每轮迭代中并没有加密整个分组，例如单轮DES只加密了64/2=32位。而AES在一次迭代中就加密了所有128位。这也是为什么AES的轮数比DES少的原因。

AES加密框图如图3-38所示。其中明文用x表示，密文用y表示，轮数用N_r表示。其轮函数是由三个不同的可逆变换组成的。每个变换的设计遵循"宽轨迹策略"。所谓宽轨迹策略,是指抗线性分析和差分分析的一种策略,其实现思想体现在轮函数中的三种功能层。

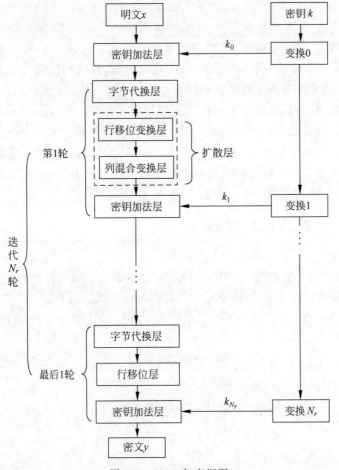

图 3-38 AES 加密框图

1) 非线性层(字节代换层)

将具有最优的"最坏情况非线性特性"的 S 盒并行使用,即状态中的每个元素都使用具有特殊数学属性的查找表进行非线性变换。这种方法将混淆引入数据中,即它可以保证对单个状态位的修改,可以迅速传播到整个数据路径中。这就导致线性逼近和差分分布表中的各项趋近于均匀分布,为抵御差分和线性攻击提供了安全性。

2) 线性混合层(扩散层)

为所有状态位提供扩散。它由两个子层组成,每个子层都执行线性操作。

(1) 行移位变换(ShiftRows)层:在位级别进行数据置换。

(2) 列混合变换(MixColumns)层:是一个混淆操作,它合并(混合)了长度为 4 个字节的分组。

3) 密钥加法层

128 位轮密钥(或子密钥)来自于密钥生成中的主密钥,它将与状态进行相加(异或)操作。

与 DES 类似,AES 密钥的生成也从原始 AES 密钥中计算出轮密钥或子密钥(k_0, k_1, …, k_n)。在 AES 算法中,除第一轮外,其他每轮都是由三种功能层组成。此外,最后一轮 N_r 并没有使用列混合变换,而这种方式使得加密方案和解密方案正好对称。

3.5.3 AES 算法相关知识

在进一步描述各层的内部功能前,首先定义一系列基本概念。

1. AES 算法的基本概念

1) 字节

AES 算法中的基本运算单位是字节(byte),即作为一个整体的 8 位二进制序列。算法的输入数据、输出数据和密钥都以字节为单位,明文、密钥和密文数据串被分隔成一系列 8 个连续比特的分组,并形成字节数组。假设一个 8 字节的分组 b 是由字节序列 $\{b_7, b_6, b_5, b_4, b_3, b_2, b_1, b_0\}$ 所组成的,则可将 b_i 看作一个 7 次多项式 $b(x)$ 的系数,即

$$b(x) = b_7 x^7 + b_6 x^6 + b_5 x^5 + b_4 x^4 + b_3 x^3 + b_2 x^2 + b_1 x^1 + b_0$$

式中,$b_i \in \{0,1\}$。

例如,$\{01010111\}$ 表示成多项式为 $x^6 + x^4 + x^2 + x + 1$。

也可以使用十六进制符号来表示字节值,将每 4 比特表示成一个符号便于记忆。例如,$\{01010111\} = \{57\}$。

2) 字节数组

输入序列按字节划分,表示形式如下:

$$\{a_0 a_1 a_2 a_3 a_4 a_5 a_6 a_7 a_8 a_9 a_{10} a_{11} a_{12} a_{13} a_{14} a_{15}\}$$

假设将 128 位输入串 $\{i_0, i_1, i_2, i_3, i_4, \cdots, i_{127}\}$ 划分成字节,字节和字节内的比特按照如下方式排序:

$$a_0 = \{i_0, i_1, i_2, i_3, i_4, i_5, i_6, i_7\}$$
$$a_1 = \{i_8, i_9, i_{10}, i_{11}, i_{12}, i_{13}, i_{14}, i_{15}\}$$
$$\cdots$$
$$a_{15} = \{i_{120}, i_{121}, i_{122}, i_{123}, i_{124}, i_{125}, i_{126}, i_{127}\}$$

一般式表示:$a_n = \{i_{8n}, i_{8n+1}, i_{8n+2}, i_{8n+3}, i_{8n+4}, i_{8n+5}, i_{8n+6}, i_{8n+7}\}$,其中 $0 \leqslant n \leqslant 15$。

3) 状态

AES 算法的运算都是在一个二维字节数组上完成的,这个数组称为状态(State)。当输入的明文序列转换成字节数组后,进一步将一维的字节数组内容转换为二维排列,就形成了状态矩阵。一个状态矩阵由 4 行组成,每一行包括 N_b 个字节,N_b 的值等于分组长度除以 32。状态矩阵用 s 表示,每一个字节的位置由行号 r(范围是 $0 \leqslant r < 4$)和列号 c(范围是 $0 \leqslant c < N_b$)唯一确定,记为 $s_{r,c}$ 或 $s[r,c]$。在 AES 标准中状态矩阵参数 $N_b =$

4,即 $0 \leqslant r < 4$。

算法在加密和解密的初始阶段将输入字节数组 $\{in_0\ in_1\ in_2\ in_3\ in_4 \cdots in_{15}\}$ 复制到如图 3-39 所示的状态矩阵中。加密或解密的运算都在该状态矩阵上进行,最后的计算结果输出并复制到输出字节数组 $\{out_0\ out_1\ out_2\ out_3\ out_4 \cdots out_{15}\}$ 中。

图 3-39 AES 加解密状态矩阵运算

在加密和解密的初始阶段,输入数组 in 转化成状态矩阵的公式如下:

$$s[r,c] = in[r + 4c]$$

式中,$0 \leqslant r < 4, 0 \leqslant c < N_b$。

在加密和解密的完成阶段,状态矩阵将按照下述规则转换,结果存储在输出数组 out 中:

$$out[r + 4c] = s[r,c]$$

式中,$0 \leqslant r < 4, 0 \leqslant c < N_b$。

4) 状态矩阵列数组

状态矩阵中每一列的 4 个字节是一个 32 位长的字,行号 r 是这个字中每个字节的索引,因此状态矩阵可以看作 32 位(列)长的一维数组,列号 c 是该数组的列索引。由此上例中的状态可以看作 4 个字组成的数组,表示如下:

$$\omega_0 = [s_{0,0}, s_{1,0}, s_{2,0}, s_{3,0}]$$
$$\omega_1 = [s_{0,1}, s_{1,1}, s_{2,1}, s_{3,1}]$$
$$\omega_2 = [s_{0,2}, s_{1,2}, s_{2,2}, s_{3,2}]$$
$$\omega_3 = [s_{0,3}, s_{1,3}, s_{2,3}, s_{3,3}]$$

2. 有限域基本数学运算

AES 算法的基本思想是基于置换和代替变换的演算方法。其中,置换是对数据的重新排列,而代替则是用数据替换另一个。AES 算法中的所有字节按照每 4 位表示成有限域 $GF(2^8)$ 中的一个元素。这个有限域元素可以进行加减法和乘法运算,但是这些运算不同于代数中使用的运算。下面介绍有限域相关算法的基本数学概念。

1) 加减法

在有限域中,多项式的加法运算定义为两个元素对应多项式相同位置指数项相应系数的"加法"。简单地说,有限域 $GF(2^8)$ 的加法是按位进行异或 XOR 运算(记为 $\oplus$),即模 2 加。多项式减法与多项式加法的规则相同。例如:

$$\{57\} + \{83\} = (01010111)_2 \oplus (10000011)_2 = (11010100)_2 = \{D4\}$$

以多项式表示加法的计算过程如下:

$$(x^6 + x^4 + x^2 + x + 1) + (x^7 + x + 1) = x^7 + x^6 + x^4 + x^2$$

2) 乘法

有限域 GF(2^8) 的乘法运算也可以用多项式表示。乘法运算很容易造成溢出问题,解决的方法是多项式相乘后再模一个不可分解的多项式。因此 AES 算法在有限域 GF(2^8) 上的乘法(记为 •)定义为多项式的乘积再模一个幂次数为 8 的不可约多项式 $m(x)$,模 $m(x)$ 确保了所得结果是次数小于 8 的二元多项式,因此可以用一字节表示。$m(x)$ 的内容为

$$m(x) = x^8 + x^4 + x^3 + x + 1$$

或用十六进制表示该多项式为{01}{1B}。

例如,{57} • {83} = $(x^6+x^4+x^2+x+1)$ • (x^7+x+1)
$= (x^{13}+x^{11}+x^9+x^8+x^6+x^5+x^4+x^3+x+1) \bmod$
$\quad (x^8+x^4+x^3+x+1)$
$= x^7+x^6+1 = (11000001)_2 = \{C1\}$

3) x 乘法

用多项式 x 乘以 $b(x)$,即 $x \cdot b(x)$,其结果可以表示为

$$b_7 x^8 + b_6 x^7 + b_5 x^6 + b_4 x^5 + b_3 x^4 + b_2 x^3 + b_1 x^2 + b_0 x$$

将上述结果模 $m(x)$ 即可求得结果。如果得到的结果序列中:

(1) $b_7 = 0$,则不会出现结果溢出问题,该结果即是模运算后的正确形式;

(2) $b_7 = 1$,则会出现结果溢出问题,该乘积结果需要减去 $m(x)$,即求此乘积结果与 $m(x)$ 的异或。

由此得出,x(即 $\{00000010\}_2$ 或 $\{02\}_{16}$)乘以 $b(x)$ 可先对 $b(x)$ 在字节内左移一位(最后一位补 0),若 $b_7 = 1$,则再与 $\{1B\}_{16}$(其二进制为 00011011)做逐比特异或来实现,该操作记为 $b = x\text{time}(a)$。x 的幂乘运算可以通过重复应用 $x\text{time}()$ 实现。而任意常数乘法可以通过对中间结果相加实现。

例如,{57} • {13} = {FE},因为

$$\{57\} \cdot \{02\} = x\text{time}(\{57\}) = \{AE\}$$
$$\{57\} \cdot \{04\} = x\text{time}(\{AE\}) = \{47\}$$
$$\{57\} \cdot \{08\} = x\text{time}(\{47\}) = \{8E\}$$
$$\{57\} \cdot \{10\} = x\text{time}(\{8E\}) = \{07\}$$

所以{57} • {13} = {57} • ({01}⊕{02}⊕{10}) = {57}⊕{AE}⊕{07} = {FE}。

4) 系数在有限域 GF(2^8) 的特殊多项式运算

给定字符向量转换为系数在有限域 GF(2^8) 中的多项式 $a(x) = a_3 x^3 + a_2 x^2 + a_1 x + a_0$,它可以用 $[a_0, a_1, a_2, a_3]$ 形式表示。该多项式与有限域元素定义中使用的多项式操作不同,此处的系数本身就是有限域元素,即是字节(byte)而不是比特(bit),系数本身可以用另一个有限域多项式表示。特殊的 4 项多项式的乘法可使用不同的模多项式 $M(x) = x^4 + 1$。系数在有限域 GF(2^8) 中的多项式运算主要有乘法和乘以 x 两种。

(1) 给定多项式 $b(x) = b_3 x^3 + b_2 x^2 + b_1 x + b_0$,计算 $a(x)$ 与 $b(x)$ 相乘。令 $d(x) = a(x) \otimes b(x) = d_3 x^3 + d_2 x^2 + d_1 x + d_0$,即

$$d_0 = a_0 \cdot b_0 \oplus a_3 \cdot b_1 \oplus a_2 \cdot b_2 \oplus a_1 \cdot b_3$$
$$d_1 = a_1 \cdot b_0 \oplus a_0 \cdot b_1 \oplus a_3 \cdot b_2 \oplus a_2 \cdot b_3$$

$$d_2 = a_2 \cdot b_0 \oplus a_1 \cdot b_1 \oplus a_0 \cdot b_2 \oplus a_3 \cdot b_3$$
$$d_3 = a_3 \cdot b_0 \oplus a_2 \cdot b_1 \oplus a_1 \cdot b_2 \oplus a_0 \cdot b_3$$

其向量表示为

$$\begin{bmatrix} d_0 \\ d_1 \\ d_2 \\ d_3 \end{bmatrix} = \begin{bmatrix} a_0 & a_3 & a_2 & a_1 \\ a_1 & a_0 & a_3 & a_2 \\ a_2 & a_1 & a_0 & a_3 \\ a_3 & a_2 & a_1 & a_0 \end{bmatrix} \begin{bmatrix} b_0 \\ b_1 \\ b_2 \\ b_3 \end{bmatrix}$$

由于多项式 $M(x) = x^4 + 1$ 在 $GF(2^8)$ 下可能不是可约多项式,因此如果任意给定一个 4 项多项式,在模 $M(x)$ 下不一定存在一个对应的乘法反多项式。

在 AES 算法中,对多项式 $b(x)$,这种乘法运算只限于乘一个固定的有逆元的多项式 $a(x) = a_3 x^3 + a_2 x^2 + a_1 x + a_0$,即存在 $a(x) a^{-1}(x) = 1 \mod (x^4 + 1)$ 关系。

(2) 计算 $b(x)$ 乘以 x。$c(x) = x \otimes b(x)$ 定义为 x 与 $b(x)$ 的模 $M(x)$ 乘法,即 $c(x) = x \otimes b(x) = b_2 x^3 + b_1 x^2 + b_0 x + b_3$。其矩阵表示中,除 $a_1 = 01$ 外,其他所有 $a_i = 00$,即

$$\begin{bmatrix} c_0 \\ c_1 \\ c_2 \\ c_3 \end{bmatrix} = \begin{bmatrix} 00 & 00 & 00 & 01 \\ 01 & 00 & 00 & 00 \\ 00 & 01 & 00 & 00 \\ 00 & 00 & 01 & 00 \end{bmatrix} \begin{bmatrix} b_0 \\ b_1 \\ b_2 \\ b_3 \end{bmatrix}$$

因此,x(或 x 的幂)模乘多项式相当于对字节构成的向量进行字节循环移位。

3.5.4 AES 算法内部结构

为了理解数据在 AES 内部的传递方式,首先假设状态 A(即 128 位的数据路径)是由 16 个字节 $A_0, A_1, \cdots, A_{15}$ 按照 4×4(字节)的矩阵方式组成。

A_0	A_4	A_8	A_{12}
A_1	A_5	A_9	A_{13}
A_2	A_6	A_{10}	A_{14}
A_3	A_7	A_{11}	A_{15}

从下面的内容可知,AES 操作的元素是当前状态矩阵的行或列。同样,密钥字节也是以矩阵方式排列,其行数为 4,列数可以为 4(128 位的密钥)、6(192 位的密钥)或 8(256 位的密钥)。

1. 字节代换

字节代换是一个非线性可逆变换,针对状态矩阵中的每个字节,利用替代表(S 盒)进行运算,表示为 SubBytes(State),也称仿射变换,其计算过程主要由两个变换复合而成。两个变换的内容如下:

(1) 选取有限域 $GF(2^8)$ 上的乘法逆运算,其中元素 $\{00\}$ 映射到它自身。

(2) 应用如下算法完成一有限域 $GF(2^8)$ 上的仿射变换

$$b'_i = b_i \oplus b_{(i+4) \mod 8} \oplus b_{(i+5) \mod 8} \oplus b_{(i+6) \mod 8} \oplus b_{(i+7) \mod 8} \oplus b_{(i+8) \mod 8} \oplus c_i$$

算法中当 $0\leqslant i<8$ 时，b_i 是字节的第 i 个比特，c_i 是值为 {63}（即 {01100011}）的字节 c 数组的第 i 个比特。算法描述中以 b' 表示该变量将用右侧的值更新。

首先，将字节数据看成 $GF(2^8)$ 上的元素，进行模 $M(x)$ 运算映射到自己的乘法逆，0 映射到自身；其次，作 $GF(2^8)$ 的仿射变换，该变换过程可逆。预先将 $GF(2^8)$ 上的每个元素通过查表作 SubBytes 变换，形成 S 盒。与 DES 算法中 S 盒不同的是，AES 算法中的 S 盒具有一定的代数结构，而 DES 算法中是人为指定构造的。

以矩阵的形式，S 盒的仿射变换可表示为

$$\begin{bmatrix} b_0 \\ b_1 \\ b_2 \\ b_3 \\ b_4 \\ b_5 \\ b_6 \\ b_7 \end{bmatrix} = \begin{bmatrix} 1 & 0 & 0 & 0 & 1 & 1 & 1 & 1 \\ 1 & 1 & 0 & 0 & 0 & 1 & 1 & 1 \\ 1 & 1 & 1 & 0 & 0 & 0 & 1 & 1 \\ 1 & 1 & 1 & 1 & 0 & 0 & 0 & 1 \\ 1 & 1 & 1 & 1 & 1 & 0 & 0 & 0 \\ 0 & 1 & 1 & 1 & 1 & 1 & 0 & 0 \\ 0 & 0 & 1 & 1 & 1 & 1 & 1 & 0 \\ 0 & 0 & 0 & 1 & 1 & 1 & 1 & 1 \end{bmatrix} \begin{bmatrix} b_0 \\ b_1 \\ b_2 \\ b_3 \\ b_4 \\ b_5 \\ b_6 \\ b_7 \end{bmatrix} + \begin{bmatrix} 1 \\ 1 \\ 0 \\ 0 \\ 0 \\ 1 \\ 1 \\ 0 \end{bmatrix}$$

S 盒的仿射变换在状态矩阵上的变换功能如图 3-40 所示。

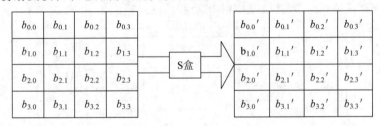

图 3-40 S 盒的仿射变换

实际运算时，此函数可以通过查表快速获得对应变换值，字节变换的变换值如表 3-12 所示。例如，$b_{1,1}=\{53\}$，查字节变换值表，找到第 5 列第 3 行，对应数值为 {ed}，表示经过字节替代变换后 $b'_{1,1}=\{ed\}$。

表 3-12 S 盒中字节 x,y 的替代值（十六进制格式）

x	y															
	0	1	2	3	4	5	6	7	8	9	a	b	c	d	e	f
0	63	7c	77	7b	f2	6b	6f	c5	30	01	67	2b	fe	d7	ab	76
1	ca	82	c9	7d	fa	59	47	f0	ad	d4	a2	af	9c	a4	72	c0
2	b7	fd	93	26	36	3f	f7	cc	34	a5	e5	f1	71	d8	31	15
3	04	c7	23	c3	18	96	05	9a	07	12	80	e2	eb	27	b2	75
4	09	83	2c	1a	1b	6e	5a	a0	52	3b	d6	b3	29	e3	2f	84
5	53	d1	00	ed	20	fc	b1	5b	6a	cb	be	39	4a	4c	58	cf
6	d0	ef	aa	fb	43	4d	33	85	45	f9	02	7f	50	3c	9f	a8
7	51	a3	40	8f	92	9d	38	f5	bc	b6	da	21	10	ff	f3	d2

续表

x	\multicolumn{16}{c}{y}
	0	**1**	**2**	**3**	**4**	**5**	**6**	**7**	**8**	**9**	**a**	**b**	**c**	**d**	**e**	**f**
8	cd	0c	13	ec	5f	97	44	17	c4	a7	7e	3d	64	5d	19	73
9	60	81	4f	dc	22	2a	90	88	46	ee	b8	14	de	5e	0b	db
a	e0	32	3a	0a	49	06	24	5c	c2	d3	ac	62	91	95	e4	79
b	e7	c8	37	6d	8d	d5	4e	a9	6c	56	f4	ea	65	7a	ae	08
c	ba	78	25	2e	1c	a6	b4	c6	e8	dd	74	1f	4b	bd	8b	8a
d	70	3e	b5	66	48	03	f6	0e	61	35	57	b9	86	c1	1d	9e
e	e1	f8	98	11	69	d9	8e	94	9b	1e	87	e9	ce	55	28	df
f	8c	a1	89	0d	bf	e6	42	68	41	99	2d	0f	b0	54	bb	16

2. 行移位变换

行移位变换是在状态矩阵的行上进行的。状态阵列的后 3 行分别以 c_i 为移位大小循环移位。其中,第 0 行 $c_0=0$,即保持不变;第 1 行循环移位 c_1 字节;第 2 行循环移位 c_2 字节;第 3 行循环移位 c_3 字节。运算结果是将行中的字节移向较低位,最低位的字节循环移动至行的最高位。128 位状态矩阵的行移位变换操作如图 3-41 所示。

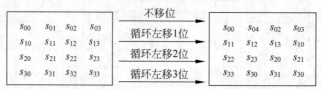

图 3-41　128 位状态矩阵的行移位变换操作

偏移量 c_i 与分组长度 N_b 有关,不同分组长度的行移位变换偏移量如表 3-13 所示。

表 3-13　不同分组长度的行移位变换偏移量

N_b	c_1	c_2	c_3
4	1	2	3
6	1	2	3
8	1	3	4

行移位变换实现了字节在每一行的扩散,很自然地想到字节在列中也需要扩散。

3. 列混合变换

列混合变换在状态矩阵上,按照每一列分别进行运算,并将每一列看作有限域 4 次多项式,即将状态的列看作 $GF(2^8)$ 上的多项式 $a(x)$ 与多项式 $c(x)$ 相乘,计算结果对固定多项式 $M(x)=x^4+1$ 取模。多项式 $c(x)$ 表示为

$$c(x) = \{03\}x^3 + \{01\}x^2 + \{01\}x + \{02\}$$

其中,系数是用十六进制表示的,并且 $c(x)$ 与 x^4+1 互素。

令 $b(x)=c(x)\otimes a(x) \bmod (x^4+1)$,由于 $x^i \bmod (x^4+1) = x^{i \bmod 4}$,故有

$$b_0 = c_0 \cdot a_0 \oplus c_3 \cdot a_1 \oplus c_2 \cdot a_2 \oplus c_1 \cdot a_3$$

$$b_1 = c_1 \cdot a_0 \oplus c_0 \cdot a_1 \oplus c_3 \cdot a_2 \oplus c_2 \cdot a_3$$
$$b_2 = c_2 \cdot a_0 \oplus c_1 \cdot a_1 \oplus c_0 \cdot a_2 \oplus c_3 \cdot a_3$$
$$b_3 = c_3 \cdot a_0 \oplus c_2 \cdot a_1 \oplus c_1 \cdot a_2 \oplus c_0 \cdot a_3$$

写成矩阵表示形式为

$$\begin{bmatrix} b_0 \\ b_1 \\ b_2 \\ b_3 \end{bmatrix} = \begin{bmatrix} 02 & 03 & 01 & 01 \\ 01 & 01 & 03 & 01 \\ 01 & 01 & 02 & 03 \\ 03 & 01 & 01 & 02 \end{bmatrix} \begin{bmatrix} a_0 \\ a_1 \\ a_2 \\ a_3 \end{bmatrix}$$

列混合变换的过程如图 3-42 所示。

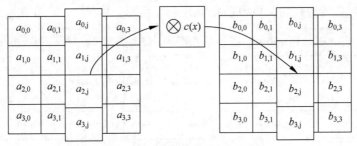

图 3-42 列混合变换的过程

例 3-7 在 AES 列混合变换中，模多项式 $M(x) = x^8 + x^4 + x^3 + x + 1$，请根据下面的状态矩阵，填写下面表格空格的值，并写出计算过程。

$$\begin{bmatrix} 02 & 03 & 01 & 01 \\ 01 & 02 & 03 & 01 \\ 01 & 01 & 02 & 03 \\ 03 & 01 & 01 & 02 \end{bmatrix} \begin{bmatrix} s_{00} & s_{01} & s_{02} & s_{03} \\ s_{10} & s_{11} & s_{12} & s_{13} \\ s_{20} & s_{21} & s_{22} & s_{23} \\ s_{30} & s_{31} & s_{32} & s_{33} \end{bmatrix} = \begin{bmatrix} s'_{00} & s'_{01} & s'_{02} & s'_{03} \\ s'_{10} & s'_{11} & s'_{12} & s'_{13} \\ s'_{20} & s'_{21} & s'_{22} & s'_{23} \\ s'_{30} & s'_{31} & s'_{32} & s'_{33} \end{bmatrix}$$

87	F2	4D	97
6E	4C	90	EC
46	E7	4A	C3
A6	8C	D8	95

→

	40	A3	4C
37		70	9F
94	E4		42
ED	A5	A6	

解：

$s'_{00} = 02 \cdot 87 \oplus 03 \cdot 6E \oplus 01 \cdot 46 \oplus 01 \cdot A6$
$\quad = 00001110 \oplus 00011011 \oplus 11011100 \oplus 01101110 \oplus 01000110 \oplus 10100110$
$\quad = 0100011 = 47$

$s'_{11} = 01 \cdot F2 \oplus 02 \cdot 4C \oplus 03 \cdot E7 \oplus 01 \cdot 8C$
$\quad = 11110010 \oplus 10011000 \oplus 11001110 \oplus 00011011 \oplus 11100111 \oplus 10001100$
$\quad = 11010100 = D4$

$s'_{22} = 01 \cdot 4D \oplus 01 \cdot 90 \oplus 02 \cdot 4A \oplus 03 \cdot D8$
$\quad = 01001101 \oplus 10010000 \oplus 10010100 \oplus 101100000 \oplus 00011011 \oplus 11011000$

$=00111010=3A$

$s'_{33}=03\cdot 97\oplus 01\cdot EC\oplus 01\cdot C3\oplus 02\cdot 95$

$=00101110\oplus 00011011\oplus 10010111\oplus 11101100\oplus 11000011\oplus$

$00101010\oplus 00011011$

$=10111100=BC$

故空格处分别填47,D4,3A,BC。

4. 轮密钥加变换

在轮密钥加变换中,用轮密钥与状态矩阵按比特进行异或(XOR)操作。轮密钥是通过主密钥生成的子密钥,为了便于计算,轮密钥的长度等于分组长度,每一个轮密钥由N_b个字节组成。轮密钥加变换的过程如图3-43所示。

$$\begin{array}{|c|c|c|c|}\hline a_{0,0} & a_{0,1} & a_{0,2} & a_{0,3} \\ \hline a_{1,0} & a_{1,1} & a_{1,2} & a_{1,3} \\ \hline a_{2,0} & a_{2,1} & a_{2,2} & a_{2,3} \\ \hline a_{3,0} & a_{3,1} & a_{3,2} & a_{3,3} \\ \hline \end{array} \oplus \begin{array}{|c|c|c|c|}\hline k_{0,0} & k_{0,1} & k_{0,2} & k_{0,3} \\ \hline k_{1,0} & k_{1,1} & k_{1,2} & k_{1,3} \\ \hline k_{2,0} & k_{2,1} & k_{2,2} & k_{2,3} \\ \hline k_{3,0} & k_{3,1} & k_{3,2} & k_{3,3} \\ \hline \end{array} = \begin{array}{|c|c|c|c|}\hline b_{0,0} & b_{0,1} & b_{0,2} & b_{0,3} \\ \hline b_{1,0} & b_{1,1} & b_{1,2} & b_{1,3} \\ \hline b_{2,0} & b_{2,1} & b_{2,2} & b_{2,3} \\ \hline b_{3,0} & b_{3,1} & b_{3,2} & b_{3,3} \\ \hline \end{array}$$

图3-43 轮密钥加变换的过程

例3-8 设AES算法分组长度为128,输入的明文M=32 6C A8 F6 42 31 8C D6 43 72 64 E0 98 89 07 C3,密钥k=A3 61 89 B5 54 12 D8 90 F4 14 FC AB 81 70 AE 3F。求AES的第一轮输出。

解:考虑到扩展密钥的前N_k个字是由密码密钥填充的,即初始轮密钥为k。明文与初始轮密钥加得:91 0D 21 43 16 23 54 46 B7 66 98 4B 19 F9 A9 FC

经过字节代换为:D0 B1 F4 8A 21 EB 4F AA 0E F6 3B F7 BD 84 C5 DF

行位移变换得:D0 B1 F4 8A EB 4F AA 21 3B F7 0E F6 DF BD 84 C5

列混合变换得:79 E2 9C 43 8F D0 2D 0C 17 D7 D5 08 1E 18 B0 C1

轮密钥加变换得:A3 54 F4 81 61 12 14 70 89 D8 FC AE B5 90 AB 3F

即得第一轮输出:DA B6 68 C2 EE C2 39 7C 9E 0F 29 A6 AB 88 1B FE

5. 密钥扩展算法

下面以128位的密钥长度介绍密钥扩展算法,其他192位和256位的密钥长度所对应的密钥编排存在一定的相似性。AES的密钥扩展算法是面向字的,其中1个字=32位。对长度为128位的密钥而言,它对应的轮数$N_r=10$,并得到11个子密钥,且每个密钥的长度均为128位。AES轮密钥(子密钥)k_i的计算是递归的,即为了得到子密钥k_i,子密钥k_{i-1}必须是已知的,以此类推。

11个子密钥存储在元素为$W[0],\cdots,W[43]$的密钥扩展数组$W[i]$中。子密钥的计算方式如图3-44所示。元素$k_0,\cdots,k_{15}$表示原始AES密钥对应的字节。

首先,需要注意的是,第一个子密钥k_0为原始AES密钥,即原始密钥直接被复制到扩展密钥数组$W[i]$的前4个元素中。从图中可知,子密钥$W[4i]$($i=1,\cdots,10$)最左边字

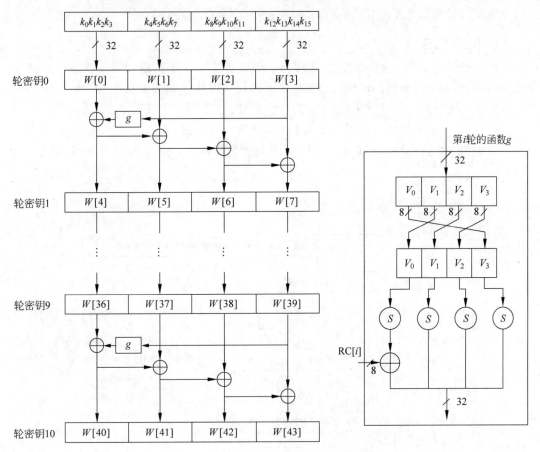

图 3-44 128 位密钥大小的 AES 密钥编排

的计算方式为：

$$W[4i] = W[4(i-1)] + g(W[4i-1])$$

这里的 g 表示的是一个输入和输出均为 4 字节的非线性函数。子密钥其余的三个字是通过递归计算得到的：

$$W[4i+j] = W[4i+j-1] + W[4(i-1)+j]$$

其中，$i=1,\cdots,10$；$j=1,2,3$。函数 g 首先将 4 个输入字节翻转，并执行一个按字节的 S 盒代换，最后与轮系数 RC 相加。轮系数是 $GF(2^8)$ 域中的一个元素，即为一个 8 位的值。轮系数只与函数 g 最左边的字节相加。而且轮系数每轮都会改变，其变换规则为：

$$RC[1] = x^0 = (00000001)_2$$

$$RC[2] = x^1 = (00000010)_2$$

$$RC[3] = x^2 = (00000100)_2$$

$$\vdots$$

$$RC[10] = x^9 = (00110110)_2$$

函数 g 的目的有两个：第一，增加密钥编排中的非线性；第二，消除 AES 中的对称性。这两种属性都是抵抗某些分组密码攻击所必要的。

6. AES 解密

AES 的解密过程是加密过程的逆运算。解密算法中各个变换的操作顺序与加密算法不同,但是加密和解密算法中的密钥生成形式是一致的。AES 算法的若干性质保证了可以构造一个等价的解密算法,解密时各个变换的操作顺序与加密时相反(由逆变换取代原来的变换)。解密算法中使用的变换依次为逆列混合变换、逆行位移变换、逆字节变换和轮密钥加变换,变换作用在密文序列对应的状态矩阵上。具体的解密过程如图 3-45 所示。

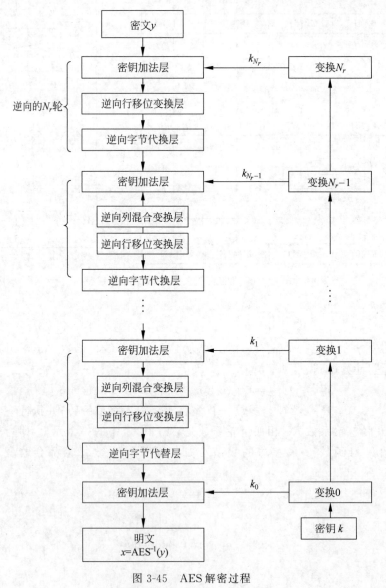

图 3-45 AES 解密过程

3.5.5 AES 算法的安全性

对于 Rijndael 算法的安全性讨论,通过对以下已知的攻击方法来进行分析。

(1) 穷举攻击法:Rijndael 算法中最短的密钥长度是 128 比特,如果用穷举法则需要 2^{128} 次,计算量是非常大的,故使用目前技术的穷举法是无效的。

(2) 差分攻击法:这种攻击法是利用大量已知的明文/密文对之间的差异来推测出密钥。对于 Rijndael 算法,当轮数超过三轮,若存在 $1/2^{n-1}$ (n 位分组块的)长度可预测性的差异,这种攻击法就可以推测出密钥的位元值,在 Rijndael 算法中已经证明 Rijndael 经过四轮运算后,存在不超过 2^{-150} 的可预测性差异,5 轮运算后不超过 2^{-300} 的可预测差异,因此可以说这种攻击法对 Rijndael 算法是无效的。

(3) 线性攻击法:这种攻击法利用大量收集到的明文/密文对,根据其中可预测的相对关系推导出一个代数展开式,只要能找出相对关系数超过 $2^{n/2}$ 的线性轨迹,就可以找出密钥值。Rijndael 算法已经被证明执行 4 轮运算后不存在相关系数大于 2^{-75} 的线性轨迹;在执行 8 轮后,其相关系数大于 2^{-150} 的相关系数也不存在,因此可以说这种攻击法对 Rijndael 算法是无效的。

(4) 平方攻击法:这种攻击是一种明文攻击,攻击强度不依赖于 S 盒列混合矩阵和密钥扩散准则的选取,但迄今为止这种攻击法只能够对经过不超过 6 次轮运算的 Rijndael 算法有效,计算量为 $2^{73}+2^{64}$,因此可以说这种攻击法对 Rijndael 算法是无效的。

(5) 内插攻击法:这种攻击法是攻击者利用加密的输入与输出配对,建立一些多项式。如果加密的元件有一个乘法的代数展开式,并且与管理的复杂度结合在一起时,这种攻击便是可行的。攻击的方式是如果攻击者建立的代数展开式的阶度很小,只需要一些加密法的输入和输出配对就可以得到代数展开式的各项系数。但是,Rijndael 算法中的 $GF(2^8)$ 域是非常复杂的,因此可以说这种攻击法对 Rijndael 算法是无效的。

从以上分析可以看出,Rijndael 算法对已知的攻击具有较好的免疫性,安全性比较高。

3.6 IDEA

3.6.1 IDEA 算法简介

1990 年,瑞士联邦技术学院的 Xuejia Lai 和 James Massey 提出一个取代 DES 的对称密码算法,称为 PES(Proposed Encryption Standard,建议的加密标准)。为提高对差分密码攻击的抵抗能力,设计者对 PES 经过两次修改,于 1992 年将修改后的 PES 改名为 IDEA(International Data Encryption Algorithm,国际数据加密算法)。类似于 DES,IDEA 算法也是一种数据块加密算法,它设计了一系列加密轮次,每轮加密都使用从完整的加密密钥中生成的一个子密钥。与 DES 的不同处在于:它采用软件实现和采用硬件实现同样快速。由于 IDEA 是在美国之外提出并发展起来的,避开了美国法律上对加密技术的诸多限制,因此,有关 IDEA 算法和实现技术的文献都可以自由出版和交流,极大地促进了 IDEA 的发展和完善。

IDEA 的分组长度是 64 位,密钥长度是 128 位,是已公开的可用算法中速度快且安全性强的分组加密算法,不但具有极强的抗攻击能力,而且具有良好的应用前景。目前,PGP 使用 IDEA 作为其分组加密算法;安全套接字层 SSL 也将 IDEA 包含在其加密算法库 SSLRef 中;IDEA 算法专利的所有者 Ascom 公司也推出了一系列基于 IDEA 算法的安全产品,包括基于 IDEA 的 Exchange 安全插件、IDEA 加密芯片、IDEA 加密软件包等。IDEA 算法的应用和研究正在不断走向成熟。

3.6.2 IDEA 算法设计思想

分组密码的强度,主要是通过混淆和扩散来实现的,IDEA 算法所依据的设计思想是"混合使用来自不同代数群中的运算"。

1. 混淆

算法的"混淆"性由连续使用作用于一对 16 比特子块的三种"不相容"的群运算获得,这三种 16 位的基本运算如下。

(1) 异或运算 $\oplus$,即按位做不进位加法运算,规则为

$$1 \oplus 0 = 0 \oplus 1 = 1, \quad 0 \oplus 0 = 1 \oplus 1 = 0$$

(2) 模 2^{16} 加运算 $\boxplus$,即 16 位无符号整数做加法运算,规则为:

$$X \boxplus Y \equiv (X + Y) \bmod (2^{16})$$

(3) 模 $(2^{16}+1)$ 乘运算 $\odot$,即 16 位整数做乘法运算,规则为:

$$X \odot Y \equiv (X \times Y) \bmod (2^{16} + 1)$$

注意:模 $(2^{16}+1)$ 整数乘法 $a \odot b$ 的实现公式为

$$(ab) \bmod (2^n + 1) = \begin{cases} ((ab) \bmod 2^n) - ((ab) \operatorname{div} 2^n) \cdots ((ab) \bmod 2^n) \geqslant ((ab) \operatorname{div} 2^n) \\ ((ab) \bmod 2^n) - ((ab) \operatorname{div} 2^n) + 2^n + 1 \cdots ((ab) \bmod 2^n) \leqslant ((ab) \operatorname{div} 2^n) \end{cases}$$

例如,$(04A5) \oplus (B605) \equiv (B2A0)$

$(74A5) \boxplus (B60B) \equiv (2AB0)$

$(0000) \odot (8000) \equiv (2^{16} \times 2^{15}) \bmod (2^{16}+1) \equiv (2^{15}+1) \equiv (8001)$

在三种不同的群运算中,要特别注意 $2^{16}+1$ 整数乘法运算 $\odot$,这里除了将 16 位的全零子块处理为 2^{16} 外,其余 16 位的子块均按通常处理成一个整数的二进制形式。

三种运算结合起来使用可对算法的输入提供复杂的变换,从而使得对 IDEA 的密码分析比对仅使用异或运算的 DES 更为困难。

2. 扩散

IDEA 加密算法中的"扩散"性是由称为乘加(Multiplication/Addition,MA)结构的基本单元实现的,如图 3-46 所示。该结构的输入是两个 16 位的子段和两个 16 位的子密钥,输出也为两个 16 位的子段。这一结构在算法中重复使用 8 次,除获得了非常有效的扩散效果之外,还保证了加解密过程的相似性。

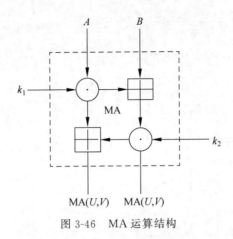

图 3-46 MA 运算结构

MA 结构定义:设 A、B、k_1、k_2 是 4 个 16 位输入码,‖ 表示位串的拼接,则 32 位输出码 $MA(A,B,k_1,k_2)$ 可表示为:

$$MA(A,B,k_1,k_2) = ((A \odot k_1) \boxplus (((A \odot k_1) \boxplus B) \odot k_2)) \| (((A \odot k_1) \boxplus B) \odot k_2)$$

以上表达式中的括号不能省略,因为三种运算中的任何两个都相互不可分配,也不可结合。

这里 MA 运算结构作为 IDEA 的主要模块,相当于分组加密算法中的 S 盒作用。

3.6.3 IDEA 算法内部结构

整个算法包括数据加密过程、子密钥产生、数据解密过程三部分。

1. IDEA 迭代过程

IDEA 加密算法的总体结构如图 3-47 所示。这里加密函数有两类输入:待加密明文和密钥。其中输入的 64 位明文数据块 x 被分成 4 个 16 位子块 x_1,x_2,x_3,x_4,即 $x = x_1 x_2 x_3 x_4$。这 4 个分组作为算法的第 1 轮输入,整个加密过程总共进行 8 轮循环,每轮循环由 64 位码 $W_{i1},W_{i2},W_{i3},W_{i4}$ 和 6 个 16 位子密钥 $Z_{(i-1)*6+1},Z_{(i-1)*6+2},Z_{(i-1)*6+3},Z_{(i-1)*6+4},Z_{(i-1)*6+5},Z_{(i-1)*6+6}$ 作为输入,产生 64 位输出 $W_{(i+1)1},W_{(i+1)2},W_{(i+1)3},W_{(i+1)4}$,这里 $i=1,2,\cdots,8$。最后再经过一次输出变换得到 4 个 16 位子分组密文 y_1,y_2,y_3,y_4,将 4 个子分组重新连接起来就可生成密文 y,即 $y = y_1 y_2 y_3 y_4$。输入的密钥 Z 长度为 128 位,通过子密钥生成器产生 52 个 16 位子密钥。

IDEA 加密算法详细迭代过程如图 3-48 所示,其中每轮迭代运算分为以下两部分。

第一部分是变换运算,其方法是采用加法及乘法运算将 4 个 16 位的子明文分组与 4 个子密钥混合,产生 4 个 16 位的输出。

第二部分是用于产生扩散性的乘加(MA)运算。MA 运算生成 2 个 16 位的输出。MA 的输出再与变换运算的输出采用 XOR 运算产生 4 个 16 位的最后输出,这 4 个 16 位的最后输出即成为下一轮运算的原始输入。在这 4 个最后结果中的第 2、3 个输出是经位置互换而得到的,这样处理的目的是对抗差分分析攻击。

下面是 IDEA 算法具体的变换过程。

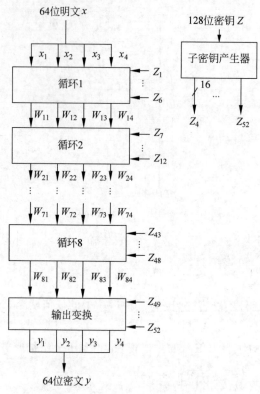

图 3-47　IDEA 加密算法的总体结构

① x_1 和第 1 个子密钥 $Z_1^{(1)}$ 做乘法运算。
② x_2 和第 2 个子密钥 $Z_2^{(1)}$ 做加法运算。
③ x_3 和第 3 个子密钥 $Z_3^{(1)}$ 做加法运算。
④ x_4 和第 4 个子密钥 $Z_4^{(1)}$ 做乘法运算。
⑤ 将①和③的结果相异或。
⑥ 将②和④的结果相异或。
⑦ 将⑤的结果与 $Z_5^{(1)}$ 相乘。
⑧ 将⑥和⑦的结果相加。
⑨ 将⑧的结果与 $Z_6^{(1)}$ 相乘。
⑩ 将⑦和⑨的结果相加。
⑪ 将①和⑨的结果相异或。
⑫ 将③和⑨的结果相异或。
⑬ 将②和⑩的结果相异或。
⑭ 将④和⑩的结果相异或。

第一轮的输出是 4 个子块，即⑪、⑫、⑬和⑭的结果。将中间两个块交换（最后一轮除外）后，就是下一轮的输入。

在经过 8 轮运算之后，IDEA 使用一个输出变换对 8 轮迭代的结果进行运算，输出变换在进行运算前将第 2 个输入与第 3 个输入进行互换，这实际上是将第 8 轮迭代运算最

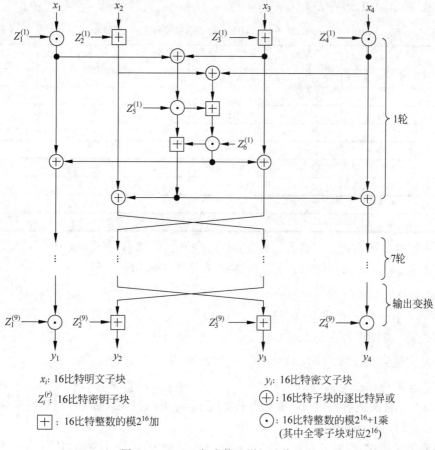

图 3-48　IDEA 加密算法详细迭代过程

后所做的互换抵消了,这种特殊安排的目的在于可以使用与加密算法相同结构的解密算法进行解密,从而简化了设计及使用 IDEA 算法的复杂性。输出变换的过程如下:

① x_1 和 $Z_1^{(9)}$ 相乘。

② x_2 和 $Z_2^{(9)}$ 相加。

③ x_3 和 $Z_3^{(9)}$ 相加。

④ x_4 和 $Z_4^{(9)}$ 相乘。

将这 4 步运算的结果连到一起就是最后产生的正式密文。

2. IDEA 密钥生成过程

在加密之前,IDEA 需要通过密钥扩展(Key Expansion)将 128 位的密钥扩展为 52 个子密钥。加密算法进行迭代操作时,每轮需要 6 个子密钥,另外还需要 4 个额外子密钥用于输出变换。

整个密钥的扩展过程如表 3-14 所示,为了能够看清楚 8 轮迭代的关系,在表中用粗线条将每轮进行了区别。将 128 位密钥按位编号为 $(0,1,2,\cdots,127)$,表 3-14 中单元格的内容表示 128 位密钥子段的范围。例如,16～31 表示 $(16,17,18,\cdots,31)$,121～8 表示

(121,122,…,127,1,2,…,8)。

表 3-14 IDEA 的密钥扩展过程

r	k_1	k_2	k_3	k_4	k_5	k_6
1	0～15	16～31	32～47	48～63	64～79	80～95
2	96～111	112～127	25～40	41～56	57～72	73～88
3	89～104	105～120	121～8	9～24	50～65	66～81
4	82～97	98～113	114～1	2～17	18～33	34～49
5	75～90	91～106	107～122	123～10	11～26	27～42
6	43～58	59～74	100～115	116～3	4～19	20～35
7	36～51	52～67	68～83	84～99	125～12	13～28
8	29～44	45～60	61～76	77～92	93～108	109～124
9	22～37	38～53	54～69	70～85	—	—

下面详细说明密钥扩展过程。首先,将 128 位密钥 k 表述为 $k=b_0b_1\cdots b_{127}$。

第 1 轮:将此 128 位密钥分成 8 段,依次得 8 个子密钥:
$Z_1^{(1)}=b_0b_1\cdots b_{15}$,$Z_2^{(1)}=b_{16}b_{17}\cdots b_{31}$,…,$Z_6^{(1)}=b_{80}b_{81}\cdots b_{95}$,$Z_1^{(2)}=b_{96}b_{97}\cdots b_{111}$,$Z_2^{(2)}=b_{112}b_{113}\cdots b_{127}$,即将 8 段中的前 6 段密钥用于第 1 轮加密,后 2 段用于第 2 轮。

第 2 轮:将 k 循环左移 25 位,得 $b_{25}b_{26}\cdots b_{127}b_0b_1\cdots b_{24}$。

将此左移后的 128 位密钥再分成 8 段,前 4 段用于第 2 轮的子密钥:$Z_3^{(2)}$,$Z_4^{(2)}$,$Z_5^{(2)}$,$Z_6^{(2)}$;后 4 段用于构成第 3 轮子密钥的前半部分:$Z_1^{(3)}$,$Z_2^{(3)}$,$Z_3^{(3)}$,$Z_4^{(3)}$。

第 3 轮:再次把第 2 轮的 k 循环左移 25 位,同样分成 8 段,前 2 段用于构造第 3 轮子密钥;后 6 段用于下一轮。

以此继续操作,当循环左移了 5 次之后,已经生成了 48 个子密钥,还有 4 个额外的子密钥需要生成,再次把 k 循环左移 25 位,选取划分出来的 8 个 16 位子密钥的前 4 个作为那 4 个额外加密密钥。至此,供加密使用的 52 个子密钥生成完毕。

3. IDEA 的解密过程

IDEA 的解密过程本质上与加密过程相同,所不同的是参与迭代运算的解密子密钥的生成方式。解密密钥和加密密钥有一个对应关系,其子密钥 $k_i^{(r)}$ 是从加密密钥 $Z_i^{(r)}$ 导出的。导出关系如下:

$$(k_1^{(r)},k_2^{(r)},k_3^{(r)},k_4^{(r)})=(z_1^{(10-r)^{-1}},-z_3^{(10-r)},-z_2^{(10-r)},z_4^{(10-r)^{-1}}), \quad r=2,\cdots,8$$

$$(k_1^{(r)},k_2^{(r)},k_3^{(r)},k_4^{(r)})=(z_1^{(10-r)^{-1}},-z_2^{(10-r)},-z_3^{(10-r)},z_4^{(10-r)^{-1}}), \quad r=1,9$$

$$(k_5^{(r)},k_6^{(r)})=(z_5^{(9-r)},z_6^{(9-r)}), \quad r=1,\cdots,8$$

这里 Z^{-1} 表示 $Z \bmod (2^{16}+1)$ 乘法的逆,即 $Z \odot Z^{-1} \equiv 1 \bmod (2^{16}+1)$;$-Z$ 表示 $Z \bmod 2^{16}$ 加法的逆,即 $Z \odot -Z \equiv 0 \bmod 2^{16}$。

以上解密密钥导出的公式描述如下。

(1) 第 $r(r=1,2,\cdots,9)$ 轮解密的前 4 个子密钥是由加密过程第 $(10-r)$ 轮的前 4 个子密钥导出的,其中变换阶段被记为循环 9。解密密钥的第 1 个和第 4 个子密钥取为相应的第1个和第4个加密子密钥模 $2^{16}+1$ 乘法逆元。第2个和第3个解密子密钥取法为:当轮数 $r=2,\cdots,8$ 时,取为相应的第3个和第2个加密子密钥的模 2^{16} 加法逆元;当 $r=1$ 和9时,取为相应的第2个和第3个加密子密钥的模 2^{16} 加法逆元。

(2) 第 $r(r=1,2,\cdots,8)$ 轮解密的后两个子密钥等于加密过程的第 $(9-r)$ 轮的后两个子密钥。

3.6.4 IDEA算法的安全性

IDEA算法的密钥长度为128位。自1991年提出至今,设计者尽最大努力使该算法不受差分密码分析的影响,数学家已证明IDEA算法在其8轮迭代的第4轮之后便不受差分密码分析的影响。假定穷举法攻击有效,那么即使设计一种每秒可以试验10亿个密钥的专用芯片,并将10亿片这样的芯片用于此项工作,仍需 10^{13} 年才能解决问题;若用 10^{24} 片这样的芯片,有可能在一天内找到密钥,不过人们还无法找到足够的硅原子来制造这样一台机器。目前,尚无公开发表的试图对IDEA进行密码分析的文章。因此,目前看IDEA是非常安全的,并且IDEA数据比较RSA算法加、解决速度快得多,又比DES算法要相对安全得多。

3.7 中国商用密码算法 SM4

3.7.1 SM4算法简介

2012年3月,中国国家密码管理局(National Cryptographic Administration)正式公布了包含SM4分组密码算法在内的6项密码行业标准,SM4的正式名称是"基于SM1算法的分组密码算法"(Block Cipher Algorithm Based on SM1)。SM1算法是中国自主研发的分组密码算法,SM4算法在其基础上进行了改进和优化。

3.7.2 SM4算法设计思想

与DES和AES算法类似,SM4算法是一种分组密码算法。其分组长度为128bit,密钥长度也为128bit。加密算法与密钥扩展算法均采用32轮非线性迭代结构,以字(32位)为单位进行加密运算,每次迭代运算均为一轮变换函数 F。SM4算法加/解密算法的结构相同,只是使用轮密钥相反,其中解密轮密钥是加密轮密钥的逆序。

SM4密码算法的基本运算有模2加和循环移位。

(1) 模2加:记为 $\oplus$,为32位逐比特异或运算。

(2) 循环移位: $<<<i$,把32位字循环左移 i 位。

3.7.3 SM4算法内部结构

1. SM4算法基本构件

1) S盒

S盒是以字节为单位的非线性替换,其密码学作用是混淆,它的输入和输出都是8位

的字节。设输入字节为 a，输出字节为 b，则 S 盒的运算可表示为
$$b = S(a)$$
S 盒的替换规则如表 3-15 所示。

表 3-15 SM4 密码算法的 S 盒

	0	1	2	3	4	5	6	7	8	9	A	B	C	D	E	F
0	D6	90	E9	FE	CC	E1	3D	B7	16	B6	14	C2	28	FB	2C	05
1	2B	67	9A	76	2A	BE	04	C3	AA	44	13	26	49	86	06	99
2	9C	42	50	F4	91	EF	98	7A	33	54	0B	43	ED	CF	AC	62
3	E4	B3	1C	A9	C9	08	E8	95	80	DF	94	FA	75	8F	3F	A6
4	47	07	A7	FC	F3	73	17	BA	83	59	3C	19	E6	85	4F	A8
5	68	6B	81	B2	71	64	DA	8B	F8	EB	0F	4B	70	56	9D	35
6	1E	24	0E	5E	63	58	D1	A2	25	22	7C	3B	01	21	78	87
7	D4	00	46	57	9F	D3	27	52	4C	36	02	E7	A0	C4	C8	9E
8	EA	BF	8A	D2	40	C7	38	B5	A3	F7	F2	CE	F9	61	15	A1
9	E0	AE	5D	A4	9B	34	1A	55	AD	93	32	30	F5	8C	B1	E3
A	1D	F6	E2	2E	82	66	CA	60	C0	29	23	AB	0D	53	4E	6F
B	D5	DB	37	45	DE	FD	8E	2F	03	FF	6A	72	6D	6C	5B	51
C	8D	1B	AF	92	BB	DD	BC	7F	11	D9	5C	41	1F	10	5A	D8
D	0A	C1	31	88	A5	CD	7B	BD	2D	74	D0	12	B8	E5	B4	B0
E	89	69	97	4A	0C	96	77	7E	65	B9	F1	09	C5	6E	C6	84
F	18	F0	7D	EC	3A	DC	4D	20	79	EE	5F	3E	D7	CB	39	48

2) 非线性变换 τ

非线性变换 τ 是以字为单位的非线性替换，它由 4 个 S 盒并置构成。设输入为 $A = (a_0, a_1, a_2, a_3)$（4 个 32 位的字），输出为 $B = (b_0, b_1, b_2, b_3)$（4 个 32 位的字），则

$$B = (b_0, b_1, b_2, b_3) = \tau(A) = (S(a_0), S(a_1), S(a_2), S(a_3)) \tag{3-1}$$

3) 线性变换 L

线性变换 L 以字为处理单位，其输入输出都是 32 位的字，它的密码学作用是扩散。设 L 的输入为字 B，输出为字 C，则

$$C = L(B) = B \oplus (B <<< 2) \oplus (B <<< 10) \oplus (B <<< 18) \oplus (B <<< 24) \tag{3-2}$$

4) 合成变换 T

合成变换 T 由非线性变换 τ 和线性变换 L 复合而成，数据处理的单位是字。设输入为字 X，则先对 X 进行非线性 τ 变换，再进行线性 L 变换，记为

$$T(X) = L(\tau(X)) \tag{3-3}$$

由于合成变换 T 是非线性变换 τ 和线性变换 L 的复合，所以它综合起到混淆和扩散的作用，从而可提高密码的安全性。

2. 轮函数

轮函数由上述基本构件组成。设轮函数 F 的输入为 4 个 32 位字 (X_0, X_1, X_2, X_3)，共 128 位，轮密钥为一个 32 位的字 rk，输出也是一个 32 位的字，由下式给出：

$$F(X_0, X_1, X_2, X_3, rk) = X_0 \oplus T(X_1 \oplus X_2 \oplus X_3 \oplus rk)$$

根据式(3-3),有
$$F(X_0,X_1,X_2,X_3,\text{rk}) = X_0 \oplus L(\tau(X_1 \oplus X_2 \oplus X_3 \oplus \text{rk}))$$
记 $B=(X_1 \oplus X_2 \oplus X_3 \oplus \text{rk})$,根据式(3-1)和式(3-2),有
$$F(X_0,X_1,X_2,X_3,\text{rk}) = X_0 \oplus [S(B)] \oplus [S(B) \lll 2] \oplus [S(B) \lll 10] \oplus$$
$$[S(B) \lll 18] \oplus [S(B) \lll 24]$$
轮函数的结构如图 3-49 所示。

3. 加密算法

加密算法采用 32 轮迭代结构,每轮使用一个轮密钥。

设输入的明文为 4 个字(X_0, X_1, X_2, X_3)(128 比特长),输入的轮密钥为 rk_i($i=0,1,\cdots,31$),共 32 个字。输出的密文为 4 个字(Y_0, Y_1, Y_2, Y_3)(128 比特长),加密算法可描述如下:
$$X_{i+4} = F(X_i, X_{i+1}, X_{i+2}, X_{i+3}, \text{rk}_i)$$
$$= X_i \oplus T(X_{i+1} \oplus X_{i+2} \oplus X_{i+3} \oplus \text{rk}_i) \quad (i=0,1,\cdots,31)$$

为了与解密算法需要的顺序一致,同时也与人们的习惯顺序一致,在加密算法之后还需要一个反序处理 R:
$$(Y_0,Y_1,Y_2,Y_3) = (X_{35},X_{34},X_{33},X_{32}) = R(X_{32},X_{33},X_{34},X_{35})$$

加密算法的框图如图 3-49 所示。

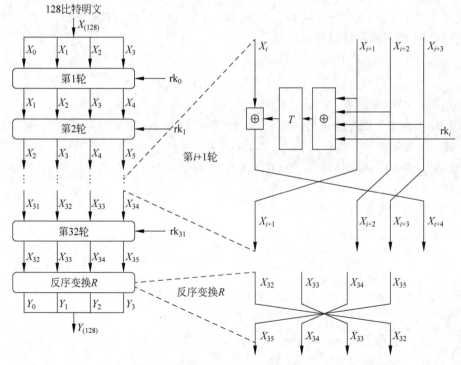

图 3-49 SM4 加密算法和轮函数结构图

4. 解密算法

解密算法与加密算法相同,只是轮密钥的使用顺序相反,解密轮密钥是加密轮密钥的逆序。

算法的输入为密文(Y_0,Y_1,Y_2,Y_3)和轮密钥$rk_i(i=31,30,\cdots,1,0)$,输出为明文(X_0,X_1,X_2,X_3)。为了便于与加密算法对照,解密算法中仍然用X_i表示密文,于是可得到如下的解密算法。

$$X_i = F(X_{i+4}, X_{i+3}, X_{i+2}, X_{i+1}, rk_i)$$
$$= X_{i+4} \oplus T(X_{i+3} \oplus X_{i+2} \oplus X_{i+1} \oplus rk_i) \quad (i=31,30,\cdots,1,0)$$

与加密算法之后需要一个反序处理同样的道理,在解密算法之后也需要一个反序处理R:

$$(X_0,X_1,X_2,X_3) = R(X_3,X_2,X_1,X_0)$$

5. 密钥扩展算法

SM4 算法采用 32 轮的迭代加密结构,拥有 128 位加密密钥,一共使用 32 轮密钥,每一轮的加密使用 32 位的一个轮密钥。SM4 算法的特点使得它需要使用一个密钥扩展算法,在加密密钥当中产生 32 个轮密钥。在这个密钥的扩展算法当中有常数 FK、固定参数 CK 这两个数值,利用这两个数值便可完成它的这一个扩展算法。

1) 常数 FK

FK 为系统参数,其中每一项都为 32 位的字,表示为:$FK=(FK_0,FK_1,FK_2,FK_3)$,在密钥扩展中使用的常数设置如下:

$$FK_0 = (A3B1BAC6), \quad FK_1 = (56AA3350)$$
$$FK_2 = (677D9197), \quad FK_3 = (B27022DC)$$

2) 固定参数 CK

CK 用于密钥扩展算法,一共使用有 32 个固定参数 CK_i,其中每一项 CK_i 都为 32 位的字,其产生规则如下:

设$ck_{i,j}$为CK_i的第j字节$(i=0,1,\cdots,31; j=0,1,2,3)$,即$CK_i=(ck_{i,0},ck_{i,1},ck_{i,2},ck_{i,3})$,则$ck_{i,j}=(4i+j)\times 7 (\mod 256)$。

这 32 个固定参数如下(十六进制):

```
00070e15,1c232a31,383f464d,545b6269,
70777e85,8c939aa1,a8afb6bd,c4cbd2d9,
e0e7eef5,fc030a11,181f262d,343b4249,
50575e65,6c737a81,888f969d,a4abb2b9,
c0c7ced5,dce3eaf1,f8ff060d,141b2229,
30373e45,4c535a61,686f767d,848b9299,
a0a7aeb5,bcc3cad1,d8dfe6ed,f4fb0209,
10171e25,2c333a41,484f565d,646b7279。
```

3) 密钥扩展算法

加密密钥:SM4 算法的加密密钥长度为 128 比特,将其分为四项,其中每项都为 32 位的字,可设输入的加密密钥为 $MK=(MK_0,MK_1,MK_2,MK_3)$。

轮密钥:由加密密钥通过密钥扩展算法生成,其中每项都为32位的字,可设输出的轮密钥为 $rk_i(i=0,1,\cdots,30,31)$。

密钥扩展算法可描述如下,其中 $K_i(i=0,1,\cdots,34,35)$ 为中间数据:

(1) $(K_0,K_1,K_2,K_3)=(MK_0 \oplus FK_0, MK_1 \oplus FK_1, MK_2 \oplus FK_2, MK_3 \oplus FK_3)$

(2) For $i=0,1,\cdots,31$ Do

$$rk_i = K_{i+4} = K_i \oplus T'(K_{i+1} \oplus K_{i+2} \oplus K_{i+3} \oplus CK_i)$$

说明:其中的 T' 变换与加密算法轮函数中的 T 基本相同,只将其中的线性变换 L 修改为以下的 L':

$$L'(B) = B \oplus (B \lll 13) \oplus (B \lll 23)$$

从密钥扩展算法中可以发现,密钥扩展算法与加密算法在算法结构方面类似,同样都采用了32轮类似的迭代处理。

3.7.4　SM4 算法的安全性

SM4 算法的设计目标是提供高安全性、高效率和易于实现的分组密码方案。它采用128位密钥和128位分组大小,通过32轮的迭代结构和一系列的置换、代换和异或等基本运算来实现加密和解密操作,已通过了多种密码学安全性分析和评估,被广泛认可和接受。

SM4 算法的主体运算是非平衡 Feistel 网络,有很高的灵活性,所采用的 S 盒可以根据需要进行替换,以应对突发性的安全威胁。算法的32轮迭代采用串行处理,这与 AES 中每轮使用代换和混淆并行地处理整个分组有很大不同。此外,需要特别注意的是,密钥扩展算法采用了非线性变换 T,这个措施将极大地增强密钥扩展的安全性,SM4 算法的这个特点与 AES 加密算法类似,而 DES 的密钥生产算法并没有采用这种类似措施。

SM4 算法的发布标志着中国在商用密码算法领域的自主研发和国际化进程。它已成为中国政府和企事业单位的标准加密算法,并在各个领域得到广泛应用,包括金融、电子支付、电子政务、物联网等。SM4 算法的发布也体现了中国在信息安全领域的重视和发展。作为一种自主可控的密码算法,SM4 在保护国家信息资产、提升信息安全能力方面发挥着重要作用。同时,SM4 算法也向国际密码学界展示了中国在密码学研究和应用方面的贡献和实力。总的来说,SM4 密码算法是中国自主研发的分组密码算法,具有高安全性、高效率和易于实现的特点,被广泛应用于各个领域并成为中国的标准加密算法。

3.8　分组密码的工作模式

分组密码是最基本的密码技术之一,其处理消息的长度是固定的,如 DES 为64位,AES 为128位,但是在实际中需要处理的消息通常是任意长的,且要求密文尽量不确定,同时需要采用适当的方式来隐蔽明文的统计特性、数据的格式等,以提高整体的安全性。这些要求分组密码自身不能做到,因此,引出了如何利用分组密码处理任意长度消息的问题,解决这个问题的技术就是分组密码的工作模式。1980年12月,FIPS 81 标准化了为

DES 开发的五种工作模式。这些工作模式适合任何分组密码。本节以 DES 为例介绍分组密码主要的五种工作模式。

3.8.1 电码本模式

对给定的随机密钥 k，每一块明文对应固定的密文块，即相同的明文组蕴含着相同的密文组，类似电码本中的码字，因此又称电码本(Electronic Code Book，ECB)模式，如图 3-50 所示。电码本(ECB)模式是分组密码最简单的工作模式。加密算法和解密算法定义如下。

加密算法：$C_i = E_k(M_i)(i=1,2,\cdots,m)$

解密算法：$M_i = D_k(C_i)(i=1,2,\cdots,m)$

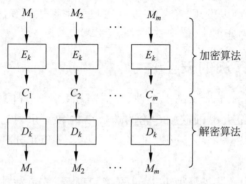

图 3-50 ECB 工作模式

上述算法中，$M = M_1 M_2 \cdots M_m$ 表示明文；$C = C_1 C_2 \cdots C_m$ 表示相应的密文。每个分组块 M_i 长度为 64 位，如果最后一个分组不够 64 位，则需要填充 0 或 1。

ECB 模式的优点是可并行运算、速度快和易于标准化。缺点是分组加密不能隐蔽数据格式；不能抵抗组的重放、嵌入、删除等攻击；加密长度只能是分组的倍数。因此，ECB 模式仅适用于短数据加密，如果需要安全地传递 DES 密钥，ECB 是最合适的模式。

3.8.2 密码分组链接模式

为了解决 ECB 的安全缺陷，可以让重复的明文分组产生不同的密文分组，密码分组链接(Cipher Block Chaining，CBC)模式就可满足这一要求。CBC 模式主要基于两种思想。第一，所有分组的加密都链接在一起，其中各分组所用的密钥相同。加密时输入的是当前的明文分组和上一个密文分组的异或，这样使得密文分组不仅依赖当前明文分组，而且还依赖前面所有的明文分组。因此，加密算法的输入不会显示出与这次的明文分组之间的固定关系，所以重复的明文分组不会在密文中暴露出这种重复关系。第二，加密过程使用初始量(IV)进行了随机化。图 3-51 是 CBC 工作模式示意图。

加密算法和解密算法定义如下。

加密算法：
$$C_i = E_k(C_{i-1} \oplus M_i)(i=1,2,\cdots,m)$$
$$C_0 = IV$$

解密算法：

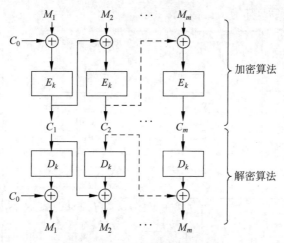

图 3-51 CBC 工作模式示意图

$$M_i = D_k(C_i) \oplus C_{i-1} (i=1,2,\cdots,m)$$
$$C_0 = \text{IV}$$

CBC 模式的优点是引入了收发双方相互可公开的随机初始量 $C_0=\text{IV}$,为使安全性最高,IV 应像密钥一样被保护,可使用 ECB 加密模式来发送 IV。保护 IV 的原因:如果敌手篡改 IV 中的某些比特,则接收方收到的 M_1 中相应的比特也发生了变化。

如果加密算法 E 是伪随机的,则输出具有一定的随机性,避免了 ECB 模式的缺点,隐蔽了明文的数据格式,在一定程度上能防止数据窜改。缺点是会出现错误传播,密文 C_i 在传输中发生错误不仅影响 C_i 的正确译文,还会影响其后 C_{i+1} 的正确解密。CBC 模式不能纠正传输中的同步差错,即传输中增加或丢失一个或多个比特所引起的密文组边缘的错乱。CBC 模式是应用最广、影响也最大的一个工作模式,适合加密长度大于 64 位的消息,但消息长度只能是分组长度的倍数,不能是任意长度的消息;此外,CBC 模式还可以用来实现报文的完整性认证和用户的身份认证。

3.8.3 密码反馈模式

上述的 CBC 模式非常适用于大量信息的加密,然而在实时(Real-Time)通信的应用中,如果接收方收到发送方传送的密文后,想立即解密时,就不适用了,此时效率就变成非常重要的问题,这种情况下密码反馈(Cipher Feedback,CFB)模式加密就派上用场了。

利用 CFB 模式思想是:把分组密码当作流密码使用,即 CFB 模式可将 DES 分组密码置换成流密码。流密码具有密文和明文长度一致、运行实时的性质,这样数据可以在比分组小得多的单元里进行加密。如果需要发送的每个字符长为 8 比特,就应使用 8 比特密钥来加密每个字符。如果长度超过 8 比特,则造成浪费。但是要注意,由于 CFB 模式中分组密码是以流密码方式使用,所以加密和解密操作完全相同,因此无法适用于公钥密码系统,只能适用于对称密钥密码系统。

加密算法和解密算法定义如下:设原分组密码长度为 l,以流密码方式传送的单元长度为 s,一般取 $s=8$ 且 $1 < s < l$。如图 3-52 所示,明文 M 被划分成明文组 $M_1 M_2 \cdots M_i \cdots$

M_m,其中 $M_i (1 \leqslant i < m)$ 都为 s 比特。

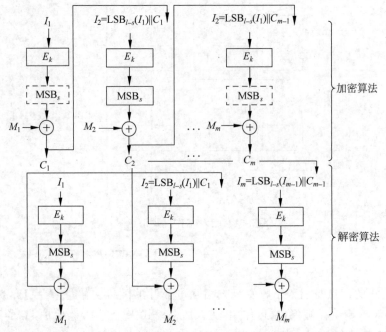

图 3-52 CFB 工作模式

$\text{MSB}_s(X)$：表示从自变量 X 中选择最左侧(最高有效位) s 比特输出。
$\text{LSB}_{l-s}(X)$：表示把自变量 X 的内容向左移位 s 比特(最左边的 s 比特丢失了)。
‖：表示串联。

加密算法：$C_1 = M_1 \oplus \text{MSB}_s(E_k(IV))$
$C_i = M_i \oplus \text{MSB}_s(E_k(\text{LSB}_{l-s}(I_{i-1}) \| C_{i-1}))(i=2,3,\cdots,m)$

解密算法：$M_1 = C_1 \oplus \text{MSB}_s(E_k(IV))$
$M_i = C_i \oplus \text{MSB}_s(E_k(\text{LSB}_{l-s}(I_{i-1}) \| C_{i-1}))(i=2,3,\cdots,m)$

加密时,加密算法的输入是 64 比特移位寄存器,其初值为某个初始量 IV。加密算法输出的最左(最高有效位) s 比特与明文的第一个单元 M_1 进行异或,产生出密文的第一个单元 C_1,并传送该单元。然后将移位寄存器的内容左移 s 位,并将 C_1 送入移位寄存器最右边(最低有效位) s 位。这一过程继续到明文的所有单元都被加密为止。

解密时,将收到的密文单元与加密函数的输出进行异或。注意这时仍然使用加密算法而不是解密算法,原因如下：$C_1 = M_1 \oplus \text{MSB}_s(E_k(IV))$；$M_1 = C_1 \oplus \text{MSB}_s(E_k(IV))$。可证明以后各步也有类似的这种关系。

CFB 模式也需要一个初始量 IV,无须保密,但对每条消息必须有一个不同的 IV。

CFB 模式的缺点：

(1) 对信道错误较敏感,且会造成错误传播。

(2) 数据加密的速率被降低。

CFB 模式的优点：

(1) 可以处理任意长度的消息,能适应用户不同数据格式的需要。

(2) 可实现自同步功能。
(3) 具有有限步的错误传播,除能获得保密性外,还可用于认证。
(4) 具备 CBC 模式的优点。

该模式适应于数据库加密、无线通信加密等对数据格式有特殊要求或密文信号容易丢失或出错的应用环境。

3.8.4 输出反馈模式

输出反馈(Output Feedback,OFB)模式的结构类似于 CFB 模式,也把分组密码置换成流密码的形式进行加密处理,如图 3-53 所示。不同之处在于 OFB 模式将加密算法的输出反馈到移位寄存器,而 CFB 模式是将密文单元反馈到移位寄存器,即 OFB 模式加密后的初始量没有与明文进行异或操作。事实上对于第一组明文,初始量加密以后作为第二组明文的输入并且再与第一组明文进行异或操作。后续的加密操作都发生在异或之前。

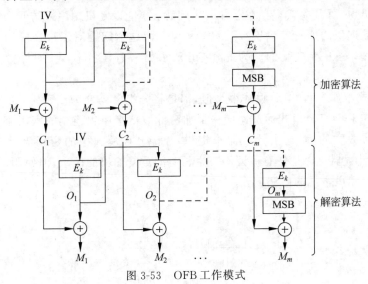

图 3-53 OFB 工作模式

加密算法和解密算法定义如下。

加密算法:

$$O_0 = \text{IV}$$
$$O_i = E_k(O_{i-1}) \quad C_i = M_i \oplus O_i \ (i=1,2,\cdots,m-1)$$
$$O_m = E_k(O_{m-1}) \quad C_m = M_m \oplus \text{MSB}_s(E_k(O_m))$$

解密算法:

$$O_0 = C_0$$
$$O_i = E_k(O_{i-1}) \quad M_i = C_i \oplus O_i \ (i=1,2,\cdots,m-1)$$
$$O_m = E_k(O_{m-1}) \quad M_m = C_m \oplus \text{MSB}_s(E_k(O_m))$$

OFB 模式的初始量 IV 的要求同 CFB 模式相同,也无须保密,对每条消息也必须选择不同的 IV。

OFB 模式的优点:

(1) 错误传播小,如 C_1 中的 1 比特错误只导致 M_1 中的 1 比特错误,后面各明文单元则不受影响;而在 CFB 中,C_1 也作为移位寄存器的输入,因此它的 1 比特错误会影响解密结果中各明文单元的值。

(2) 消息长度是任意的,可以预处理,并且可在线处理(随时处理明文)等。

OFB 模式的引入是为了克服 CBC 和 CFB 这两种模式中存在的错误传播问题。OFB 模式虽然不存在错误传播问题,但对密文是否被篡改难以进行检测,因此比 CFB 模式更易遭受攻击,好在 OFB 模式多在同步信道中运行,对手难以知道消息的起止点而使篡改攻击不易奏效。OFB 模式不具有自同步能力,系统必须保持严格的同步,否则难以解密。在实际应用中,比其他模式更适用于不太稳定的信道(噪声通道)上加密,如人造卫星通信中的加密。

3.8.5 计数器模式

CBC 模式和 CFB 模式都存在这样一个问题:不能以随机顺序来访问加密的数据,因为当前密文数据块的解密依赖于前面的密文块。而这个问题对于很多应用来说,特别是数据库的应用,是很难接受的。为此,又出现了另一种工作模式,即计数器(Counter,CTR)模式。

CTR 模式本质上和 OFB 模式很类似,都是将分组密码变为流密码,如图 3-54 所示。两者的区别在于:CTR 模式通过递增一个加密计数器来产生连续的密钥流,密钥流的产生之间是没有关联的,而是由计数器来提供;而 OFB 模式中的密钥流是逐级反馈的。CTR 模式中计数器可以是任意保证不产生长时间重复输出的函数,但使用一个普通的计数器是最简单和最常见的做法。

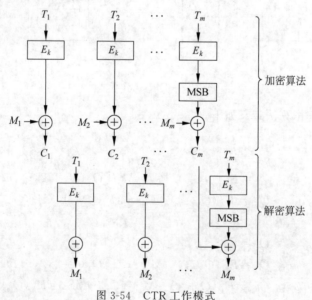

图 3-54 CTR 工作模式

加密算法和解密算法如下定义。

加密算法:

$$C_i = M_i \oplus E_k(T_i) \quad (i=1,2,\cdots,m-1)$$
$$C_m = M_m \oplus \text{MSB}_{|M_m|}(E_k(T_m))$$

解密算法:
$$M_i = C_i \oplus E_k(T_i) \quad (i=1,2,\cdots,m-1)$$
$$M_m = C_m \oplus \text{MSB}_{|M_m|}(E_k(T_m))$$

CTR 模式需要计数器序列 $T_1,\cdots,T_i,\cdots,T_m$,通过对计数器序列调用分组加密算法得到密钥流,然后和明文异或得到密文。对计数器序列的要求是两两不同,而且不仅是在一个消息的操作中,而且是在同一密钥的所有操作中均要求所用计数器序列两两不同。

也许有人会问,为什么需要这么多模式? CTR 模式最吸引人的一个特点就是可以并行化,因为 CTR 模式不需要任何反馈,这与 OFB 或 CFB 模式完全不同。所以可以让两个分组密码引擎同时并行工作,即让两个引擎同时使用第一个分组密码加密计数器值 CTR1 和 CTR2。等这两个分组密码引擎完成后,一个引擎将继续加密值 CTR3,而另一个引擎则继续加密 CTR4,如此循环。这种方案的加密速率是单个实现方式的两倍。当然,也可以同时运行多个分组密码引擎,这也会使加密速率按比例增加。对吞吐率要求严格的应用,并行化的加密模式非常合适。CTR 模式被广泛用于 ATM 网络安全和 IPSec 应用中。

习题 3

1. 分别画出并说明流密码流程和分组密码流程。

2. 三级线性反馈移位寄存器在 $c_3=1$ 时可有 4 种线性反馈函数,设其初始状态为 $(a_1,a_2,a_3)=(1,0,1)$,求各线性反馈函数的输出序列及周期。

3. 设 n 级线性反馈移位寄存器的特征多项式为 $p(x)$,初始状态为 $(a_1,a_2,\cdots,a_{n-1},a_n)=(1,0,1)$,证明输出序列的周期等于 $p(x)$ 的阶。

4. 设 $n=4$, $f(a_1,a_2,a_3,a_4)=a_1 \oplus a_4 \oplus a_2 a_3$,初始状态为 $(a_1,a_2,a_3,a_4)=(1,1,0,1)$,求此非线性反馈移位寄存器的输出序列及周期。

5. 已知流密码的密文串 1010110110 和相应的明文串 0100 010001,而且已知密钥流是使用三级线性反馈移位寄存器产生的,试破译该密码系统。

6. 给定密钥 $k=(0111111101)$,按照 S-DES 密码处理过程以手工方式对明文字节 (01000001)进行加密和解密。要求写出每个函数处理后的中间结果。

7. 说明 DES 中每个子密钥的第一个 24 位来自初始密钥的同一个 28 位子集,而其后的第二个 24 位来自初始密钥的不相交的 28 位子集。

8. 画出 DES 解密算法的流程图(注意:输入是密文,输出是明文)。

9. 在 IDEA 算法中,已知明文 M 和密钥 k 分别为
$M =$ 10101010 11100110 01010101 00001111 11001100 00110011 10011001 01100110

$k=$ 00000000 11111111 00000000 11111111 11111111 00001111 11110000 11111111
   00001111 11110000 11111111 00000000 00001111 11111111 11110000 00001111
求第一轮的输出和第二轮的输入。

10. 为什么 IDEA 算法中的乘法操作是模($2^{16}+1$)，而不是简单的模 2^{16}？

11. 以 F5 为例说明 S 盒的替代操作(不通过查表，而通过代数运算)。

12. 在 8 比特 CFB 模式中，如果在密文字符中出现 1 比特的错误，那么该错误能传播多远？

13. 比较 CBC 模式和 CFB 模式的异同。

14. 请设计一种一次加密一个明文字节(例如加密来自远程的击键)的 OFB 模式方案。使用的分组密码为 AES，对每个新的明文字节都执行一个分组密码操作。请绘出你的方案框图，请特别留意你给出的框图中使用的位长度。

第 4 章 公钥密码技术

是高,公钥密码算法体现出了对称密钥加密算法不可替
挥出越来越重要的作用。本章首先介绍公钥密码中使
息论等,然后详细介绍 RSA 和椭圆曲线密码等两种公

数学基础

传输规律的科学理论,是研究信息的度量、发送、传递、交
仅是现代信息科学大厦的一块重要基石,而且还广泛地
学等其他各个领域,对社会科学和自然科学的发展都有

义信息论,主要研究信息的测度、信道容量、信息率失
农定理以及信源和信道编码。

和处理问题,除了香农基本理论,还包括噪声理论、信
论、调制理论。后一部分内容以美国科学家维纳为代
概率和统计数学的方法研究准确或近似地再现消息的
但他们的研究有一个重要的区别。维纳研究的重点是
受到干扰时,在接收端如何把消息从干扰中提取出来,
维纳滤波器)、统计检测与估计理论、噪声理论等。香
过程,是收、发端联合最优化问题,重点是编码。香农
进行适当的编码和译码,就能保证在有干扰的情况下,
最佳地传送消息,并准确或近似地再现消息。为此,发展了信息测度理论、信道容量理论
和编码理论等。

3. 广义信息论

广义信息论是一门综合性的新兴学科,至今并没有严格的定义。概括地说,凡是能够

用广义通信系统模型描述的过程或系统,都能用信息基本理论来研究。广义信息论不仅包括一般信息论的所有研究内容,还包括医学、生物学、心理学、遗传学、神经生理学、语言学、语义学,甚至社会学和经济管理中有关信息的问题。反过来,所有研究信息的识别、控制、提取、变换、传输、处理、存储、显示、价值、作用以及信息量大小的一般规律以及实现这些原理的技术手段的工程学科,也都属于广义信息论的范畴。

总之,人们研究信息论的目的是高效、可靠、安全并且随心所欲地交换和利用各种各样的信息。

4.1.2 数学基础

1. 模运算

对任意整数 a 和任意正整数 n,存在唯一的整数 q 和 r,满足 $0 \leqslant r < n$,并且 $a = qn + r$,值 $q = \lfloor a/n \rfloor$ 称为除法的商,其中 $\lfloor x \rfloor$ 表示小于或等于 x 的最大整数。值 $r = a \bmod n$ 称为除法的余数。因此,对于任一整数,可表示为

$$a = \lfloor a/n \rfloor \cdot n + (a \bmod n) \quad \text{或者} \quad a \bmod n = a - \lfloor a/n \rfloor \cdot n$$

如果 $(a \bmod n) = (b \bmod n)$,则称整数 a 和 b 模 n 同余,记作 $a \equiv b \bmod n$。如果余数不相同,则称 a、b 对模 n 不同余,记作 $a \not\equiv b \bmod n$。

模运算具有以下性质:

(1) 若 $n | ab$,则 $a \equiv b \bmod n$。

(2) $(a \bmod n) = (b \bmod n)$,等价于 $a \equiv b \bmod n$。

(3) $a \equiv b \bmod n$,等价于 $b \equiv a \bmod n$。

(4) 若 $a \equiv b \bmod n$ 且 $b \equiv c \bmod n$,则 $a \equiv c \bmod n$。

很多公钥加密和数字签名算法需要做整数模 n 的运算,n 是大的正整数,可以是或不是素数。例如,RSA、Rabin 和 ElGamal 需要有效的算法去执行模 n 的乘法及取幂等算术运算,对这些算法的优化可以有效地提高上述公钥密码的效率。

定义 4-1 如果 z 是正整数,则 $z \bmod m$,即 z 被 m 除后所得的位于区间 $[0, m-1]$ 上的剩余,称为 z 对应于模 m 的模剩余。

2. 基表示

一个正整数可以用很多方法表示,最常用的是以 10 为基的表示法。例如,$a = 123$ 是以 10 为基的表示,意味着 $a = 1 \times 10^2 + 2 \times 10^1 + 3 \times 10^0$。对机器计算而言,以 2 为基,即使用二进制表示是最好的。如果 $a = 1111011$ 以 2 为基,则 $a = 2^6 + 2^5 + 2^4 + 2^3 + 0 + 2^1 + 2^0$。

性质 4-1 如果 $b \geqslant 2$ 是一个整数,则任何正整数 a 可以唯一表示成 $a = a_n b^n + a_{n-1} b^{n-1} + \cdots + a_1 b + a_0$,其中 a_i 整数,且 $0 \leqslant a_i < b$,$0 \leqslant i \leqslant n$,$a_n \neq 0$。

定义 4-2 将正整数 a 表示成形如性质 4-1 中 b 的幂的倍数之和,称为 a 的基 b 表示,记为 $a = (a_n a_{n-1} \cdots a_1 a_0)_b$,整数 $a_i (0 \leqslant i \leqslant n)$ 称为数字,a_n 称为最高阶数字,a_0 称为最低阶数字。如果 $b = 10$,则标准写法是 $a = (a_n a_{n-1} \cdots a_1 a_0)$。

算法:基 b 表示。

输入：整数 a 和 $b(a\geq 0, b\geq 2)$。

输出：基 b 表示 $a=(a_n a_{n-1}\cdots a_1 a_0)_b$，其中 $n\geq 0$，且如果 $n\geq 1$，$a_n\neq 0$。

① $i\leftarrow 0, x\leftarrow a, q\leftarrow \lfloor \frac{x}{b} \rfloor, a_i\leftarrow x-qb$（$\lfloor x \rfloor$ 表示不大于 x 的最大整数）。

② 当 $q>0$ 时，执行 $i\leftarrow i+1 x\leftarrow q q\leftarrow \lfloor \frac{x}{b} \rfloor a_i\leftarrow x-qb$。

③ 返回 $(a_i a_{i-1}\cdots a_1 a_0)$。

性质 4-2 如果 $a=(a_n\cdots a_1 a_0)_b$ 是 a 的基 b 表示，k 是一个正整数，则 $(u_l u_{l-1}\cdots u_1 u_0)_{b^k}$ 是 a 的基 b^k 表示，其中 $l=\lceil (n+1)/k \rceil -1$，$u_i=\sum_{j=0}^{k-1} a_{ik+j} b^j$，$0\leq i\leq l-1$，且 $u_l=\sum_{j=0}^{n-lk} a_{lk+j} b^j$。

例 4-1 基表示示例。$a=123$ 的基 2 表示是 $(1111011)_2$，通常将基 2 表示的数字从右边开始成对组合，很容易得到 a 的基 4 表示：$a=((1)_2 (11)_2 (10)_2 (11)_2)_4 = (1323)_4$。

3. 素数与互素

素数是这样一个数：比 1 大，其因子只有 1 和它本身，没有其他数可以整除它。素数是无限的，密码学常用大的素数（512 比特，甚至更长）。

互素：数 1 是任意一对数 a 与 b 的公因数。如果数 1 是 a 与 b 的唯一公因数，则称 a 和 b 是互素的。

4. 欧拉函数和欧拉定理

定义 4-3 欧拉函数用来表示在 $1,2,\cdots,n-1$ 中与 n 互素的元素的个数，记作 $\varphi(n)$，其中 $n\geq 1$。

欧拉定理 若整数 a 和 n 互素，则 $a^{\varphi(n)}\equiv 1 \bmod n$。其中，$\varphi(n)$ 是比 n 小但与 n 互素的正整数个数。

证明： 设 $\varphi(n)=k$。又设 $r_1, r_2, \cdots, r_k$ 是小于 n 并与 n 互素的数，且由于 a 是与 n 互素的数，则 $ar_1, ar_2, \cdots, ar_k$ 也和 n 互素且两两不同。若 $ar_i\equiv ar_j \bmod n$，则根据数论定理，因 a 和 n 互素，所以存在 a 满足 $aa\equiv 1 \bmod n$，所以 $aar_i\equiv aar_j \bmod n$，即 $r_i\equiv r_j \bmod n$，与假设矛盾，所以 $a^k r_1, r_2, \cdots, r_k \equiv r_1, r_2, \cdots, r_k \bmod n$，但 $r_1, r_2, \cdots, r_k$ 和 n 互素，故 $a^k\equiv 1 \bmod n$。

5. 中国剩余定理

中国剩余定理最早记录在南北朝时期的数学著作《孙子算经》中。题为："今有物不知其数，三三数之剩二，五五数之剩三，七七数之剩二，问物几何？"

它的数学表达形式为：$N\equiv 2 (\bmod\ 3) \equiv 3 (\bmod\ 5) \equiv 2 (\bmod\ 7)$，求满足条件的最小正整数。其解法为："术曰：三三数之剩二，置一百四十；五五数之剩三，置六十三；七七数之剩二，置三十；并之，得二百二十三，以二百一十减之即得。凡二三数之剩一，则置七十；五五数之剩一，则置二十一，七七数之剩一，则置十五，一百六以上，以一百五减之即得。"解为：$N=23$。但是由于问题过于简单，结果可以利用穷举法很快得到答案，也没有相关系统性的解法，因此始终没有得到更广泛的应用。直到南宋的秦九韶在其著作《数书九章》中所提出的"大衍求一术"，方才将"物不知其数"问题推广到一次同余问题，与此同时他还考虑到了"收数""通数""元数"等不同数型的计算问题，他将"收数"和"通数"通过一定形式转化成"元数"，而对于两两不互素的"元数"来说不容易依照中国剩余定理给出结论，他又找出"元数基"将问题回归到两两互素数的形式，从而总结出了一套相对完善的系统性解法，同时也真正将中国剩余定理变得更完整化、具体化、系统化。

随后，在1683年，日本的关孝和所著的《括要算法》中的增约之术，也介绍了此类解法。其解法与秦九韶所介绍的解法有很多类似之处。其实早在1202年的欧洲就已经有人提出同余数组的相关问题了，然而其论述水平并不高于《孙子算经》。直到18世纪初叶，伟大的数学家欧拉利用辗转相除法给出了同余式的两种通解形式，拉格朗日将既约分数化为连分数的形式同样给出了两种通解，高斯在欧拉算法与拉格朗日算法的基础上也相继给出了同余式解法。

由于古代信息媒介的缺乏以及信息传播速度的缓慢，导致东、西两方不能得到很好的沟通与交流，因此"物不知其数"和"大衍求一术"等数学理论未能博得世界的关注，也没有确定的名称。直到公元1852年其被英国传教士伟烈亚力传入欧洲后，方才引起西方学者的高度重视。随后被证实"大衍求一术"与高斯所提出的解法一致。由于"大衍求一术"的提出比高斯解法早，因此"大衍求一术"在世界数学史上有着毋庸置疑的崇高地位。而解一次同余数组的定理被公认为"中国剩余定理"。

定理4-1 $m_1, m_2, \cdots, m_r$ 为两两互素的正整数，即最大公约数 $\gcd(m_i, m_j)=1, j \neq i$。$M = m_1, m_2, \cdots, m_r$，并有 $x_1, x_2, \cdots, x_r$ 满足下列同余方程组：

$$x \equiv x_1 \bmod m_1$$
$$x \equiv x_2 \bmod m_2$$
$$\vdots$$
$$x \equiv x_r \bmod m_r$$

则此方程组有解，且在 mod M 的剩余系内有唯一解：$x = \sum_{i=1}^{r} x_i M_i y_i (\bmod M)$，其中 $M_i = \dfrac{M}{m_i}, y_i = M_i^{-1} (\bmod m_i) (1 \leqslant i \leqslant r)$。

例4-2 中国剩余定理示例。求满足下式的 x：

$$x \equiv 2 \bmod 3$$
$$x \equiv 3 \bmod 5$$
$$x \equiv 2 \bmod 7$$

解：

$$M = 3 \times 5 \times 7 = 105$$
$$\left(\frac{N}{n_1}\right) = \left(\frac{105}{3}\right) = 35$$
$$\left(\frac{N}{n_2}\right) = \left(\frac{105}{5}\right) = 21$$
$$\left(\frac{N}{n_3}\right) = \left(\frac{105}{7}\right) = 15$$

由 $35y_1 \equiv 1 \bmod 3$,得 $y_1=2$;
由 $21y_2 \equiv 1 \bmod 5$,得 $y_2=1$;
由 $15y_3 \equiv 1 \bmod 7$,得 $y_3=1$。
故 $x=(35\times 2\times 2+21\times 1\times 3+15\times 1\times 2) \bmod 105=233 \bmod 105=23$。

中国剩余定理在密码学上有非常重要的应用。例如,在 RSA 解密时,利用中国剩余定理,可以使解密速度加快约 4 倍。

6. 欧几里得算法

让我们再回到分数 a/b。若 $a>b$,这个分数就大于 1,我们经常把它分为一个整数部分和一个小于 1 的真分数。

在一般情形下,我们利用两个整数 $a \geqslant b$ 的除法来做到这一点:可以写为 $a=qb+r$, $0 \leqslant r \leqslant b-1$。

为了指出这样写总是可能的,把整数 $0,1,2,\cdots$ 表示在数轴上。数 a 被表示在这数轴的某一点处。从 0 开始,依次标出 $b,2b,3b$ 等,直到这样的 qb,使得 qb 不大于 a,而 $(q+1)b$ 大于 a。从 qb 到 a 的距离就是 r。称 r 为余数,q 为商。这个商 q 经常出现,因此有必要给它一个专门的符号:

$$q = \left[\frac{a}{b}\right]$$

这一符号表示不超过 a/b 的最大整数。

例 4-3 欧几里得算法示例。让我们来求数 1970 与 1066 的最大公约数 gcd。当用一个数去除另一个数,并像上面一样继续做下去时,就得到:

$$1970 = 1 \times 1066 + 904$$
$$1066 = 1 \times 904 + 162$$
$$904 = 5 \times 162 + 94$$
$$162 = 1 \times 94 + 68$$
$$94 = 1 \times 68 + 26$$
$$68 = 2 \times 26 + 16$$
$$26 = 1 \times 16 + 10$$
$$16 = 1 \times 10 + 6$$
$$10 = 1 \times 6 + 4$$
$$6 = 1 \times 4 + 2$$
$$4 = 2 \times 2 + 0$$

因此,$(1970,1066)=2$。

这种求两个数的最大公约数的方法称为欧几里得算法,这个方法特别适用于机器计算。

4.2 公钥密码的基本概念和基本原理

随着信息经济时代计算机联网的发展,信息安全保密问题显得越来越重要,无论是保密通信还是电子商务发展,都迫切需要 Internet 保证网上信息传输的安全。公钥密码对密码学的贡献在于它使用了一对密钥,即加密密钥与解密密钥,使得保密通信的无密钥传输得以实现,实现了除加/解密功能外的许多功能,如密钥分配、签名、认证等。

4.2.1 公钥密码产生的背景

由于对称密码体制的加密密钥与解密密钥相同,加密方和解密方具有共同的约束,必须要求有解密密钥的传输,因而带来其相应的缺陷。对称密码体制的缺陷主要表现在以下三方面。

(1) 密钥管理问题。由于在网络通信中,用户的数量 n 可能非常大,如果任何两个用户之间都需要进行密钥的管理,则 n 个用户需要管理 $n(n-1)/2$ 个密钥。对于大型网络,当用户群很大、分布很广时,密钥的分配和保存就成了问题,因而通信的效率便会降低。

(2) 密钥分配问题。在对称密钥密码体制中,由于通信双方共享秘密密钥,必须通过一个安全信道来传输密钥,而这种安全信道无法从根本上来保证。引用 Diffie 和 Hellman 的说法:"如果存在一个安全信道来传输密钥,那为什么不直接在安全信道上传输明文呢?"

(3) 没有签名功能。当收信方收到发送方送来的文件时,无法证明消息来源确实为发送方,因而不能提供法律取证功能。

由于对称密码体制存在着以上的缺点,随着信息保密程度的提高,对一种新的更有效的密码体制需求更为迫切。1976 年,美国斯坦福大学学者 Diffie 和 Hellman 发表了著名论文《密码学的新方向》,提出了建立"公开密钥密码体制",引起密码学史上的又一次革命。Ralph Merkle 也独立地提出了公开密钥密码体制的概念。这种新的公钥密码体制,解决了对称密码体制的密钥分发问题,使保密通信的无密钥传输成为可能。1978 年,美国麻省理工学院(MIT)的李维斯特(Rivest)、沙米尔(Shamir)、艾德曼(Adleman)提出了一种基于公钥密码体制的优秀加密算法——RSA 算法。RSA 算法的保密强度建立在具有大素数因子的合数,其因子分解是困难的这一基础上。1985 年由 ElGamal 提出了基于离散对数的困难性之上的 ElGamal 密码。紧接着,1985 年,Neal Koblitz 和 V. S. Miller 分别独立地提出了椭圆曲线密码体制 ECC。Luc 算法、背包密码、McEliece 密码、Rabin、零知识证明算法,以及中国密码学家陶仁骥发明的有限自动机密码系统等,这些都是公钥密码体制的代表密码算法。

对称密码体制与公开密钥密码体制的混合密码系统也是一种比较好的加密方法,其使用对称算法加密信息,使用公开密钥算法加密密钥。

4.2.2 公钥密码的基本原理

在公钥密码体制(公钥体制)中,加密和解密是相对独立的,加密和解密使用两个不同的密钥,加密密钥(公开密钥)公开,解密密钥(秘密密钥)只有解密人自己知道,是保密的,而且非法使用者由加密密钥无法推导出解密密钥。

公开密钥密码的基本思想:

(1) 将密钥 k 分为两个:k_e 和 k_d,k_e 用于加密、k_d 用于解密,且 $k_e \neq k_d$。
(2) 由 k_e 不能计算出 k_d,所以可将 k_e 公开,使密钥分配更加简单。
(3) 由于 $k_e \neq k_d$ 且由 k_e 不能计算出 k_d,所以 k_d 可以作为用户的指纹,可方便地实现数字签名。

也就是说,由于公钥密码有一对不同的密钥,不仅具有对称密码体制的保密功能,而且还提供了认证签名等功能。因此,公钥密码加密机制根据不同的用途有两种基本的模型。

1) 加密模型

加密模型利用收方公钥加密消息,再利用收方私钥解密密文。

图 4-1 是公钥体制的基本模型,其中 E 表示加密函数,D 表示解密函数。公钥体制保密模型与对称密码体制模型的最大的区别是对密钥的管理。在公钥体制中,公钥只需在公开信道上传输,能保证其真实性即可;而在对称密钥体制中,密钥必须在安全信道上传输。

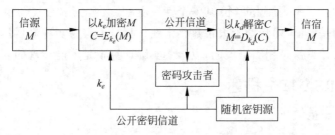

图 4-1 公钥体制加密模型

(1) 由信宿端(接收方)产生一对加密密钥(k_e)和解密密钥(k_d)。
(2) 将 k_e 公开,k_d 保密。
(3) 信源方(发送方)发送明文 M,先用 k_e 对 M 进行加密得密文 C,即 $C = E_{k_e}(M)$。
(4) 信宿方(接收方)收到密文 C 后,以自己的解密密钥 k_d 对密文 C 进行解密,即 $M = D_{k_d}(C)$。

只有接收方有解密密钥 k_d,因而只有接收方可以正常解密,保证了信息的秘密性。

2) 认证模型

认证模型利用发方私钥加密消息,接收方利用发方公钥进行解密,如图 4-2 所示。

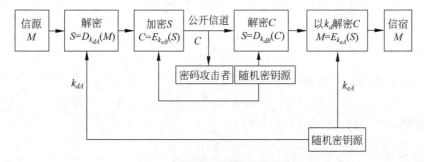

图 4-2 公钥体制签名认证模型

认证过程:
(1) 首先,发送方 A 采用自己的私钥(k_{dA})对消息 M 解密(签名)后,得到 S。
(2) 用接收方 B 的公钥(k_{eB})加密 S 后得到密文 C,在公开信道(如互联网)上传输。
(3) 接收方 B 收到后,利用自己的私钥(k_{dB})对密文 C 进行解密后,还原了 S。
(4) 利用 A 的公钥对 S 进行加密操作,还原后,如果得到 M,则认证成功,否则失败。

在这个认证模型中,既能保密又能验证通信双方的身份。只有 A 有自己的私钥,因而 B 可能验证消息的来源确实是 A,A 不能否认;而只有 B 有自己的私钥,因而只有 B 能对密文 C 进行解密,能得到 S,因而可以保密。

4.3 RSA 公钥密码算法

RSA 是 Rivest、Shamir 和 Adleman 于 1978 年在美国麻省理工学院提出来的,它是一种比较典型的公开密钥加密算法,其安全性建立在"大数分解和素性检测"这一已知的著名数论难题的基础上,即将两个大素数相乘在计算机中容易实现,但将该乘积分解为两个大素数因子的计算量是相当巨大的,以至于实际计算中是不能实现的。

4.3.1 RSA 算法描述

1. 密钥的产生

(1) 选两个保密的大素数 p 和 q。
(2) 计算 $n=pq$,$\varphi(n)=(p-1)(q-1)$,其中 $\varphi(n)$ 是欧拉函数。
(3) 选择一个正数 e,使其满足 $\gcd(e,\varphi(n))=1$,$\varphi(n)>1$。
(4) 求出正数 d,使其满足 $ed \equiv 1 \bmod \varphi(n)$,$\varphi(n)>1$。
(5) 将 $k_p=(n,e)$ 作为公钥,将 $k_s=(d,p,q)$ 作为私钥。

2. 加密

加密时首先将明文转换为比特串分组,使得每个分组对应的十进制数小于 n,即分组长度小于 $\log_2 n$,然后对每个明文分组 M,做加密运算:

$$C=E_{k_p}(M)=M^e \bmod n$$

3. 解密

将密文 C 做变换,使 $M=D_{k_s}(C)=C^d \bmod n$,从而得到明文 M。

下面证明 RSA 算法中解密过程的正确性。

分析:为了证明 $x^{ed} \equiv x \bmod n$,只要证明 n 是 $x^{ed}-x$ 的因数即可。又因为 $n=pq$,而 p,q 都是素数,故只要证明 p 和 q 都是 $x^{ed}-x$ 的因数即可,即

$$x^{ed} \equiv x \bmod p \tag{4-1}$$

$$x^{ed} \equiv x \bmod q \tag{4-2}$$

证明:证明式(4-1),若 p 是 x 的因数则式(4-1)必然成立。

若 p 不是 x 的因数,则由
$$ed \equiv 1 \bmod \phi(n)$$
得
$$ed - 1 \equiv k(p-1)(q-1)$$
其中,k 为任意整数。则
$$x^{ed} \equiv x^{k(p-1)(q-1)+1} \equiv x(x^{p-1})^{k(q-1)}$$
根据费马小定理因为 x 与 p 互素,所以
$$x^{p-1} \equiv 1 \bmod p,$$
故
$$x^{ed} \equiv x \ 1 \bmod p \equiv x \bmod p$$
同理可证 $x^{ed} \equiv x \bmod q$。

例 4-4 RSA 算法示例。给定两个素数 $p=13, q=17$:

① 为用户 A 和 B 设计公钥和私钥。

② 用户 A 将明文 $x=3$ 加密。

③ 用户 A 将明文 $x=3$ 加密并签名后发给 B,B 解密并验证签名,试把加密通信过程详细写出。

解:

① 计算得 $n=pq=13\times17=221$,$\phi(n)=(p-1)(q-1)=12\times16=192$。

随机选取与 $\phi(n)=192$ 互素的两个数 $e_1=7$ 和 $e_2=13$,并建立同余方程:
$$7x \equiv 1 \bmod 192$$
$$13x \equiv 1 \bmod 192$$

由于 7 和 192、13 和 192 都互素,$7x \equiv 1 \equiv 193 \equiv 385 \bmod 192$,根据消去律得到 $x=55$,即 $d_1=55$,同理得到 $d_2=133$。

将密钥 (7,55) 和 (13,133) 交给 A 和 B 两个人。将 n、e_1、e_2 公开,d_1、d_2 交给 A 和 B 各自秘密保管。$\phi(n)=192$ 由密钥制作者保管。

② A 在公钥簿上查询到 B 的公钥 $e_2=13$,得到加密函数:
$$E_2(x) = x^{13} \bmod 221$$

对信息 $x=3$ 进行加密得到密文 $y=3^{13} \bmod 221$,因为
$$3^2 \equiv 9 \bmod 221$$
$$3^4 \equiv 9\times9 \equiv 81 \bmod 221$$
$$3^8 \equiv 81\times81 \equiv 6561 \equiv 152 \bmod 221$$
所以,$3^{13} \equiv 3^{8+4+1} \equiv 152\times81\times3 \equiv 29 \bmod 221$。

A 将密文 29 发出给 B。

B 使用自己的私钥 133 进行解密 $x=D_2(y) \equiv y^{133} \equiv 29^{133} \bmod 221$。用上述方法计算得 $29^4 \equiv 81 \bmod 221$、$29^{128} \equiv 35 \bmod 221$,所以,$29^{133} \equiv 29^{128+4+1} \equiv 35\times81\times29 \equiv 3 \bmod 221$。

B 得到明文 3。

③ A 使用自己的私钥 55 和解密函数对信息 $x=3$ 进行签名得 $y=3^{55}$ mod 221。A 再从公钥簿上查询 B 的公钥为 13 和 B 的加密函数，对 y 进行加密 $z\equiv y^{13}$ mod $221\equiv 3^{55\times 13}$ mod $221\equiv 3^{153}$ mod 221。

计算得 $z=211$。

B 得到密文后，先查到 A 的公钥 7，用 7 解密密文 $z=211$，得到 y。再使用自己的私钥对 y 进行验证得到信息 $x=3$。

4.3.2 RSA 算法中的计算问题

1. RSA 的加密与解密过程

RSA 的加解密过程都为求一个整数的整数次幂，再取模。如果按其定义直接计算，则中间结果非常大，有可能超出计算机所允许的整数取值范围。例如，求 66^{77} mod 119，先求 66^{77} 再取模，则中间结果就已远远超出了计算机允许的整数取值范围。而用模运算的性质：

$$(a\times b) \bmod n = [(a \bmod n)\times (b \bmod n)] \bmod n$$

就可减小中间结果。

再者，考虑如何提高加解密运算中指数运算的有效性。例如，求 x^{16}，直接计算的话需要做 15 次乘法。然而如果重复对每个部分结果做平方运算，即求 x, x^2, x^4, x^8, x^{16} 则只需 4 次乘法。

求 a^m 可按如下进行，其中 a、m 是正整数。将 m 表示为二进制形式 $b_k b_{k-1}\cdots b_0$，即

$$m = b_k 2^k + b_{k-1} 2^{k-1} + \cdots + b_1 2 + b_0$$

因此

$$a^m = (\cdots(((a^{b_k})^2 a^{b_{k-1}})^2 a^{b_{k-2}})^2 \cdots a^{b_1})^2 a^{b_0}$$

例如，$19 = 1\times 2^4 + 0\times 2^3 + 0\times 2^2 + 1\times 2^1 + 1\times 2^0$，所以

$$a^{19} = (\cdots(((a^1)^2 a^0)^2 a^0)\cdots a^1)^2 a^1$$

从而可得以下快速指数算法。

例 4-5 RSA 指数快速运算示例。求 7^{560} mod 561。

解：将 560 表示为 1000110000，算法的中间结果如下：

i	9	8	7	6	5	4	3	2	1	0
b_i	1	0	0	0	1	1	0	0	0	0
c	0	1	2	4	8	17	35	70	140	280	560
d	1	7	49	157	526	160	241	298	166	67	1

所以 7^{560} mod $561=1$。

2. RSA 密钥的产生

产生密钥时，需要考虑两个大素数 p、q 的选取，以及 e 的选取和 d 的计算。

因为 $n=pq$ 在体制中是公开的，因此为了防止敌手通过穷举搜索发现 p、q，这两个素数应是在一个足够大的整数集合中选取的大数。如果选取 p 和 q 为 10^{100} 左右的大素数，那么 n 的阶为 10^{200}，每个明文分组可以含有 664 位（$10^{200}\approx 2^{664}$），即 83 个 8 比特，这比 DES 的数据分组（8 个 8 比特）大得多，这时就能看出 RSA 算法的优越性了。因此如

何有效地寻找大素数是第一个需要解决的问题。

寻找大素数时一般先随机选取一个大的奇数(例如用伪随机数产生器),然后用素数检验算法检验这一奇数是否为素数,如果不是则选取另一大奇数,重复这一过程,直到找到素数为止。可见寻找大素数是一个比较烦琐的工作。然而在 RSA 体制中,只有在产生新密钥时才需要执行这一工作。

p 和 q 确定后,下一个需要解决的问题是如何选取满足 $1<e<\phi(n)$ 和 $\gcd(\phi(n),e)=1$ 的 e,并计算满足 $ed\equiv 1\bmod\phi(n)$ 的 d。这一问题可由推广的 Euclid 算法完成。

4.3.3　一种改进的 RSA 实现方法

利用中国剩余定理,可极大地提高解密运算的速度。

由解密方法计算:
$$d_p \equiv d \bmod (p-1), \quad d_q \equiv d \bmod (q-1)$$
$$m_p \equiv c_p^d \bmod p, \quad m_q \equiv c_q^d \bmod q$$

由中国剩余定理解:
$$m_p \equiv c_p^d \bmod p \equiv c^d \bmod p \equiv m \bmod p$$
$$m_q \equiv c_q^d \bmod q \equiv c^d \bmod q \equiv m \bmod q$$

即得 m。

已证明,如果不考虑中国剩余定理的计算代价,则改进后的解密算法运算速度是原解密算法速度的 4 倍。若考虑中国剩余定理的计算代价,则改进后的解密运算速度分别是原解密运算速度的 3.34 倍(模为 768 比特时)、3.32 倍(模为 1024 比特时)和 3.47 倍(模为 2048 比特时)。

4.3.4　RSA 的安全性

RSA 的安全性是基于分解大整数的困难性假定,之所以为假定是因为至今还未能证明分解大整数就是 NP 问题,也许有尚未发现的多项式时间分解算法。如果 RSA 的模数 n 被成功地分解为 $p\times q$,则立即获得 $\phi(n)=(p-1)(q-1)$,从而能够确定 e 模 $\phi(n)$ 的乘法逆元 d,即 $d\equiv e^{-1} \bmod \phi(n)$,因此破解成功。

随着人类计算能力的不断提高,原来被认为是不可能分解的大数已被成功分解。例如,RSA-129(即 n 为 129 位十进制数,大约为 428 比特)已在网络上通过分布式计算历时 8 个月于 1994 年 4 月被成功分解;RSA-130 已于 1996 年 4 月被成功分解;RSA-140 已于 1999 年 2 月被成功分解;RSA-155(512 比特)已于 1999 年 8 月被成功分解,得到了两个 78 位(十进制)的素数。

对于分解大整数的威胁除了人类的计算能力外,还来自分解算法的进一步改进。分解算法过去都采用二次筛法,如对 RSA-129 的分解。而对 RSA-130 的分解则采用了一个新算法,称为推广的数域筛法,该算法在分解 RSA-130 时所做的计算仅比分解 RSA-129 多 10%。将来也可能还有更好的分解算法,因此在使用 RSA 算法时对其密钥的选取要特别注意其大小。估计在未来一段比较长的时期,密钥长度介于 1024 比特至 2048 比特的 RSA 是安全的。

4.3.5 对 RSA 的攻击

RSA 存在以下两种攻击：共模攻击和低指数攻击。这并不是因为算法本身存在缺陷，而是由于参数选择不当造成的。

1. 共模攻击

在实现 RSA 时，为方便起见，可能给每一用户相同的模数 n，虽然加解密密钥不同，然而这样做是不行的。

设两个用户的公开钥分别是 e_1 和 e_2，且 e_1 和 e_2 互素（一般情况都成立），明文消息是 m，密文分别是：

$$c_1 \equiv m^{e_1} \bmod n$$
$$c_2 \equiv m^{e_2} \bmod n$$

敌方截获 c_1 和 c_2 后，可按如下恢复 m。用推广的 Euclid 算法求出满足

$$re_1 + se_2 = 1$$

的两个整数 r 和 s，其中一个为负，设为 r。再次用推广的 Euclid 算法求出 c_1^{-1}，由此得

$$(c_1^{-1})^{-r} c_2^s \equiv m \bmod n$$

2. 低指数攻击

假定将 RSA 算法同时用于多个用户（为讨论方便，以下假定 3 个），然而每个用户的加密指数（即公开钥）都很小。设 3 个用户的模数分别为 n_i（$i=1,2,3$），当 $i \neq j$ 时，$\gcd(n_i, n_j)=1$，否则通过 $\gcd(n_i, n_j)$ 有可能得出 n_i 和 n_j 的分解。设明文消息是 m，密文分别是

$$c_1 \equiv m^3 \bmod n_1$$
$$c_2 \equiv m^3 \bmod n_2$$
$$c_3 \equiv m^3 \bmod n_3$$

由中国剩余定理可求出 $m^3 \bmod n_1 n_2 n_3$。由于 $m^3 < n_1 n_2 n_3$，因此可直接由 m^3 开立方根得到 m。

4.4 椭圆曲线密码

4.4.1 椭圆曲线

椭圆曲线密码（ECC）是公钥密码算法的一种。它的数学基础是椭圆曲线上的离散对数问题。在椭圆曲线密码算法中，需要的是某种特殊形式的椭圆曲线，即定义在有限域 F_p 上的椭圆曲线（记为 $E(F_p)$，p 为素数或素数的幂次）。当 p 为素数时，需要研究的是形如 $y^2 \equiv x^3 + ax + b \pmod{p}$ 的椭圆曲线，其中 a 和 b 是 F_p 上的元，满足 $4a^3 + 27b^2$

$(\mod p) \neq 0$。记无穷远点为 O。则可定义椭圆曲线上点的加法如下:

(1) 对 $E(F_p)$ 中所有的点 P，$P+O=O+P$。

(2) 若 $P=(x,y) \in E(F_p)$，则 $(x,y)+(x,-y)=O$，其中点 $(x,-y)$ 记为 $-P$，$-P$ 也是椭圆曲线上的点。

(3) P、Q 是椭圆曲线上的点，设 $P=(x_1,y_1) \in E(F_p)$，$Q=(x_2,y_2) \in E(F_p)$，$P \neq -Q$，则 $P+Q=(x_3,y_3)$，这里有:

$$x_3 = (\lambda^2 - x_1 - x_2) \mod p$$
$$y_3 = [\lambda(x_1 - x_3) - y_1] \mod p$$

其中

$$\lambda = \begin{cases} \dfrac{y_2 - y_1}{x_2 - x_1}, & P \neq Q \\ \dfrac{3x_1^2 + a}{2y_1}, & P = Q \end{cases}$$

定义椭圆曲线上点的乘法(点乘)如下:

$$nP = P + P + \cdots + P \quad (\text{共 } n \text{ 个 } P \text{ 相加}, n \text{ 为自然数})$$

通过定义于椭圆曲线上点的"加法"，$E(F_p)$ 上的所有点形成一个循环群，该循环群上的离散对数问题(DLP)即椭圆曲线离散对数问题(ECDLP)。目前存在解决 DLP 的亚指数算法和已知解决 ECDLP 的算法均为指数级算法，因此 $E(F_p)$ 具有更高的安全性，在密码学上具有重要意义。

从以上算法介绍可以看出，椭圆曲线密码算法的核心模块从底层往上应该依次为:模乘/模加/模减→点加/点倍→点乘。基于椭圆曲线的密码算法一般是把点乘作为核心运算构成安全机制，如签名、验证、加密、解密、密钥交换等。相较模加、模减来说，模乘算法是非常耗时的，因此模乘模块的快慢决定了点加点倍的快慢，从而决定了点乘和加密机制的快慢。所以，椭圆曲线 SOC 芯片需要考虑的一个很关键的问题就是选取哪种模乘算法来构成基本的底层模块，通过软硬件的良好划分和实现来使得芯片的效率与面积都符合应用要求。

4.4.2 椭圆曲线加密算法

1. 基于椭圆曲线的 ElGamal 公钥密码算法

椭圆曲线在公钥密码学的许多分支中都有广泛的应用，一个有代表性的例子就是下面的基于椭圆曲线的 ElGamal 公钥密码算法。

系统参数:设 E 是一个定义在 Z_p ($p>3$ 的素数)上的椭圆曲线，令 $G \in E$，则由 G 生成的子群 H 满足其上的离散对数问题是难处理的，选取 a，计算 $\beta = aG$，则:

(1) 私有密钥:a。

(2) 公开密钥:G、β、p。

(3) 加密算法:对于明文 z，嵌入曲线上得到点 x，随机选取正整数 $k \in Z_{p-1}$，有:

$$e_{k_1}(x,k) = (y_1, y_2)$$

其中,$y_1=kG$,$y_2=x+k\beta$。

(4) 解密算法:$d_{k_2}(y_1,y_2)=y_2-ay_1$。

2. 椭圆曲线 DSA

椭圆曲线 DSA(ECDSA)其实是基于椭圆曲线的一种数字签名算法,本应该放在本书数字签名部分介绍,但是为了显示椭圆曲线应用的广泛性以及内容的紧凑性,此处提前介绍如何利用椭圆曲线来设计数字签名算法。

1) ECC 密钥生成

ECC 密钥生成分为两部分:生成有效的域参数和生成公私钥对。公私钥对与特定的椭圆曲线域参数相关联,关联关系通过密码学方法(如证书)或通过上下文(如所有实体使用相同的域参数)来保证。

ECC 域参数记为 $D=(q,FR,a,b,P,n,h)$,主要包括:有限域 F_q,定义在 F_q 上的椭圆曲线 E,一个阶为 n 行的基点 $P\in E(F_q)$。各参数含义如下。

(1) F_q:有限域,其元素个数为 q,$q=p$ 或 $q=2^m$,大素数 p 是 F_q 的特征值。

(2) FR(Field Representation):有限域 F_q 中元素的表示方法,如多项式基表示或高斯自然基表示。

(3) a、b:F_q 上的两个域元素,用于构造椭圆曲线 E:$y^2=x^3+ax+b(q=p)$,或 $y^2+xy=x^3+ax^2+b(q=2^m)$,E 上有理点的个数 $\#E(F_q)$ 可被一个大素数行整除。

(4) $P=(xp,yp)$ 是 $E(F_q)$ 中的一个点,P 的阶为 n。

(5) n 是一个素数,$n>2^{160}$ 且 $n>4\sqrt{q}$。

(6) $h=E(F_q)/n$ 称为余因子,h 远小于 n,利用 h 可以较快地找到满足上述条件的基点 P:随机选取 $P'\in E(F_q)$,计算 hP,如果 $hP\neq 0$,则令 $P=hP'$。

域参数 D 公开,可由许多用户公用,在此基础上,每个用户可以选择自己的公私钥对:选择随机数 $d\in[1,n-1]$,计算 $Q=dP$,公钥为 (E,P,n,h),私钥为 d。从用户的公钥求其私钥需要求解 ECDLP。

2) ECDSA 签名的生成

(1) 选择随机数 $k\in[1,n-1]$。

(2) 计算 $kP=(x_1,y_1)$,$r=x_1 \bmod n$,若 $r=0$,转到第(1)步。

(3) 计算 $k^{-1} \bmod n$;

(4) 计算 $e=SHA-1(M)$(M 是消息)。

(5) 计算 $S=k^{-1}(e+dr) \bmod n$,若 $S=0$,转到第(1)步。

(6) 消息 M 的签名是 (r,s)。

其中,SHA-1:$\{0,1\}\rightarrow\{0,1\}^{160}$ 是美国 NIST 和 NSA 设计的一种安全哈希算法,输入消息长度一般小于 2^{64} b。

3) ECDSA 签名的验证

(1) 验证 $r,s\in[1,n-1]$。

(2) 计算 $e=SHA-1(M)$。

(3) 计算 $w=s^{-1} \bmod n$。

(4) 计算 $u_1=ew \bmod n$ 和 $u_2=rw \bmod n$。

(5) 计算 $X=u_1P+u_2Q$，若 $X=0$，则拒绝签名，否则计算 $v=x_1 \bmod n$，其中 $x=(x_1,y_1)$。

(6) 当且仅当 $v=r$ 时接受签名。

4) ECDSA 的安全性分析

对 ECDSA 的攻击可以分为针对 ECDLP 的攻击、针对哈希函数的攻击、针对执行过程的攻击（如差分功率分析）等。选择消息攻击是这样一种攻击：攻击者利用实体 A 对多个消息（不包括 m）的签名，构造出对消息的有效签名。ECDSA 的安全目标主要是能防止选择消息攻击。目前在提高 ECDSA 安全性方面已取得了一些进展，假定离散对数难题是难解的，哈希函数是随机的，则对 DSA 和 ECDSA 做少量的改动可以防止选择消息攻击。

Brown 证明，如果 ECDSA 基于的群是一般群且哈希函数是无碰撞的，则 ECDSA 本身是安全的。

5) ECDSA 的有效性分析

Certicom 在多种平台下测试比较了 Certicom ECC 和 RSA 的性能，测试中采用了多种性能增强技术，结果表明 ECC 密钥生成、签名、验证以及 Diffie-Hellman 密钥交换的速度都比 RSA 快。其中签名比 RSA 快很多倍（20～300 倍），验证速度相当。对 ECC 本身而言，签名比验证快 2～5 倍，如果在计算能力受限的设备上执行，则签名时间和验证时间的绝对值之差更大。

RSA 密码算法实际上只依赖一种数学运算，即指数运算，指数运算的性质决定了运算的速度。对签名和解密，指数（私钥）很大，因此计算很慢；验证和加密速度则快得多，因为指数（公钥）可以非常小。ElGamal 系统包括 DSA 和 ECDSA，用于签名和加/解密的数学运算类型完全不同，签名和解密的速度不同，签名验证和加密的速度不同。基本上，签名比验证快，解密比加密快。公私钥操作速度之间的差异远小于 RSA，尽管 ECC 的公钥操作比 RSA 稍慢，但 ECC 公私钥操作总的计算时间远少于 RSA。对私钥操作（即签名和解密）而言，ECC 比 RSA 快许多倍，因此 ECC 更适合用于安全设备（如智能卡、计算能力受限的无线设备）。

例 4-6 椭圆曲线密码示例。已知 F_{11} 上的椭圆曲线：
$$E_{11}(1,6):y^2=x^3+x+6 (\bmod 11)$$
取 $P=(2,7)$ 作为 $E_{11}(1,6)$ 的一个生成元。

① 设用户 B 的密钥为 $a=3$，求 B 的公钥 $Q=3P$。

② 设用户 A 欲发消息 $m=(10,9)$ 给 B，选择随机数 $k=5$，求密文 c。

③ 设 B 收到密文 $c=((7,2),(3,6))$，试求明文。

解：

① $Q=3P=2P+P$。

首先计算 $2P=2(2,7)$。

$$\lambda=\frac{3x_1^2+a}{2y_1} \bmod 11=\frac{3\times 2^2+1}{2\times 7} \bmod 11=\frac{2}{3} \bmod 11=2\times 4 \bmod 11=8$$

$$x_3 = (\lambda^2 - 2x_1) \bmod 11 = (8^2 - 2 \times 2) \bmod 11 = 5$$
$$y_3 = [\lambda(x_1 - x_3) - y_1] \bmod 11 = [8 \times (2-5) - 7] \bmod 11 = 2$$

故 $2P = (5,2)$。

再计算 $3P = 2P + P = (5,2) + (2,7)$。

$$\lambda = \frac{y_2 - y_1}{x_2 - x_1} \bmod 11 = \frac{7-2}{2-5} \bmod 11 = (5 \times 7) \bmod 11 = 2$$
$$x_3 = (\lambda^2 - x_1 - x_2) \bmod 11 = (2^2 - 5 - 2) \bmod 11 = 8$$
$$y_3 = [\lambda(x_1 - x_3) - y_1] \bmod 11 = [2 \times (5-8) - 2] \bmod 11 = 3$$

即 $Q = 3P = (8,3)$。

② $c_1 = kP = 5P = 5 \times (2,7) = (3,6)$
　 $c_2 = m + kQ = (10,9) + 5 \times (8,3) = (10,9) + (5,2) = (5,9)$

即密文为 $c = ((3,6),(5,9))$。

③ 由密文 $c = ((7,2),(3,6))$，根据解密算法：
$$m = c_2 - ac_1 = (3,6) - 3 \times (7,2) = (3,6) - (3,5)$$
$$= (3,6) + (3,6) = (8,8)$$

4.4.3 椭圆曲线的密码学性能

在密码学应用中有三种系统一般被认为是安全且有效的，即整数的因式分解系统、离散对数系统、椭圆曲线离散对数系统，它们分别基于整数因式分解问题、离散对数问题和椭圆曲线离散对数问题。以下通过对三种系统的比较来考查椭圆曲线的密码学性能。

1. 安全性分析

这里指理论上的安全性，即攻破公钥系统的难度，而不是物理安全性。在比较三种系统的安全性之前，首先做几个假设。

(1) 要攻破公钥系统必须解决该公钥系统所依赖的数学难题。这一假设是合理的，因为每个公钥系统都经历了多年的公开考验，数学上的形式逻辑证明了这一点。

(2) 用相应算法的复杂度考查三个难题的难解性。目前还没有在数学上证明解决这三个难题的最好算法呈指数时间复杂度，因此只能依据目前已知的解决这些难题的最好算法的复杂度来考查这三个难题的难解性。

(3) 这三个难题在某些特殊情况下不是难解的。对于整数的因式分解难题，$n = p \times q$，当 $p-1$ 或 $q-1$ 只有小的素因子时存在快速解法；对于模的离散对数难题，当只有小的素因子时存在快速解法；对于椭圆曲线离散对数难题，超奇异椭圆曲线和不规则椭圆曲线上的 ECDLP 相对容易，易遭到特定算法的攻击，此时 ECDLP 可退化为有限域低次扩域上的离散对数问题，能在多项式时间内求解。不过上述这些情况很容易被鉴别，从而可避免相应的攻击。这里不考虑这些特殊情况。

基于模运算的整数因式分解问题和离散对数问题都存在亚指数时间复杂度的通用算法。亚指数时间算法没有指数时间算法难，目前采用最快的算法来计算这两类问题所需

要的时间复杂度为 $O(\exp(c+o(1))(\ln q)^{1/3}(\ln q)^{2/3})$（$q$ 为模的大小）；椭圆曲线上的离散对数问题在 $\sharp E(F_q)$ 有大的素因子时是一个难题，最有效的算法只有指数时间算法，其时间复杂度为 $O(\sqrt{q})$，因此 ECDLP 较另两类问题更为难解，表明 ECC 能以更小的密钥长度产生与其他公钥体制相同等级的安全性。

2. 有效性分析

一个公钥系统的有效性需考虑三个因素：计算开销、密钥长度和带宽。对不同系统的有效性进行比较应基于相同的安全级。我们选择密钥长为 160b 的 ECC、1024b 的 RSA 和 DSA，这些密钥长度为各自系统提供了彼此相当的安全级。

(1) 计算开销。RSA 一般选择 $e=65537=(2^{16}+1)$，这样 e 的二进制表达式中只含两个 1，可大大减少计算量。对于 DSA 和椭圆曲线数字签名算法或椭圆曲线加密方案，大部分数字签名和加密操作能进行预计算。假设一次椭圆曲线加法大约花费 10 次模乘的开销，一次 1024b 模乘运算花费一个单元时间，所有应用于离散对数加密系统的预计算技巧同等地应用于椭圆曲线系统中。各系统的计算开销如表 4-1 所示，其中 q 为 160b，表中数据表示完成给定操作所需的时间单元数。

表 4-1　不采用优化措施时，各系统计算开销的大致比较

项目	基于 F_q 的 ECDSA 或 ECES	RSA($n=1024b, e=2^{16}+1$)	离散对数系统/1024b
加密	120	17	480
解密	60	384	240
签名	60	384	240
验签	120	17	480

ECC 可在很短的时间里产生符合条件的密钥，即使一个计算能力非常有限的智能卡也能产生满足要求的密钥对，其他公钥体制由于产生密钥所需的计算非常复杂，在计算能力受限的情况下很难产生合适的密钥。另外，由于 ECC 的基域及其元素表示法能被选择（虽然基于域 F_q 和 F_{2^m} 的 ECC 在安全性和标准化上没有区别，但在实际的应用上其性能和成本还是有区别的），从而域运算（域加/域乘/域求逆）能被优化，基于离散对数和整数因式分解的公钥密码系统不能做到这一点。

(2) 密钥长度。密钥长度决定存储密钥对和系统参数需要的比特数，ECC、RSA/DSA 的系统参数和密钥对长度的比较如表 4-2 所示。可以看出，ECC 所用的密钥对和系统参数比 RSA/DSA 要求的短。

表 4-2　ECC、RSA/DSA 的系统参数和密钥对长度的比较

项目	系数参数/b	公钥/b	私钥/b
RSA	—	1088	2048
DSA	2208	1024	160
ECC	481	161	160

(3) 带宽。带宽是指传送一个加密消息或一个签名所需传输的比特数。当三类公钥系统用于加密或对长消息进行数字签名时，具有相似的带宽要求。当传送短消息时带宽的要求值得注意，因为公钥密码系统经常用于传送短消息（如为对称密码系统传送会话密钥）。为了进行具体的比较，假设待签名消息长度为 2000b，待加密消息长度为 100b，几种

情况下签名和加密消息的长度比较如表 4-3 和表 4-4 所示。可以看出,当对短消息加密时,ECC 比其他公钥系统节省带宽,而且 ECC 的点压缩技术进一步节省了存储密钥、证书的空间和带宽。

表 4-3 对长消息(2000b)签名的长度

项目	签名长度/b
RSA	1024
DSA	320
ECC	320

表 4-4 对短消息(100b)加密的长度

项目	加密消息长度/b
RSA	1024
ElGamal	2048
ECC	321

3. 椭圆曲线密码性能总结

综合上述分析,ECC 与其他公钥加密系统相比能提供更好的加密强度、更快的执行速度和更小的密钥长度,因此 ECC 可用较小的开销(所需的计算量、存储量、带宽、软件和硬件实现的规模等)和时延(加密和签字速度高)实现较高的安全性,特别适用于计算能力和集成电路空间受限(如 IC 卡)、带宽受限(如无线通信)要求高速实现的情况。

除上述安全性和有效性之外,影响一个密码系统广泛应用的还有操作性、公众接收程度和技术因素。ECC 的标准化促进了 ECC 在全球范围内的应用:1998 年 ECDSA 被确定为 ISO/IEC 数字签名标准 ISO 14888-3;1999 年 2 月 ECDSA 被 ANSI 确定为数字签名标准 ANSI X9.62—1998,ECDH 被确定为 ANSI X9.63;2000 年 ECDSA 被确定为 IEEE 标准 IEEE 1363—2000,同期,NIST 确定其为联邦数字签名标准 FIPS 186-2;另外 ECC 还被确定为高效密码标准 SEQ 等。

4. 椭圆曲线密码对移动环境的适应性

从安全角度看,受限环境是指时间(即密钥生成、签名、验证等)、空间(即 ROM、RAM、带宽、码长度、数据长度等)和耗费(即能量、金钱等)限制安全目标的环境。通过对 ECC 性能的分析,可以看出 ECC 尤其适合需要密集的公钥操作环境和受限环境,例如,信道受限环境、使用智能卡或令牌的环境。

信道受限环境指通信一端或两端的计算能力有限、数据传输速率或带宽由信道限定的环境。由于移动终端通常计算能力、存储能力、RAM 带宽和功率受限,因此移动通信属于信道受限环境,采用 ECC,可以节约密钥和证书的存储空间,加快计算速度,节约电池消耗。同时移动通信系统也适合使用智能卡的环境,采用 ECC 可以克服智能卡的局限。

(1) 更小的 EEPROM 和更短的传输时间。ECC 可以采用更小的密钥和证书尺寸达到相同的密码强度,这意味着 ECC 需要更小的 EEPROM 存储密钥和证书,卡和应用之间传输密钥和证书的时间也大大缩短。

(2) 不需要协处理器。相比其他公钥系统,ECC 处理时间缩短从而更适用于智能卡平台。其他公钥系统涉及很多计算,通常需要密钥协处理器。协处理器不仅占用宝贵的空间,还增加了20%～30%的芯片成本。ECC算法可以在ROM中执行,不需要额外的硬件。

(3) 卡内密钥生成。公钥系统中的私钥必须保密。采用其他公钥系统,因为计算复杂,卡内生成密钥通常是不现实的,密钥通常在假定安全的环境中加载到卡中。对ECC来说,生成密钥对的时间要短得多,即使在计算能力受限的智能卡内也可能产生密钥对。

习题 4

1. 应用RSA算法对下列情况进行加解密,并比较计算结果:
(1) $p=3, q=11, e=7; M=5$。
(2) $p=5, q=11, e=3; M=9$。
(3) $p=7, q=11, e=17; M=8$。
(4) $p=11, q=13, e=11; M=7$。
(5) $p=17, q=31, e=7; M=2$。

2. 设截获 $e=5, n=35$ 的用户密文 $C=10$,请问 M 是多少?

3. 对于RSA算法,已知 $e=31, n=3599$,求 d。

4. 在RSA算法中,如果经过有限的几次重复编码之后又得到明文,那么可能的原因是什么?

5. 对于椭圆曲线 $y=x^3+x+6$,考虑点 $G=(2,7)$,计算 $2G$ 到 $3G$ 的各倍数值。

6. 对于椭圆曲线 $y=x^3+x+6$,考虑点 $G=(2,7)$,已知秘密密钥 $n=7$,计算:
(1) 公开密钥 P_b。
(2) 已知明文 $P_m=(10,9)$,并选择随机数 $k=3$,确定密文 C_m。

第 5 章 密钥分配与管理

密钥的分配与管理技术所解决的是网络环境中需要进行安全通信的端实体之间建立共享的密钥的问题,最简单的解决办法就是预先约定一个对称密钥序列并通过安全的渠道送达对方,以后按约定使用。如果密钥用量较大,且更换频繁,则密钥的传递就会成为严重的负担,而多数用户之间可能并没有安全的传输渠道,因此就需要研究在不安全的通信信道中传递密钥的方法。本章首先介绍单钥和公钥加密体制的密钥分配技术,然后介绍密钥托管及秘密分割技术,最后介绍常用的消息认证技术。

5.1 单钥加密体制的密钥分配

5.1.1 密钥分配的基本方法

两个用户在用单钥密码体制进行保密通信时,必须有一个共享的秘密密钥,而且为防止攻击者得到密钥,还必须经常更新密钥。因此,密码系统的强度也依赖于密钥分配技术。用户 A 和 B 获得共享密钥的方法基本上有以下几种。

(1) 密钥由 A 选取并通过物理手段发送给 B,如图 5-1 所示。

(2) 密钥由第三方选取并通过物理手段发送给 A 和 B,如图 5-2 所示。

图 5-1 第一种方法　　　　　图 5-2 第二种方法

(3) 如果 A、B 事先已有一密钥,则其中一方选取新密钥后,用已有的密钥加密新密钥并发送给另一方,如图 5-3 所示。

(4) 如果 A 和 B 与第三方 C 分别有一保密信道,则 C 为 A、B 选取密钥后,分别在两个保密信道上发送给 A、B,如图 5-4 所示。

图 5-3 第三种方法　　　　　图 5-4 第四种方法

前两种方法称为人工发送,密钥的人工发送在网络的链路加密时还是可行的,因为只有该链路上的两端交换数据。而密钥的人工发送在网络的端-端加密方式中将不再可行,因为若加密是在网络层,则网络中任一对主机都必须有一共享密钥。如果有 n 台主机,则密钥数目为 $n(n-1)/2$。当 n 很大时,密钥分配的代价非常大。

第三种方法对链路加密和端-端加密方式都是可行的,但是攻击者一旦获得一个密钥就可获取以后的所有密钥。其初始密钥的分配代价仍然很大。

第四种方法广泛用于端-端加密方式时的密钥分配,其中的第三方通常是一个负责为用户分配密钥的密钥中心(Key Distribution Center,KDC)。每个用户必须和 KDC 有一个共享密钥,称为主密钥。通过主密钥分配给一对用户的密钥称为会话密钥,用于这一对用户之间的保密通信。通信完成后,会话密钥即刻被销毁。若用户数为 n 个,则会话密钥数为 $n(n-1)/2$。但主密钥数却只需 n 个,则可通过物理手段发送主密钥。

5.1.2 密钥分配的一个实例

如图 5-5 所示,假定两个用户 A、B 分别与密钥分配中心有一个共享的主密钥 k_A 和 k_B,A 希望与 B 建立一个共享的一次性会话密钥,可通过以下几步来完成。

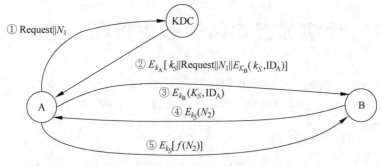

图 5-5 密钥分配实例

(1) A 向 KDC 发出会话密钥请求。

表示请求的消息由两个数据项组成:第一项 Request 是 A 和 B 的身份,第二项是这次业务的唯一识别符 N_1,称 N_1 为一次性随机数,可以是时间戳、计数器或随机数。每次的 N_1 都应不同,且为防止假冒,应使敌方对 N_1 难以猜测。因此用随机数作为这个识别符最为合适。

(2) KDC 为 A 的请求发出应答。

应答由 k_A 加密,只有 A 能成功解密,且 A 可相信这一消息的确是由 KDC 发出的。消息中包括 A 希望得到的两项内容:

① 一次性会话密钥 K_S。

② A 在(1)中发出的请求,包括一次性随机数 N_1,目的是使 A 将收到的应答与发出的请求相比较,确定是否匹配。

- A 能验证自己发出的请求在被 KDC 收到之前,是否被他人篡改。
- A 还能根据一次性随机数相信收到的应答不是重放的过去应答。

消息中还有 B 希望得到的两项内容:

① 一次性会话密钥 k_S。
② A 的身份(例如 A 的网络地址)ID_A。
- 这两项由 k_B 加密,将由 A 转发给 B,以建立 A、B 之间的连接。
- 并用于向 B 证明 A 的身份。

(3) A 存储会话密钥 k_S,并向 B 转发 $E_{k_B}[k_S \| ID_A]$。
① 因为转发的是由 k_B 加密后的密文,所以转发过程不会被窃听。
② B 收到后,可得到会话密钥 k_S,并由 ID_A 可知另一方是 A,而且还从 E_{k_B} 知道 k_S 的确来自 KDC。
③ 这一步完成后,会话密钥就安全地分配给了 A、B。

(4) B 用会话密钥 k_S 加密另一个一次性随机数 N_2,并将加密结果发送给 A。

(5) A 以 $f(N_2)$ 作为对 B 的应答,其中 f 是对 N_2 进行某种变换(例如加 1)的函数,并将应答用会话密钥加密后发送给 B。

这两步可使 B 相信第(3)步收到的消息不是一个重放。

注意:第(3)步就已完成密钥分配,第(4)、(5)两步结合第(3)步执行的是认证功能。

5.2 公钥加密体制的密钥管理

接下来,从两个方面介绍公钥加密体制下的密钥分配:①公钥加密体制所使用的公开密钥的分配;②用公钥体制来分配单钥加密体制所需的密钥。

5.2.1 公钥的分配

公钥加密的一个主要用途是分配单钥密码体制使用的密钥。公钥密码体制所用的公开密钥的分配方法如下:

1. 公开发布

用户将自己的公钥发给每一个其他用户或向某一团体广播。这种方法虽简单却使任何人都可伪造这种公开发布。假冒者可解读发向被伪造方的加密消息,还可用伪造的密钥获得认证。

2. 公用目录表

公用目录表是指建立一个公用的公钥动态目录表,由某个可信的实体或组织承担目录表的建立、维护以及公钥的分布。这种方法比前一种安全性更高,但仍然容易受到攻击。

3. 公钥管理机构

公钥管理机构是在公钥目录表中对公钥的分配施加更严密的控制,使其安全性更强。公钥管理机构为各用户建立、维护动态公钥目录。同时每个用户都可靠地知道管理机构的公钥,而只有管理机构自己知道相应的秘密钥。公钥的分配如图 5-6 所示。

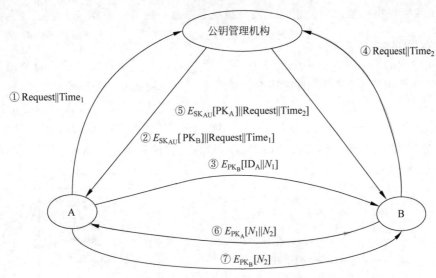

图 5-6 公钥管理机构分配公钥

(1) 用户 A 向公钥管理机构发送一带有时间戳的消息，请求获取用户 B 当前的公钥。

(2) 管理机构用自己的秘密钥 SK_{AU} 加密对 A 的请求做出应答。A 可以用管理机构的公开钥解密，并使 A 相信这个消息的确是来源于管理机构。其应答的消息有以下作用。

① B 的公钥 PK_B，A 可用其对将要发往 B 的消息加密。

② A 验证自己最初发出的请求在被管理机构收到以前未被篡改。

③ 时间戳使 A 相信管理机构发来的消息是 B 当前的公钥。

(3) A 用 B 的公开钥对一个消息加密后发送给 B，其中一项是 A 的身份 ID_A，另一项是一个一次性随机数 N_1，用于唯一地标识本次业务。

(4)、(5) B 以相同的方式从管理机构获取 A 的公开钥。此时，A 和 B 都已安全地得到了对方的公钥，但仍需要进一步的相互认证。

(6) B 用 PK_A 对一个消息加密后发送给 A，其消息有 A 的一次性随机数 N_1 和 B 产生的一个新的一次性随机数 N_2。因为只有 B 能解密(3)的消息，所以 A 收到的消息中的 N_1 可使其相信通信的另一方的确是 B。

(7) A 用 B 的公开钥对 N_2 加密后返回给 B，可使 B 相信通信的另一方的确是 A。

以上 7 个消息中的前 4 个消息是用于获取对方的公钥。当用户得到对方的公钥后保存，使之以后使用时只发送(6)、(7)确认消息即可。但还必须定期地通过密钥管理机构中心获取通信对方的公钥，以免对方的公钥更新后无法保证当前的通信。

公钥管理机构方式的优缺点：

(1) 每次密钥的获得由公钥管理机构查询并认证发送，用户不需要查表，提高了安全性。

(2) 公钥管理机构必须一直在线，由于每一用户要想和他人联系都需求助于管理机构，所以管理机构有可能成为系统的瓶颈。

(3) 由管理机构维护的公钥目录表易被敌手通过一定方式窜扰。

4. 公钥证书

公钥分配的另一种方法是公钥证书,用户通过公钥证书相互交换自己的公钥而无须与公钥管理机构联系。公钥证书由证书管理机构(Certificate Authority,CA)为用户建立,其证书的数据项有用户的公钥、身份和时间戳等,这些数据项经 CA 用自己的秘密钥签字后形成证书,其形式为 $CA=E_{SK_{CA}}[T,ID_A,PK_A]$,其中 ID_A 是用户 A 的身份,PK_A 是 A 的公钥,T 是当前时间戳,SK_{CA} 是证书管理机构的秘密钥,CA 即为用户 A 产生的证书,如图 5-7 所示。

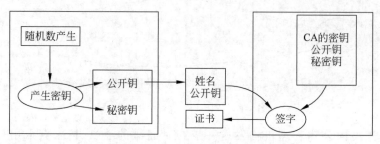

图 5-7 公钥证书的产生过程

用户可将自己的公开钥通过公钥证书发给另一用户,接收方可用证书管理机构的公钥 PK_{CA} 对证书加以验证,即 $D_{PK_{CA}}[CA]=D_{PK_{CA}}[E_{SK_{CA}}[T,ID_A,PK_A]]=(T,ID_A,PK_A)$,因为只有用证书管理机构的公钥才能解读证书,同时获得了发送方的 ID_A 和公开钥 PK_A。时间戳用于鉴定收到的证书是否是当前的或有效的。

5.2.2 用公钥加密分配单钥密码体制的密钥

公开钥分配完成后,用户就可用公钥加密体制进行保密通信。然而由于公钥加密的速度过慢,以此进行保密通信不太合适,但用于分配单钥密码体制的密钥却非常合适。

1. 简单分配

图 5-8 简单描述了使用公钥加密算法建立会话密钥的过程,如果 A 希望与 B 通信,可通过以下几步建立会话密钥。

图 5-8 简单使用公钥加密算法建立会话密钥

(1) A 产生自己的一对密钥 $\{PK_A,SK_A\}$,并向 B 发送 $PK_A \| ID_A$,其中 ID_A 表示 A 的身份。

(2) B 产生会话密钥 k_S,并用 A 的公开钥 PK_A 对 k_S 加密后发往 A。

(3) A 由 $D_{SK_A}[E_{PK_A}[k_S]]$ 恢复会话密钥。因为只有 A 能解读 k_S,所以仅 A、B 知道这一共享密钥。

(4) A 销毁{PK_A, SK_A},B 销毁 PK_A。

经过以上的步骤后,A、B 就可以用单钥加密算法以 k_S 作为会话密钥进行保密通信,通信完成后,又都将 k_S 销毁。这种分配法虽然简单,但却由于 A、B 双方在通信前和完成通信后都没有存储密钥,因此密钥泄露的危险性最小,还可以防止双方的通信被攻击者监听。用公钥加密算法建立会话密钥这种协议容易受到攻击,若攻击者 E 已接入 A、B 双方的通信信道,就可通过以下不被察觉的方式截获双方的通信:

(1) 与上面的步骤(1)相同。

(2) E 截获 A 的发送后,建立自己的一对密钥{PK_E, SK_E},并将 $PK_E \parallel ID_A$ 发送给 B。

(3) B 产生会话密钥 k_S 后,将 $E_{PK_E}[k_S]$ 发送出去。

(4) E 截获 B 发送的消息后,由 $D_{PK_E}[E_{PK_E}[k_S]]$ 解读 k_S。

(5) E 再将 $E_{PK_A}[k_S]$ 发往 A。

现在 A 和 B 知道 k_S,但并未意识到 k_S 已被 E 截获。A、B 在用 k_S 通信时,E 就可以实施监听。

2. 具有保密性和认证性的密钥分配

此种密钥分配过程具有保密性和认证性,因此既可防止被动攻击,又可防止主动攻击,如图 5-9 所示。假定 A、B 双方已完成公钥交换,可按以下步骤建立共享会话密钥:

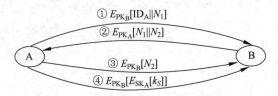

图 5-9 具有保密性和认证性的密钥分配

(1) A 用 PK_B 的公开钥加密 A 的身份 ID_A 和一个一次性随机数 N_1 后发往 B,其中 N_1 用于唯一地标识这一业务。

(2) B 用 PK_A 加密 N_1 和 B 新产生的一次性随机数 N_2 后发往 A。B 发来的消息中 N_1 的存在可使 A 相信对方的确是 B。

(3) A 用 PK_B 对 N_2 加密后返回给 B,使 B 相信对方的确是 A。

(4) A 选一会话密钥 k_S,然后将 $M = E_{PK_B}[E_{SK_A}[k_S]]$ 发给 B,其中用 B 的公开钥加密是为保证只有 B 能解读加密结果,用 A 的秘密钥加密是保证该加密结果只有 A 能发送。

(5) B 以 $D_{PK_A}[D_{SK_B}[M]]$ 恢复会话密钥。

注意:这个方案其实是有漏洞的,即第 4 条消息容易被重放,假设敌方知道上次通话时协商的会话密钥 k_S,以及 A 对 k_S 的签名和加密,则通过简单的重放即可实现对 B 的欺骗,解决的方法是将第 3 和第 4 条消息合并发送。

方案修改后的过程如图 5-10 所示。

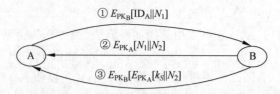

图 5-10 具有保密性和认证性的密钥分配

5.2.3 密钥管理的一个实例

DH 密钥交换算法是 W.Diffie 和 M.Hellman 于 1976 年提出的第一个公钥密码算法,已在很多商业产品中得以应用。

(1) 算法的唯一目的是使得两个用户能够安全地交换密钥,得到一个共享的会话密钥,算法本身不能用于加、解密。

(2) 算法的安全性基于求离散对数的困难性。

算法过程如图 5-11 所示,其中 p 是大素数,a 是 p 的本原根,p 和 a 作为公开的全程元素。

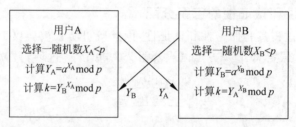

图 5-11 DH 密钥交换过程

用户 A 选择一保密的随机整数 X_A,并将 $Y_A = a^{X_A} \bmod p$ 发送给用户 B。类似地,用户 B 选择一保密的随机整数 X_B,并将 $Y_B = a^{X_B} \bmod p$ 发送给用户 A。然后 A 和 B 分别由 $k = Y_B^{X_A} \bmod p$ 和 $k = Y_A^{X_B} \bmod p$ 计算出共享密钥,这是因为:

$$Y_B^{X_A} \bmod p = (a^{X_B} \bmod p)^{X_A} \bmod p = (a^{X_B})^{X_A} \bmod p$$
$$= a^{X_B X_A} \bmod p = a^{X_A X_B} \bmod p = (a^{X_A} \bmod p)^{X_B} \bmod p$$
$$= Y_A^{X_B} \bmod p$$

因 X_A、X_B 是保密的,敌方只能得到 p、a、Y_A、Y_B,要想得到 k,则必须得到 X_A、X_B 中的一个,这意味着需求离散对数。因此敌方求 k 是不可行的。

例 5-1 DH 密钥交换算法示例。$p = 97, a = 5$,A 和 B 分别秘密地选 $X_A = 36$,$X_B = 58$,并分别计算

$$Y_A = 5^{36} \bmod 97 = 50, Y_B = 5^{58} \bmod 97 = 44$$

在交换 Y_A、Y_B 后,分别计算

$$k = Y_B^{X_A} \bmod p = 44^{36} \bmod 97 = 75$$
$$k = Y_A^{X_B} \bmod p = 50^{58} \bmod 97 = 75$$

5.3 密钥托管

5.3.1 密钥托管的背景

加密技术的快速发展对保密通信和电子商务起到了良好的推动作用。但是，也使得政府法律职能部门难以跟踪、截获犯罪嫌疑人员的通信，特别是在广泛采用公开密钥技术后，随之而来的是公开密钥的管理问题。对于中央政府来说，为了加强对贸易活动的监管，客观上也需要银行、海关、税务、工商等管理部门紧密协作。为了打击犯罪，还要涉及公安和国家安全部门。这样，交易方与密钥管理机构就不可避免地产生联系。为了监视和防止计算机犯罪活动，人们提出了密钥托管的概念。密钥托管与 CA 相结合，既能保证个人通信与电子交易的安全性，又能实现政法职能部门的管理介入，是今后信息安全策略的发展方向。

密钥托管(Key Escrow, KE)提供了一种密钥备份与恢复的途径，也称托管加密(Key Encryption)。从字面上理解，密钥托管就是指把通信双方的会话密钥交由合法的第三方，以便让合法的第三方利用得到的会话密钥解密双方通信的内容，从而监视双方的通信。这里所说的合法的第三方就是密钥托管的机构，一般是指政府保密部门和法律执行部门。其目的是保证对个人没有绝对的隐私和绝对不可跟踪的匿名性，即在强加密中结合对突发事件的解密能力。更确切地说，密钥托管是指为公众和用户提供更好的安全通信的同时，也允许授权者(包括政府保密部门、法律执行部门或有契约的私人组织等)为了国家、集团和个人隐私等安全利益，监听某些通信内容和解密有关密文。同时，这种技术还可以为用户提供一个备用的解密途径。所以，密钥托管也有"密钥恢复"(Key Recovery)、"数据恢复"和"特殊获取"等含义。这种技术产生的出发点是政府机构希望在需要时可通过密钥托管技术解密用户的一些特定的信息，此外当用户的密钥丢失或损坏时也可通过密钥托管技术恢复出自己的密钥。所以这个备用的手段不仅对政府部门有用，对用户自己也有用，为此，许多国家都制定了相关的法律法规。美国政府 1993 年 4 月颁布了 EES (Escrowed Encryption Standard, 托管加密标准)，该标准体现了一种新思想，即对密钥实行法定托管代理的机制。该标准使用的托管加密技术不仅提供了加密功能，同时也使政府可以在实施法律许可下的监听(如果向法院提供的证据表明，密码使用者是利用密码在进行危及国家安全和违反法律规定的事，经过法院许可，政府可以从托管代理机构取来密钥参数，经过合成运算，就可以直接监听通信)。美国政府希望用这种办法加强政府对密码使用的调控管理。

目前，在美国有许多组织都参加了密钥托管标准(KES)和 EES 的开发工作，系统的开发者是司法部门(DOJ), NIST 和基金自动化系统分部对初始的托管(Escrow)代理都进行了研究，国家安全局(NSA)负责 KES 产品的生产，联邦调查局(FBI)被指定为最初的合法性强制用户。

自从密钥托管出现以来，特别是美国政府的 EES 公布之后，在社会上引起了极大的反响,很多人对此项技术颇有争议。有关密钥托管争论的主要焦点在于以下两方:一方认为,政府对密钥管理控制的重要性是出于安全考虑,这样可以允许合法的机构依据适当的法律授权访问该托管密钥,不但政府通过法律授权可以访问加密过的文件和通信,用户在紧急情况时,也可以对解密数据的密钥恢复访问;另一方认为,密钥托管技术侵犯个人隐私,在他们看来密钥托管政策把公民的个人隐私置于政府情报部门手中,一方面违反了美国宪法和个人隐私法,另一方面也使美国公司的密码产品出口受到极大的限制和影响。

从技术角度来看,赞成和反对的意见也都有。赞成意见认为,应宣扬和推动这种技术的研究与开发;反对意见认为,该系统的技术还不成熟,基于密钥托管的加密系统的基础设施会导致安全性能下降,投资成本增高。

本书对这种争议不做过多评论,重点讨论这种技术本身。

5.3.2 密钥托管的定义和功能

密钥托管的实现手段通常是把加密的数据和数据恢复密钥联系起来,数据恢复密钥不必是直接解密的密钥,但由它可以得到解密密钥。理论上数据恢复密钥由所信任的委托人持有,委托人可以是政府保密部门、法院或有契约的私人组织。一个密钥也可能在数个这样的委托人中被拆分成多个分量,分别由多个委托人持有。授权机构(如调查机构或情报机构)可通过适当的程序(如获得法院的许可),从数个委托人手中恢复密钥。

从技术实现角度,可以将密码托管定义为:密钥托管是指用户向 CA 在申请数据加密证书之前,必须把自己的密钥分成 t 份交给可信赖的 t 个托管人。任何一个托管人都无法通过自己存储的部分用户密钥恢复完整的用户密码。只有这 t 个人存储的密钥合在一起才能得到用户的完整密钥。因此,密钥托管有如下重要功能。

(1) 防止抵赖。在商务活动中,通过数字签名即可验证自己的身份以防抵赖。但当用户改变了自己的密码,他就可抵赖没有进行过此商务活动。为了防止这种抵赖,有几种办法:一种是用户在改密码时必须向 CA 说明,不能私自改变;另一种是密钥托管,当用户抵赖时,这 t 个托管人就可出示他们存储的密钥合成用户的密钥,使用户无法抵赖。

(2) 政府监听。政府、法律职能部门或合法的第三者为了跟踪、截获犯罪嫌疑人员的通信,需要获得通信双方的密钥。这时合法的监听者可通过用户的委托人收集密钥片后得到用户密钥,进而进行监听。

(3) 用户密钥恢复。用户遗忘了密钥想恢复密钥时,可从委托人那里收集密钥片恢复密钥。

5.3.3 美国托管加密标准简介

1993 年 4 月,美国政府为了满足其电信安全、公众安全和国家安全,提出了托管加密标准 EES,该标准所使用的托管加密技术不仅提供了强加密功能,同时也为政府机构提供了实施法律授权下的监听功能。这一技术是通过一个防窜扰的芯片(称为 Clipper 芯片)来实现的。

它有两个特性：

（1）一个加密算法——Skipjack 算法，该算法是由 NSA 设计的，用于加（解）密用户间通信的消息。该算法已于 1998 年 3 月公布。

（2）为法律实施提供"后门"的部分——法律实施存取域（Law Enforcement Access Field，LEAF）。通过这个域，法律实施部门可在法律授权下，实现对用户通信的解密。

1. Skipjack 算法

Skipjack 算法是一个单钥分组加密算法，密钥长 80b，输入和输出的分组长均为 64b。

可使用 4 种工作模式：电码本模式，密码分组链接模式，64b 输出反馈模式，1b、8b、16b、32b 或 64b 密码反馈模式。

算法的内部细节在向公众公开以前，政府邀请了一些局外人士对算法做出评价，并公布了评价结果。评价结果认为算法的强度高于 DES，并且未发现陷门。

Skipjack 的密钥长是 80b，比 DES 的密钥长 24b，因此通过穷举搜索的蛮力攻击比 DES 多 2^{24} 倍的搜索。所以若假定处理能力的费用每 18 个月减少一半，那么破译它所需的代价要 $1.5 \times 24 = 36$ 年才能减少到今天破译 DES 的代价。

2. 托管加密芯片

Skipjack 算法以及在法律授权下对加密结果的存取是通过防窜扰的托管加密芯片来实现的。芯片装有以下部分：

（1）Skipjack 算法。

（2）80b 的族密钥 KF(Family Key)，同一批芯片的族密钥都相同。

（3）芯片单元识别符 UID(Unique IDentifier)。

（4）80b 的芯片单元密钥 KU(Unique Key)，它是两个 80b 的芯片单元密钥分量（KU_1，KU_2）的异或。

（5）控制软件。

这些部分被固化在芯片上。编程过程是在由两个托管机构的代表监控下的安全工厂中进行的，一段时间一批。编程过程如图 5-12 所示。

首先，托管机构的代表通过向编程设备输入两个参数 r_1、r_2（随机数）对芯片编程处理器初始化。芯片编程处理器对每个芯片，分别计算以上两个初始参数 r_1、r_2 和 UID 的函数，作为单元密钥的两个分量 KU_1 和 KU_2。求 KU_1 XOR KU_2，作为芯片单元密钥 KU。UID 和 KU 放在芯片中。

然后，用分配给托管机构 1 的密钥 k_1 加密 KU_1 得 $E_{k_1}(KU_1)$。类似地，用分配给托管机构 2 的加密密钥 k_2 加密 KU_2 得 $E_{k_2}(KU_2)$。(UID, $E_{k_1}(KU_1)$) 和 (UID, $E_{k_2}(KU_2)$) 分别给托管机构 1 和托管机构 2，并以托管形式保存。以加密方式保存单元密钥分量是为了防止密钥分量被窃或泄露。

编程过程结束后，编程处理器被清除，以使芯片的单元密钥不能被他人获得或被他人计算，只能从两个托管机构获得加密的单元密钥分量，并且使用特定的政府解密设备来解密。

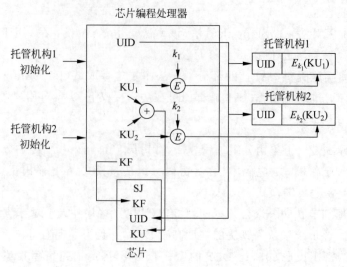

图 5-12 芯片编程过程

3. 用托管加密芯片加密

通信双方为了使用 Skipjack 算法加密他们的通信,都必须有一个装有托管加密芯片的安全的防窃扰设备。该设备负责实现建立安全信道所需的协议,包括协商或分布用于加密通信的 80b 秘密会话密钥 k_S。

例如,会话密钥可使用 DH 密钥交换算法,该算法执行过程中,两个设备仅交换公共值即可获得公共的秘密会话密钥。

80b 的会话密钥 k_S 建立后,被传送给加密芯片,用于与初始量 IV(由芯片产生)一起产生 LEAF。

控制软件使用芯片单元密钥 KU 加密 k_S,然后将加密后的结果和芯片识别符 UID、认证符 A 链接,再使用公共的族密钥 KF 加密以上链接的结果而产生 LEAF。其过程如图 5-13 所示。

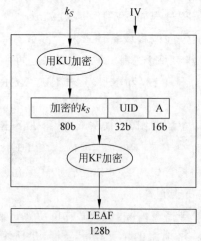

图 5-13 LEAF 过程

最后将 IV 和 LEAF 传递给接收芯片,用于建立同步。同步建立后,会话密钥就可用于通信双方的加解密。对于语音通信,消息串(语音)首先应被数字化。

图 5-14 显示的是在发送者的安全设备和接收者的安全设备之间传送 LEAF 以及用会话密钥 k_S 加密明文消息 hello 的过程。图中未显示初始量。

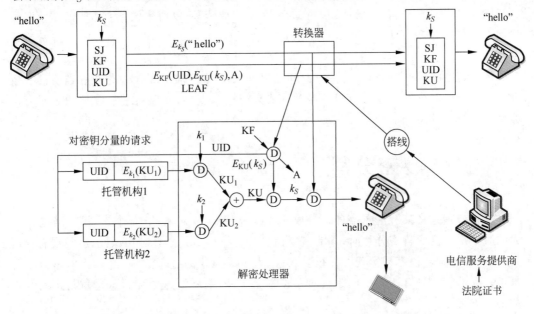

图 5-14　传送 LEAF 以及用会话密钥 k_S 加密明文消息"hello"的过程

在双向通信(如电话)中,通信每一方的安全设备都需传送一个 IV 和由其设备芯片计算出的 LEAF。然后,两个设备使用同一会话密钥 k_S 来加密传送给通信对方的消息,并解密由对方传回的消息。

4. 密钥托管的一个应用

政府机构在进行犯罪调查时,为了监听被调查者的通信,首先必须取得法院的许可证书,并将许可证书出示给通信服务的提供者(电信部门),然后从电信部门租用线路用来截取被监听者的通信。

如果被监听者的通信是经过加密的,则被截获的通信首先通过一个政府控制的解密设备。解密设备可识别由托管芯片加密的通信,取出 LEAF 和 IV,并使用族密钥 KF 解密 LEAF 以取出芯片识别符 UID 和加密的会话密钥 $E_{KU}(k_S)$。

政府机构将芯片识别符 UID、法院许可监听的许可证书、解密设备的顺序号以及政府机构对该芯片的单元密钥分量的要求一起给托管机构。

托管机构在收到并验证政府机构传送的内容后,将被加密的单元密钥分量 $E_{k_1}(KU_1)$ 和 $E_{k_2}(KU_2)$ 传送给政府机构的解密设备。

解密设备分别使用加密密钥 k_1 和 k_2 解密 $E_{k_1}(KU_1)$ 和 $E_{k_2}(KU_2)$ 以得到 KU_1、KU_2,求它们的异或 $KU_1 \text{ XOR } KU_2$,即为单元密钥 KU。

由单元密钥 KU 解密 $E_{KU}(k_S)$,得到被调查者的会话密钥 k_S。最后解密设备使用

k_S 解密被调查者的通信。

为了实现解密,解密设备在初始化阶段,应安装族密钥 KF 和密钥加密密钥 k_1、k_2。

托管机构在传送加密的密钥分量时,也传送监听的截止时间。因此解密设备的设计应使得它到截止时间后,可自动销毁芯片单元密钥及用于得到单元密钥的所有信息。

同时,因为每一次新的会话用一新的会话密钥加密,所以解密设备在监听的截止时间之前,在截获调查者新的会话时,可不经过托管机构而直接从 LEAF 中提取并解密会话密钥。

因此,除在得到密钥时可有一个时间延迟外,对被截获通信的解密也可在监听的有效期内有一个时间延迟。这种时间延迟对有些案情极为重要,如监听进行绑架的犯罪分子或监听有计划的恐怖活动。

5.4 秘密分割

秘密分割是将某一密码信息 k 分成 n 片(k_i,$i=1,2,\cdots,n$)给 n 个人,只有当这 n 个人同时给出自己的秘密分片时,才能恢复信息。它与秘密共享具有相似性,但是没有秘密共享的要求高,也很容易实现。在很多场合,为了避免权力过于集中,必须将秘密分割开来由多人掌管。只有达到一定数量的人同时合作,才能恢复这个秘密。这就是密码学中的门限方案。

门限方案:秘密 s 被分割成 n 个部分信息,每一部分信息称为一个子密钥,每个子密钥都由不同的参与者掌握,使得只有 k 个或 k 个以上的参与者共同努力才能重构信息 s;否则无法重构消息 s。这种方案就称为 (k,n) 门限方案,k 称为方案的门限值。

5.4.1 秘密分割门限方案

在导弹控制发射、重要场所通行检验等情况下,通常必须由两人或多人同时参与才能生效,这时都需要将秘密分给多人掌管,而且必须有一定数量的掌管秘密的人同时到场才能恢复这一秘密。由此,引入门限方案(Threshold Schemes)的一般概念。

定义 5-1 设秘密 s 被分成 n 个部分信息,每一部分信息称为一个子密钥或影子(Share or Shadow),由一个参与者持有,使得:

(1) 由 k 个或多于 k 个参与者所持有的部分信息可重构 s。

(2) 由少于 k 个参与者所持有的部分信息无法重构 s。

则称这种方案为 (k,n) 秘密分割门限方案,k 称为方案的门限值。

如果一个参与者或一组未经授权的参与者在猜测秘密 s 时,并不比局外人猜秘密时有优势,即由少于 k 个参与者所持有的部分秘密信息得不到秘密 s 的任何信息,则称这个方案是完善的,即 (k,n) 秘密分割门限方案是完善的。

为了可靠性也要适当控制 $n-k$ 的值,以免该值太小而使得秘密的恢复由于有大于 $n-k$ 个人员不能到场而无法恢复。所以 (k,n) 门限的安全性在于既要防止少于 k 个人合作恢复秘密,又要防止对 t 个人的攻击而阻碍秘密的恢复。

下面介绍最具代表性的秘密分割门限方案。

5.4.2 Shamir 门限方案

Shamir 门限方案是典型的秘密分割门限方案。下面详细论述该方案的原理。

Shamir 门限方案基于多项式的 Lagrange 插值公式。插值是数学分析中的一个基本问题。

已知一个函数 $\varphi(x)$ 在 k 个互不相同的点的函数值 $\varphi(x_i)(i=1,2,\cdots,k)$，寻求一个满足 $f(x_i)=\varphi(x_i)(i=1,2,\cdots,k)$ 的函数 $f(x)$ 来逼近 $\varphi(x)$，$f(x)$ 称为 $\varphi(x)$ 的插值函数，也称插值多项式。

已知 $\varphi(x)$ 在 k 个互不相同的点的函数值 $\varphi(x_i)(i=1,2,\cdots,k)$，可构造 $k-1$ 次 Lagrange 插值多项式：

$$f(x)=\sum_{j=1}^{k}\varphi(x_j)\prod_{\substack{l=1\\l\neq j}}^{k}\frac{x-x_1}{x_j-x_1}$$

也可认为是已知 $k-1$ 次多项式 $f(x)$ 的 k 个互不相同的点的函数值 $f(x_i)(i=1,2,\cdots,k)$，构造多项式 $f(x)$。

若把密钥 s 取作 $f(0)$，n 个子密钥取作 $f(x_i)(i=1,2,\cdots,n)$，那么利用其中的任意 k 个子密钥可重构 $f(x)$，从而可得密钥 s。

这种门限方案也可按如下更一般的方式来构造：

(1) 设 $\mathrm{GF}(q)$ 是一有限域，其中 q 是一个大素数，满足 $q\geqslant n+1$。

(2) 秘密 s 是在 $\mathrm{GF}(q)\backslash\{0\}$ 上均匀选取的一个随机数，表示为 $s\in_R \mathrm{GF}(q)\backslash\{0\}$。

(3) $k-1$ 个系数 $a_1,a_2,\cdots,a_i,\cdots,a_{k-1}$ 的选取也满足 $a_i\in_R \mathrm{GF}(q)\backslash\{0\}$ $(i=1,2,\cdots,k-1)$。

(4) 在 $\mathrm{GF}(q)$ 上构造一个 $k-1$ 次多项式 $f(x)=a_0+a_1x+\cdots+a_{k-1}x^{k-1}$。

(5) n 个参与者记为 $P_1,P_2,\cdots,P_i,\cdots,P_n$，$P_i$ 分配到的子密钥为 $f(i)$。

(6) 如果任意 k 个参与者 $P_{i_1},P_{i_2},\cdots,P_{i_l},\cdots,P_{i_k}$ $(1\leqslant i_1<i_2<\cdots i_l<\cdots<i_k\leqslant n)$ 要想得到秘密 s，可使用 $\{(i_l,f(i_l))|l=1,2,\cdots,k\}$ 构成如下的线性方程组：

$$a_0+a_1(i_1)+\cdots+a_{k-1}(i_1)^{k-1}=f(i_1)$$
$$a_0+a_1(i_2)+\cdots+a_{k-1}(i_2)^{k-1}=f(i_2)$$
$$\vdots$$
$$a_0+a_1(i_k)+\cdots+a_{k-1}(i_k)^{k-1}=f(i_k)$$

因为 $i_l(l=1,2,\cdots,k)$ 均不相同，所以可由 Lagrange 插值公式构成如下多项式：

$$f(x)=\sum_{j=1}^{k}f(i_j)\prod_{\substack{l=1\\l\neq j}}^{k}\frac{x-i_1}{i_j-i_1}(\mathrm{mod}\ q)$$

从而可得秘密 $s=f(0)$。

然而参与者仅需知道 $f(x)$ 的常数项 $f(0)$ 而无须知道整个多项式 $f(x)$，所以令 $x=0$，仅需以下表达式就可以求出 s：

$$s = (-1)^{k-1} \sum_{j=1}^{k} f(i_j) \prod_{\substack{l=1 \\ l \neq j}}^{k} \frac{i_1}{i_j - i_1} \pmod{q}$$

如果 $k-1$ 个参与者想获得秘密 s，他们可构造出由 $k-1$ 个方程构成的线性方程组，其中有 k 个未知量。对 $\mathrm{GF}(q)$ 中的任一值 s_0，可设 $f(0) = s_0$，这样可得第 k 个方程，并由 Lagrange 插值公式得出 $f(x)$。因此对每一 $s_0 \in \mathrm{GF}(q)$ 都有唯一的一个多项式满足方程组。所以已知 $k-1$ 个子密钥得不到关于秘密 s 的任何信息，因此这个方案是完善的。

例 5-2 Shamir 门限方案示例。设 $k=3, n=5, q=19, s=11$，随机选取 $a_1 = 2, a_2 = 7$，得多项式为：

$$f(x) = (7x^2 + 2x + 11) \bmod 19$$

分别计算

$$f(1) = (7 \times 1^2 + 2 \times 1 + 11) \bmod 19 = 1$$
$$f(2) = (7 \times 2^2 + 2 \times 2 + 11) \bmod 19 = 5$$
$$f(3) = (7 \times 3^2 + 2 \times 3 + 11) \bmod 19 = 4$$
$$f(4) = (7 \times 4^2 + 2 \times 4 + 11) \bmod 19 = 17$$
$$f(5) = (7 \times 5^2 + 2 \times 5 + 11) \bmod 19 = 6$$

得 5 个子密钥。

如果知道其中的 3 个子密钥 $f(2)=5, f(3)=4, f(5)=6$，就可重构出 $f(x)$：

$$5 \times \frac{(x-3)(x-5)}{(2-3)(2-5)} \bmod 19 = 5 \times (3^{-1} \bmod 19)(x-3)(x-5)$$
$$= 5 \times 13 \times (x-3)(x-5)$$

$$4 \times \frac{(x-2)(x-5)}{(3-2)(3-5)} \bmod 19 = 4 \times ((-2)^{-1} \bmod 19)(x-2)(x-5)$$
$$= 4 \times 9 \times (x-2)(x-5)$$

$$6 \times \frac{(x-2)(x-3)}{(5-2)(5-3)} \bmod 19 = 6 \times (6^{-1} \bmod 19)(x-2)(x-3)$$
$$= 6 \times 16 \times (x-2)(x-3)$$

所以

$$f(x) = [65(x-3)(x-5) + 36(x-2)(x-5) + 96(x-2)(x-3)] \bmod 19$$
$$= 7x^2 + 2x + 11$$

从而得秘密为 $s=11$。

5.4.3 基于中国剩余定理的门限方案

设 $m_1 < m_2 < \cdots < m_n$ 是 n 个大于 1 的整数，满足 $(m_i, m_j) = 1$（对任意的 $i, j, i \neq j$）和 $m_1 m_2 \cdots m_k > m_n m_{n-1} \cdots m_{n-k+2}$（注意这里的条件 $m_1 < m_2 < \cdots < m_n$ 是必需的，在此条件下，$m_1 m_2 \cdots m_k > m_n m_{n-1} \cdots m_{n-k+2}$ 表明最小的 k 个数的乘积也比最大的 $k-1$ 个数的乘积大，从而使得 $m_1, m_2, \cdots, m_n$ 中任意 k 个数的乘积都不比 $m_1 m_2 \cdots m_k$ 小）。

又设 s 是秘密数据，满足：

$$m_n m_{n-1} \cdots m_{n-k+2} < s < m_1 m_2 \cdots m_k$$

这意味着对任意 k 个数的乘积 T，$s = s \bmod T$，而任意的 $k-1$ 个数的乘积 R，则 $s \bmod R$ 在数值上不等于 s。

计算 $M = m_1 m_2 \cdots m_k$，$s_i = s \pmod{m_i}$ $(i=1,2,\cdots,n)$，以 (s_i, m_i, M) 作为一个子密钥，集合 $\{(s_i, m_i, M)\}_{i=1 \sim n}$ 即构成了一个 (k, n) 门限方案。

这是因为，在 k 个参与者中，每个 i、j 计算：

$$M_{ij} = M/m_{ij}, \quad N_{ij} = M_{ij}^{-1} \pmod{m_{ij}}, \quad y_{ij} = s_{ij} M_{ij} N_{ij}$$

结合起来根据中国剩余定理可求得：

$$s = \sum_{j=1}^{k} y_{ij} \left(\bmod \prod_{j=1}^{k} m_{ij} \right)$$

由于任意 k 个或 k 个以上的模数相乘都比 s 大，它们恢复出来的 s 必然相同，而少于 k 个参与者则不行。

5.5 消息认证

5.5.1 消息认证的基本概念

消息认证就是验证所收到的消息确实来自真正的发送方且是未被修改的消息，也可以验证消息的顺序和及时性，即消息认证是使接收者能够检验收到的消息是否真实的方法。因此，消息认证具有三层含义：一是检验消息来源的真实性，即对消息的发送者进行身份认证，确定信息的发送者是真的而不是冒充的；二是检验消息的完整性，即验证消息在传送或存储过程中是否被篡改、删除或插入等；三是检验消息的时效性，即验证消息在传送过程中是否被重传或延迟等。

消息认证实际上是对消息本身产生一个冗余的信息——消息认证码(Message Authentication Code, MAC)。消息认证码是利用密钥对要认证的变长消息和收发双方共享的密钥的一个函数值产生的带密钥的消息摘要函数，它对于要保护的信息来说是唯一的和一一对应的，可以有效地保护消息的完整性以及实现发送方消息的不可抵赖性和不能伪造性。消息认证码的安全性取决于两方面：①采用的加密算法，即利用公钥加密算法对块加密，以保证消息的不可抵赖性和完整性；②待加密数据块的生成方法。

当需要进行消息认证时，仅有消息作为输入是不够的，需要加入密钥 k，消息认证码 MAC 是与这个密钥 k 相关的单向杂凑函数。消息认证码通常表示为：

$$\text{MAC} = C_k(M)$$

其中，M 是长度可变的消息，k 是收、发双方共享的密钥，函数值 $C_k(M)$ 是定长的认证码，即密码校验和。

5.5.2 消息加密认证

1. 在对称加密体制下

在对称加密体制下的消息加密认证如图 5-15 和图 5-16 所示。由于攻击者不知道密

钥 k，他也就不知道如何改变密文中的信息位才能在明文中产生预期的改变。

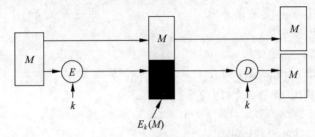

图 5-15　在对称加密体制下的消息加密认证方式 1

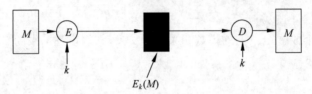

图 5-16　在对称加密体制下的消息加密认证方式 2

接收方可以根据解密后的明文是否具有合理的语法结构来进行消息认证。但有时发送的明文本身并没有明显的语法结构或特征，例如二进制文件，因此很难确定解密后的消息就是明文本身。

2. 在公钥加密体制下

在公钥加密体制下的消息加密认证如图 5-17 所示。由于只有 A 有用于产生 $E_{SK_A}(M)$ 的密钥，所以此方法提供认证。

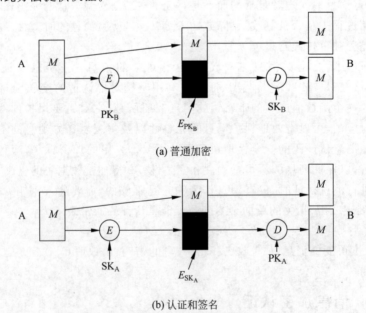

图 5-17　在公钥加密体制下的消息加密认证

5.5.3 Hash 函数

密码学上的 Hash 函数也称杂凑函数或报文摘要函数等,是一种将任意长度的消息 m 压缩(或映射)到某一固定长度的消息摘要 $H(m)$ 的函数。$H(m)$ 也称消息 m 的指纹。一个 Hash 函数是一个多对一的映射。

1. Hash 函数的分类

Hash 函数按是否需要密钥可分为以下两类。

(1) 不带密钥的 Hash 函数,它只有一个被通常称为消息的输入参数。

(2) 带密钥的 Hash 函数,它有两个不同的输入,分别称为消息和密钥。

按设计结构,散列算法可以分为三大类:标准 Hash、基于分组加密 Hash 和基于模数运算 Hash。

标准 Hash 函数有两大类:MD 系列的 MD4、MD5、HAVAI、RIPEMD、RIPEMD-160 等;SHA 系列的 SHA-1、SHA-256、SHA-384、SHA-512 等,这些 Hash 函数体现了目前主要的 Hash 函数设计技术。

2. Hash 函数的性质

从应用需求上来说,Hash 函数 H 必须满足以下性质。

(1) H 能够应用到任何大小的数据块上。

(2) H 能够生成大小固定的输出。

(3) 对任意给定的 x,$H(x)$ 的计算相对简单,使得硬件和软件的实现可行。

从安全意义上来说,Hash 函数 H 应满足以下性质。

(1) 对任意给定的散列值 h,找到满足 $H(x)=h$ 的 x 在计算上是不可行的。

(2) 对任意给定的找到满足 $H(x)=H(y)$ 而 $x \neq y$ 的对 (x,y) 在计算上是不可行的。

(3) 要发现满足 $H(x)=H(y)$ 而 $x \neq y$ 的对 (x,y) 是计算上不可行的。

满足以上前两个性质的杂凑函数称为弱 Hash 函数,或称杂凑函数 $H(x)$ 为弱无碰撞的;如果还满足第(3)个性质,就称为强 Hash 函数,或称杂凑函数 $H(x)$ 为强无碰撞的。

第(1)个性质是单向性的要求,通常也称抗原像性。第(2)个性质是弱无碰撞性,也称抗第二原像性,目的是防止伪造,即将一份报文的指纹伪造成另一份报文的指纹在计算上是不可行的。第(3)个性质是强无碰撞性,也称抗碰撞性,它防止对杂凑函数实施自由起始碰撞攻击或称生日攻击。

杂凑函数各性质之间的关系如下。

性质 5-1 杂凑函数的强无碰撞性(抗碰撞性)隐含弱无碰撞性(抗第二原像性)。

证明 5-1 假设杂凑函数 $H(x)$ 不具有弱无碰撞性,则对于一个 x,就可以找到一个 $y(\neq x)$,使得 $H(x)=H(y)$,这时 (x,y) 是不同输入杂凑为同一输出,而这与强无碰撞性矛盾。

3. 常用 Hash 算法

1) MD5 Hash 算法

MD4 是 MD5 杂凑算法的前身,由 Ronald Rivest 于 1990 年 10 月作为 RFC 提出,

1992年4月公布的MD4的改进(RFC 1320,1321)称为MD5。

MD5算法的输入消息可任意长,压缩后输出为128b。MD5算法框图如图5-18所示。

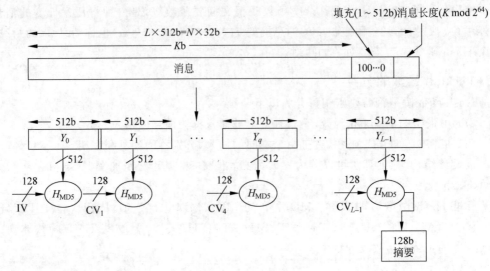

图5-18 MD5算法框图

MD5算法的步骤如下。

(1) 分组填充,如图5-19所示。

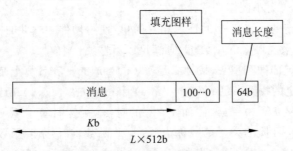

图5-19 MD5算法分组填充

如果消息长度大于2^{64},则取其对2^{64}的模。

执行完后,消息的长度为512的倍数(设为L倍),则可将消息表示为分组长为512的一系列分组$Y_0,Y_1,\cdots,Y_{L-1}$,而每一分组又可表示为16个32b长的字,这样消息中的总字数为$N=L\times 16$,因此消息又可按字表示为$M[0,\cdots,N-1]$。

(2) 缓冲区初始化。Hash函数的中间结果和最终结果保存于128位的缓冲区中,缓冲区用32位的寄存器表示。可用4个32b字表示:A、B、C、D。初始存数以十六进制表示为:

$A=01234567$

$B=89ABCDEF$

$C=FEDCBA98$

$D=76543210$

(3) H_{MD5}运算。以分组为单位对消息进行处理每一分组$Y_q(q=0,\cdots,L-1)$都经

一压缩函数 H_{MD5} 处理。H_{MD5} 是算法的核心,如图 5-20 所示,其中又有 4 轮处理过程。

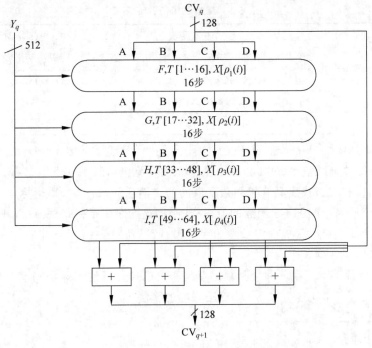

图 5-20　H_{MD5} 运算示意图

H_{MD5} 的 4 轮处理过程结构一样,但所用的逻辑函数不同,分别表示为 F、G、H、I。每轮的输入为当前处理的消息分组 Y_q 和缓冲区的当前值 A、B、C、D,输出仍放在缓冲区中以产生新的 A、B、C、D。

每轮又要进行 16 步迭代运算,4 轮共需 64 步完成。

第四轮的输出与第一轮的输入相加得到最后的输出。

压缩函数中的一步迭代过程如图 5-21 所示。

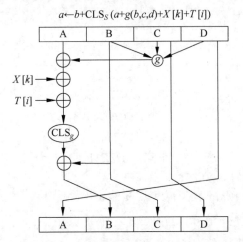

图 5-21　压缩函数中的一步迭代过程

其中基本逻辑函数 g 定义如表 5-1 所示。

表 5-1 基本逻辑函数 g 定义

轮	基本逻辑函数	$g(b,c,d)$
1	$F(b,c,d)$	$(b \wedge c) \vee (\overline{b} \wedge d)$
2	$G(b,c,d)$	$(b \wedge d) \vee (c \wedge \overline{d})$
3	$H(b,c,d)$	$b \oplus c \oplus d$
4	$I(b,c,d)$	$c \oplus (b \vee \overline{d})$

MD5 的输出为 128b,若采用纯强力攻击寻找一个消息具有给定 Hash 值的计算困难性为 2^{128},用每秒可试验 1 000 000 000 个消息的计算机需时 1.07×10^{22} 年。

采用生日攻击法,找出具有相同杂凑值的两个消息需执行 2^{64} 次运算。

如果两个输入串的 Hash 函数的值一样,则称这两个串是一个碰撞(Collision)。既然是把任意长度的字符串变成固定长度的字符串,所以,必有一个输出串对应无穷多个输入串,碰撞是必然存在的。

2004 年 8 月 17 日,在美国加利福尼亚州圣巴巴拉召开的国际密码学会议上,山东大学王小云教授公布了快速寻求 MD5 算法碰撞的算法。

2) SHA 算法

(1) 算法简介。

① 由 NIST 设计。

② 1993 年成为联邦信息处理标准(FIPS PUB 180)。

③ 基于 MD4 算法,与之非常类似。

④ 输入为小于 2^{64}b 的任意消息。

⑤ 分组 512b。

⑥ 输出 160b。

(2) 算法描述。

① 消息填充:与 MD5 完全相同。

② 附加消息长度:64b。

③ 缓冲区初始化。

$$A = 67452301$$
$$B = EFCDAB89$$
$$C = 98BADCFB$$
$$D = 10325476$$
$$E = C3D2E1F0$$

(3) 分组处理,如图 5-22 所示。

(4) SHA-1 压缩函数(单步),如图 5-23 所示。

(5) SHA-1 的基本逻辑函数 f_t,如表 5-2 所示,其中 $\wedge$、$\vee$、$-$、$\oplus$ 分别表示与、或、非、异或 4 个逻辑运算。

第 5 章 密钥分配与管理

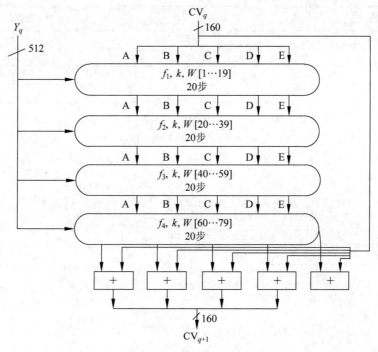

图 5-22 分组处理示意图

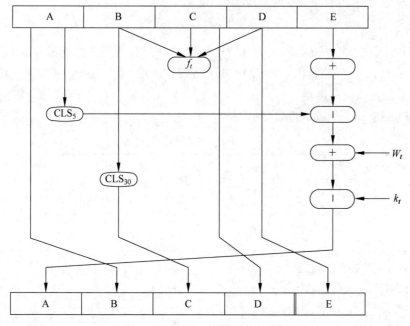

图 5-23 SHA-1 压缩函数示意图

表 5-2 SHA 中基本逻辑函数的定义

轮	基本函数	函数值
1	$f_1(B,C,D)$	$(B \wedge C) \vee (\overline{B} \wedge D)$
2	$f_2(B,C,D)$	$B \oplus C \oplus D$
3	$f_3(B,C,D)$	$(B \wedge C) \vee (B \wedge D) \vee (C \wedge D)$
4	$f_4(B,C,D)$	$B \oplus C \oplus D$

(6) W_t：从当前 512 位输入分组导出的 32 位字。

如图 5-24 所示，下面说明如何由当前的输入分组(512b)导出 W_t(32b)。前 16 个值(即 $W_0, W_1, \cdots, W_{15}$)直接取为输入分组的 16 个相应的字，其余值(即 $W_{16}, W_{17}, \cdots, W_{79}$)取为：

$$W_t = \mathrm{CLS}_1(W_{t-16} \oplus W_{t-14} \oplus W_{t-8} \oplus W_{t-3})$$

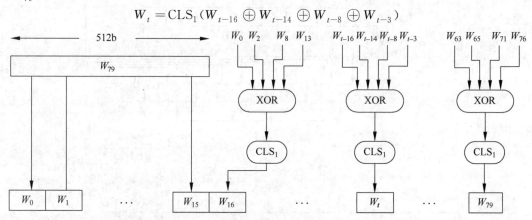

图 5-24 W_t：从当前 512 位输入分组导出的 32 位字示意图

与 MD5 比较，MD5 直接用一个消息分组的 16 个字作为每步迭代的输入，而 SHA 则将输入分组的 16 个字扩展成 80 个字以供压缩函数使用，从而使得寻找具有相同压缩值的不同的消息分组更为困难。

(7) k_t：加法常量，如表 5-3 所示。

表 5-3 加法常量

步骤	十六进制
$0 \leqslant t \leqslant 19$	$k_t = \mathrm{5A827999}$
$20 \leqslant t \leqslant 39$	$k_t = \mathrm{6ED9EBA1}$
$40 \leqslant t \leqslant 59$	$k_t = \mathrm{8F1BBCDC}$
$60 \leqslant t \leqslant 79$	$k_t = \mathrm{CA62C1D6}$

3) SHA 与 MD5 的比较

(1) 抗穷举搜索能力。

① 寻找指定 Hash 值，SHA 为 $O(2^{160})$，MD5 为 $O(2^{128})$。

② 生日攻击，SHA 为 $O(2^{80})$，MD5 为 $O(2^{64})$。

(2) 抗密码分析攻击的强度，SHA 似乎高于 MD5。

(3) 速度。SHA 较 MD5 慢。

(4) 简捷与紧致性。描述都比较简单,都不需要大的程序和代换表。

4) 其他 Hash 算法

(1) MD4。

① MD4 使用 3 轮运算,每轮 16 步;MD5 使用 4 轮运算,每轮 16 步。

② MD4 的第一轮运算没有使用加法常量,第二轮运算中每步迭代使用的加法常量相同,第三轮运算中每步迭代使用的加法常量相同,但不同于第二轮运算使用的加法常量;MD5 的 64 部使用的加法常量 $T[i]$ 均不同。

③ MD4 使用 3 个基本逻辑函数,MD5 使用 4 个。

④ MD5 中每步迭代的结果都与前一步的结果相加,MD4 则没有。

⑤ MD5 比 MD4 更复杂,所以其执行速度也更慢,Rivest 认为增加复杂性可以增加安全性。

(2) RIPEMD-160。

① 欧共体 RIPE 项目组提出。

② 输入可以是任意长的报文,输出 160 位摘要。

③ 对输入按 512 位分组。以分组为单位处理。

④ 算法的核心是具有 10 轮运算的模块,10 轮运算分成两组,每组 5 轮,每轮 16 步迭代。

习题 5

1. 密钥管理的原则是什么?
2. 对称密码体制的密钥管理策略是什么?
3. 对称密钥体制下密钥分配的方法有哪些?
4. 公钥密码体制的秘密密钥的分配方法有哪些?
5. 公钥密码体制的公钥管理策略是什么?
6. 公钥密钥体制如何实施公开密钥的分配?
7. 随机数在密码算法中的使用有哪些?简述 DES 的输出反馈模式产生随机数的工作原理。
8. 密钥托管的目的是什么?简述密钥托管的工作原理。
9. 在公钥体制中,每一用户 U 都有自己的公开钥 PK_U 和秘密钥 SK_U。如果任意两个用户 A、B 按以下方式通信,A 发给 B 消息 $(E_{PK_B}(m), A)$,B 收到后,自动向 A 返回消息 $(E_{PK_A}(m), B)$ 以通知 A、B 确实收到报文 m。

(1) 问用户 C 怎样通过攻击手段获取报文 m?

(2) 若通信格式变为:

A 发给 B 消息:$E_{PK_B}(E_{SK_A}(m), m, A)$

B 向 A 返回消息:$E_{PK_A}(E_{SK_B}(m), m, B)$

这时的安全性如何?分析 A、B 这时如何相互认证并传递消息 m。

10. DH 密钥交换算法在实施时易受中间人攻击，即攻击者截获通信双方通信的内容后可分别冒充通信双方，以获得通信双方协商的密钥。详细分析攻击者如何实施攻击。

11. 在 DH 密钥交换过程中，设大素数 $p=11$，$a=2$ 是 p 的本原根。
（1）用户 A 的公开钥 $Y_A=9$，求其秘密钥 X_A。
（2）设用户 B 的公开钥 $Y_B=3$，求 A 和 B 的共享密钥 k。

12. 线性同余算法 $X_{n+1}=(aX_n) \bmod 24$，问：
（1）该算法产生的数列的最大周期是多少？
（2）a 的值是多少？
（3）对种子有何限制？

13. 在 Shamir 门限方案中，设 $k=3$，$n=5$，$q=17$，5 个子密钥分别是 8、7、10、0、11，从中任选 3 个，构造插值多项式并求秘密数据 s。

第6章 数字签名技术

数字签名是信息安全一个非常重要的分支,它在大型网络安全通信中的密钥分配、安全认证、公文安全传输及电子商务系统中的防否认等方面具有重要作用。本章首先介绍数字签名技术的概念,然后介绍数字签名典型算法及数字签名体制与应用技术。

6.1 数字签名的基本概念

6.1.1 数字签名技术概述

在人们的工作和生活中,许多事物的处理需要当事者签名。例如,政府部门的文件、命令、证书,商业的合同,财务的凭证等都需要当事者签名。签名起到确认、核准、生效和负责任等多种作用。在传统的以书面文件为基础的事务处理中,采用书面签名的形式,如手签、印章、手印等。一个完善的签名应满足以下三个条件。

(1) 签名者事后不能抵赖自己的签名。

(2) 任何其他人不能伪造签名。

(3) 如果当事人双方关于签名的真伪发生争执,能够在公正的仲裁者面前通过验证签名来确认其真伪。

手签、印章、手印等书面签名基本上满足以上条件,因而得到司法部门的支持,具有一定的法律意义。实际上,签名是证明当事者的身份和数据真实性的一种信息。既然签名是一种信息,因此签名可以用不同的形式来表示。在以计算机文件为基础的现代事务处理中,应采用电子形式的签名,即数字签名(Digital Signature)。

在当前的互联网环境中,电子商务、电子政务、电子金融等系统得到广泛应用,这些系统的网络安全问题也成为国家战略发展部署环节的一部分,因此,这些系统中的数字签名问题显得尤为重要和突出。

数字签名利用的是密码技术,其安全性取决于密码体制的安全程度,因而可以获得比书面签名更高的安全性。虽然利用传统密码和公开密钥密码都能够实现数字签名,但是传统密码体制难以达到与书面签名一样的效果,实用性不强,一般很少采用。

由于公开密钥密码既可以用于数据加密又可以用于数字签名,因此,公开密钥体制的出现使数字签名技术日臻成熟,现已得到普遍应用。公开密钥密码使用起来安全方便,这是其深受欢迎的主要原因之一。但是公开密钥密码的效率比较低,目前主要用于数字签名或者作为保护传统密码的密钥。

数字签名的形式是多种多样的,例如,通用数字签名、仲裁数字签名、不可否认签名、盲签名、群签名、门限签名等,完全能够适合各种不同类型的应用。可以预计,数字签名在获得法律支持后将会得到更广泛的应用。

6.1.2 数字签名技术特点

1. 数字签名与手书签名的区别

1) 包含性

传统手书签名是包含在文件中的,是文件的一部分。在签一张支票的时候,签名就在支票上,而不是一个单独的文件。但是当数字签名一个文件时,把签名当作一个单独的文件来发送。发送者发送两个文件:信息和签名。接收者也接收两个文件,并且要证实签名是属于假定发送者的。如果签名被证实了,就保存信息,否则就拒绝。

2) 验证方法

两种签名的第二种区别就是验证签名的方法不同。对传统签名来说,接收者接收一个文件后,就要把文件上的签名和档案上的签名进行对比。如果相同,文件就是可信的。接收者需要有一个档案上签名的副本来对比。对于数字签名来说,接收者接收的是信息和签名。任何地方都不会存有这个签名的副本。接收者必须使用一种验证技术来验证信息和签名,以证实其真实性。

3) 关系

对于传统签名来说,签名和文件通常是一对多的关系。某人可以用一个签名去签多个文件。对于数字签名来说,签名和信息是一对一的关系。每一个信息拥有它自己的签名,一个信息的签名不能用在另一个信息上。如果 Bob 相继接收两个来自 Alice 的信息,那他就不能用第一个信息的签名来验证第二个。每一个信息都需要一个新的签名。

4) 二重性

两种签名的另一个区别是一种称为二重性的性质。在传统签名中,已签名文件的副本可以和档案中的原始签名相区别。在数字签名中,除了时间因素(如时间戳)以外,在文件上没有这种区别。例如,假定 Alice 发送一个文件,指示 Bob 向 Tom 付款。如果 Tom 拦截了这个信息和签名,他就可以重发这一信息,以便再次从 Bob 那里得到付款。

2. 数字签名的性质

数字签名体制提供了一种鉴别方法,以解决如下问题。

(1) 伪造,即接收者伪造一份文件,声称是对方发送的。

(2) 抵赖,即发送者或接收者事后不承认自己发送或接收过文件。

(3) 冒充,即网上的某个用户冒充另一个用户发送或接收文件。

(4) 篡改,即接收者对收到的文件进行局部的篡改。

根据数字签名需要解决的问题,其应该具有如下性质。

(1) 能够验证签名产生者的身份,以及产生签名的日期和时间。

(2) 能用于证实被签消息的内容。

(3) 数字签名可由第三方验证,从而能够解决通信双方的争议。

由此可见,数字签名具有认证功能。为实现上述三条性质,数字签名应满足以下要求。

(1) 签名的产生必须使用发送方独有的一些信息以防伪造和否认。

(2) 签名的产生应较为容易。

(3) 签名的识别和验证应较为容易。

(4) 对已知的数字签名构造一个新的消息或对已知的消息构造一个假冒的数字签名在计算上都是不可行的。

6.1.3 数字签名技术原理

一般数字签名的格式为:用户 A 向 B 用明文送去消息 m,为了让 B 确信消息 m 是 A 送来的,没有篡改,可在 m 的后面附上固定长度(例如 60b 或 128b)的数码。B 收到后,可通过一系列的步骤验证,然后予以确认或拒绝消息 m。图 6-1 是数字签名的基本过程。

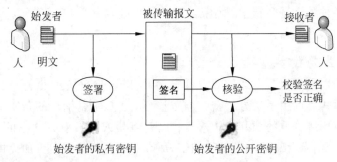

图 6-1 数字签名的基本过程

在公钥体制下,数字签名是通过一个单向函数对要传送的报文进行处理,得到用以核实报文是否发生变化的一个字母数字串。该字母数字串成为该消息的消息摘要,用户用自己的私钥对消息摘要进行加密,然后信息接收者使用信息发送者的公钥对附在原始信息后的数字签名进行解密后获得哈希摘要,并通过与用自己收到的原始数据产生的哈希摘要对照,便可确信原始信息是否被篡改,同时也保证了数据传输的不可否认性。

一个基于公钥密码学的数字签名方案被定义为一类算法三元组(Gen,Sig,Ver),方案中有两方参与:签名者 Signer 与验证者 Verifier。

1) 密钥生成算法 Gen

它是一个概率多项式时间算法,由系统或者签名者执行,该算法以系统安全参数 1^k(即 k 个 1)为输入,输出密钥对(Pk,Sk),其中 Pk 称为签名者公开密钥,Sk 称为签名者私有密钥,即 $Gen(1^k) \rightarrow (Pk,Sk)$。

2) 签名生成算法 Sig

它同样是一个概率多项式时间算法,由签名者执行,该算法以签名者私有密钥 Sk、待签名消息 $m \in \{0,1\}^k$ 为输入,输出一个串 s。此时称 s 为签名者以签名者私有密钥 Sk 对消息 m 所做的签名,即 $Sig(Sk,m) \rightarrow s$。

3) 签名验证算法 Ver

它是一个确定性算法,由验证者执行,该算法以签名公开密钥 Pk、签名消息对 (m,s)

为输入,输出 0 或 1,即 Ver(Pk,m,s)→{0,1}。输出 1 说明签名有效,反之,输出 0 说明签名无效。

采用上述数字签名方案的用户首先采用密钥生成算法生成系统的密钥对(Pk,Sk),签名者将公开密钥 Pk 公开,自己安全地保管私有密钥 Sk。当该签名者需要对某一消息 m 签名时,他采用签名算法 Sig 以私有密钥 Sk 和 m 为输入,得到消息 m 的签名 s = Sig(Sk,m)。签名生成后,签名者将签名消息对(m,s)传送给验证者,验证者可以在事后任一时间采用签名验证算法 Ver 以签名者公开密钥和消息签名对为输入,来验证签名是否有效,即 Ver(Pk,m,s)→{0,1}。若是一个经验证有效的签名,签名者就要对该签名负责,因为在签名方案安全的前提下仅有签名者拥有签名私有密钥,因而只有签名者才能生成某消息的有效签名。

6.1.4 数字签名技术分类

目前已有多种数字签名技术,所有这些技术可归结为两类:直接方式的数字签名和具有仲裁方式的数字签名。

1. 直接方式的数字签名

直接方式的数字签名只有通信双方参与,并假定接收方知道发送方的公开密钥。数字签名的形成方式可以用发送方的密钥加密整个消息或加密消息的杂凑值。

如果发送方用接收方的公开密钥(公钥加密体制)或收发双方共享的会话密钥(单钥加密体制)对整个消息及其签名进一步加密,那么对消息及其签名更加提供了保密性。而此时的外部保密方式(即数字签名是直接对需要签名的消息生成而不是对已加密的消息生成,否则称为内部保密方式)则对解决争议十分重要,因为在第三方处理争议时,需要得到明文消息及其签名才行。如果采用内部保密方式,那么,第三方必须在得到消息的解密密钥后才能得到明文消息。如果采用外部保密方式,那么,接收方就可将明文消息及其数字签名存储下来以备以后出现争议时使用。

直接方式的数字签名有一弱点,即签名的有效性取决于发送方密钥的安全性。如果发送方想对自己已发出的消息予以否认,就可声称自己的密钥已丢失或被盗,认为自己的签名是他人伪造的。对这一弱点可采取某些行政手段,在某种程度上减弱这种威胁。例如,要求每一被签的消息都包含有一个时间戳(日期和时间),并要求密钥丢失后立即向管理机构报告。这种方式的数字签名还存在发送方的密钥真的被偷的危险。例如,敌方在时刻 T 偷得发送方的密钥,然后可伪造一消息,用偷得的密钥为其签名并加上 T 以前的时刻作为时间戳。

2. 具有仲裁方式的数字签名

上述直接方式的数字签名所具有的缺陷都可通过使用仲裁者得以解决。和直接方式的数字签名一样,具有仲裁方式的数字签名也有很多实现方案,这些方案都按以下方式运行:发送方 X 对发往接收方 Y 的消息签名后,将消息及其签名先发给仲裁者 A,A 对消息及其签名验证完后,再连同一个表示已通过验证的指令一起发往接收方 Y。此时由于 A 的存在,X 无法对自己发出的消息予以否认。在这种方式中,仲裁者起着重要的作用并应取得所有用户的信任。

以下是具有仲裁方式的数字签名的几个实例,其中 X 表示发送方,Y 表示接收方,A 是仲裁者,m 是消息。X→Y:表示 X 给 Y 发送信息,‖ 表示链接。

例 6-1 签名过程如下:

① X→A:$m \parallel E_{k_{XA}}[\text{ID}_X \parallel H(m)]$。

② A→Y:$E_{k_{AY}}[\text{ID}_X \parallel m \parallel E_{k_{XA}}[\text{ID}_X \parallel H(m) \parallel T]]$。

其中,E 是单钥加密算法,k_{XA} 和 k_{AY} 分别是 X 与 A 共享的密钥和 A 与 Y 共享的密钥,$H(m)$ 是 m 的杂凑值,T 是时间戳,ID_X 是 X 的身份。

在①中,X 以 $E_{k_{XA}}[\text{ID}_X \parallel H(m)]$ 作为自己对 m 的签名,将 m 及签名发往 A。在②中,A 将从 X 收到的内容和 ID_X、T 一起加密后发往 Y,其中 T 用于表示向 Y 所发送的消息不是旧消息的重放。Y 对收到的内容解密后,将解密结果存储起来以备出现争议时使用。

如果出现争议,Y 可声称自己收到的 m 的确来自 X,并将 $E_{k_{AY}}[\text{ID}_X \parallel m \parallel E_{k_{XA}}[\text{ID}_X \parallel H(m)]]$ 发给 A,由 A 仲裁,A 由 k_{AY} 解密后,再用 k_{XA} 对 $E_{k_{XA}}[\text{ID}_X \parallel H(m)]$ 解密,并对 $H(m)$ 加以验证,从而验证了 X 的签名。

以上过程中,由于 Y 不知 k_{XA},因此不能直接检查 X 的签名,但 Y 认为消息来自于 A,因而是可信的。所以整个过程中,A 必须取得 X 和 Y 的高度信任:

① X 相信 A 不会泄露 k_{XA},并且不会伪造 X 的签名。

② Y 相信 A 只有在对 $E_{k_{AY}}[\text{ID}_X \parallel m \parallel E_{k_{XA}}[\text{ID}_X \parallel H(m) \parallel T]]$ 中的杂凑值及 X 的签名验证无误后才将之发给 Y。

③ X、Y 都相信 A 可公正地解决争议。

如果 A 已取得各方的信任,则 X 就相信没有人能伪造自己的签名,Y 就相信 X 不能对自己的签名予以否认。

本例中 m 是以明文形式发送的,因此未提供保密性,下面两个例子可提供保密性。

例 6-2 签名过程如下:

① X→A:$\text{ID}_X \parallel E_{k_{XY}}[m] \parallel E_{k_{XA}}[\text{ID}_X \parallel H(E_{k_{XY}}[m])]$。

② A→Y:$E_{k_{AY}}[\text{ID}_X \parallel E_{k_{XY}}[m] \parallel E_{k_{XA}}[\text{ID}_X \parallel H(E_{k_{XY}}[m]) \parallel T]]$。

其中,k_{XY} 是 X、Y 共享的密钥,其他符号与例 6-1 相同。X 以 $E_{k_{XA}}[\text{ID}_X \parallel H(E_{k_{XY}}[m])]$ 作为对 m 的签名,与由 k_{XY} 加密的明文 m 一起发给 A。A 对 $E_{k_{XA}}[\text{ID}_X \parallel H(E_{k_{XY}}[m])]$ 解密后通过验证杂凑值以验证 X 的签名,但始终未能读取明文 m。A 验证完 X 的签名后,对 X 发来的消息加一时间戳,再用 k_{AY} 加密后发往 Y。解决争议的方法与例 6-1 类似。

本例虽然提供了保密性,但还存在与例 6-1 相同的一个问题,即仲裁者有可能和发送方共谋以否认发送方曾发过的消息,也可和接收方共谋以伪造发送方的签名。这一问题可通过例 6-3 所示的采用公钥加密技术得以解决。

例 6-3 签名过程如下:

① X→A:$\text{ID}_X \parallel E_{\text{SK}_X}[\text{ID}_X \parallel E_{\text{PK}_Y}[E_{\text{SK}_X}[m]]]$。

② A→Y:$E_{\text{SK}_A}[\text{ID}_X \parallel E_{\text{PK}_Y}[E_{\text{SK}_X}[m]] \parallel T]$。

其中,SK_A 和 SK_X 分别是 A 和 X 的私钥,PK_Y 是 Y 的公钥,其他符号与前两例相同。在第①步中,X 用自己的私钥 SK_X 和 Y 的公钥 PK_Y 对消息加密后作为对 m 的签名,以这种方式使得任何第三方(包括 A)都不能得到 m 的明文消息。A 收到 X 发来的内容后,用 X 的公钥可对 $E_{SK_X}[ID_X \| E_{PK_Y}[E_{SK_X}[m]]]$ 解密,并将解密得到的 ID_X 与收到的 ID_X 加以比较,从而可确信这一消息是来自于 X 的(因只有 X 有 SK_X)。第②步,A 将 X 的身份 ID_X 和 X 对 m 的签名加上一时间戳后,再用自己的私钥加密发往 Y。

与前两种方案相比,第三种方案有很多优点。首先,在协议执行以前,各方都不必有共享的信息,从而可防止共谋。其次,只要仲裁者的私钥不被泄露,任何人包括发送方就不能发送重放的消息。最后,对任何第三方(包括 A)来说,X 发往 Y 的消息都是保密的。

3. 其他数字签名技术

1) 数字摘要的数字签名

这一方法要使用单向检验和(One-Way Check Sum)的函数 CK(Checksum)。若明文 h 是数字摘要,则计算出 CK(h),这种数字签名同样确认了:报文是由签名者发送的;报文自签发到收到为止未被修改过。

其实现过程如下:

(1) 被发送明文 m 用安全杂凑算法(SHA)编码加密产生 128b 的数字摘要。

(2) 发送方用自己的私有密钥对摘要再加密,形成"数字签名"。

(3) 将原文 m 和加密的摘要同时传给对方。

(4) 接收方用发送方的公钥对摘要解密,同时对收到的文件用 SHA 编码加密产生摘要。

(5) 接收方将解密后的摘要和收到的原明文重新与 SHA 加密产生的摘要进行对比,如果两者一致,则明文信息在传送过程中没有被破坏或篡改,否则反之。

2) 电子邮戳

在交易文件中,时间是十分重要的因素,需要对电子交易文件的日期和时间采取安全措施,以防文件被伪造或篡改。电子邮戳服务是计算机网络上的安全服务项目,由专门机构提供。电子邮戳是时间戳,是一个经加密后形成的凭证文档,它包括三个部分。

(1) 需加邮戳的文件的摘要。

(2) ETS 收到文件的日期和时间。

(3) ETS 的数字签名。

时间戳产生过程为:用户首先将需要加时间戳的文件用 Hash 编码加密形成摘要,然后将该摘要发送到 ETS,ETS 在加入收到文件摘要的日期和时间信息后再对该文件加密(数字签名),最后送回用户。由 Bellcore 创造的 ETS 采用下面的过程:加密时将摘要信息归并到二叉树的数据结构,再将二叉树的根值发表在报纸上,这样便有效地为文件发表时间提供了佐证。注意:书面签署文件的时间是由签署人自己写上的,而数字时间戳则不然,它是由认证单位 ETS 加上的,以 ETS 收到文件的时间为依据。因此,时间戳也可作为科学家的科学发明文献的时间认证。

3) 数字证书

数字签名很重要的机制是数字证书(Digital Certificate 或 Digital ID)。数字证书又称数字凭证,是用电子手段来证实一个用户的身份和对网络资源访问的权限。在网上的电子交易中,如双方出示了各自的数字证书,并用它来进行交易操作,那么双方都可不必为对方身份的真伪担心。数字证书可用于电子邮件、电子商务、群件、电子基金转移等各种用途。数字证书是一个经证书授权中心数字签名的包含公开密钥拥有者信息以及公开密钥的文件。最简单的数字证书包含一个公开密钥、名称以及证书授权中心的数字签名。一般情况下,数字证书中还包括密钥的有效时间、发证机关(证书授权中心)的名称、证书的序列号等信息,证书的格式遵循 ITUT X.509 国际标准。

(1) X.509 数字证书包含的内容如下。

① 证书的版本信息。

② 证书的序列号,每个证书都有一个唯一的证书序列号。

③ 证书所使用的签名算法。

④ 证书的发行机构名称,命名规则一般采用 X.509 格式。

⑤ 证书的有效期,现在通用的证书一般采用 UTC 时间格式,它的计时范围为 1950~2049。

⑥ 证书所有人的名称,命名规则一般采用 X.509 格式。

⑦ 证书所有人的公开密钥。

⑧ 证书发行者对证书的签名。

(2) 数字证书的三种类型如下。

① 个人凭证(Personal ID):它仅仅为某一个用户提供凭证,以帮助其个人在网上进行安全交易操作。个人身份的数字证书通常安装在客户端的浏览器内,并通过安全的电子邮件(S/MIME)来进行交易操作。

② 企业(服务器)凭证(Server ID):它通常为网上的某个 Web 服务器提供凭证,拥有 Web 服务器的企业可以用具有凭证的 Web 站点来进行安全电子交易。有凭证的 Web 服务器会自动地将其与客户端 Web 浏览器通信的信息加密。

③ 软件(开发者)凭证(Developer ID):它通常为因特网中被下载的软件提供凭证,该凭证用于微软公司的 Authenticode 技术(合法化软件)中,以使用户在下载软件时能获得所需的信息。

上述三类凭证中前两类是常用的凭证,第三类则用于比较特殊的场合。大部分认证中心提供前两类凭证,能提供各类凭证的认证中心并不普遍。

6.2 RSA 数字签名算法

利用 RSA 加密算法构造的数字签名称为 RSA 数字签名。

6.2.1 RSA 数字签名算法描述

1. 密钥生成算法

这里密钥生成程序和密码系统中的程序是完全相同的。

(1) 选取两个大素数 p、q,计算:
$$n = p \times q, \quad \varphi(n) = (p-1) \times (q-1)$$
(2) 随机选取一个与 $\varphi(n)$ 互素的整数 e,满足:
$$0 < e < \varphi(n), \quad 且 \gcd(e,\varphi(n)) = 1$$
(3) 用扩展的欧几里得算法求 e 模 $\varphi(n)$ 的逆 d,即
$$e \times d \equiv 1 \mod \varphi(n)$$
(4) 签名者的公钥:$\{n,e\}$,私钥:$\{p,q,d\}$,即:用户 A 将公开模数 n 与密钥 e,而将 p、q 与密钥 d 严格保密。

2. 签名算法

假设用户 A 对消息 $M \in Z_n$ 进行签名,需要计算:
$$S = \text{Sig}(M) = M^d \mod n$$
并将 S 作为 A 对消息 M 的数字签名附在消息 M 后。

3. 验证算法

假设用户 B 需要验证用户 A 对消息 M 的签名 S。用户 B 计算:
$$M' = S^e \mod n$$
并判断 M' 是否与 M 同余,如果两个值是同余的,即 $M \equiv M'$,则说明签名 S 确实为用户 A 所产生;否则签名 S 可能是由攻击者伪造生成的。

可以将 RSA 验证算法完整地表述如下:
$$\text{Ver}(M,S) = (M = (S^e \mod n))? \text{ true:false}$$
其中,Expression? true:false 表示:如果 Expression 为真,则整个表达式的最终结果为 true,否则表达式的最终结果为 false。

为了签名的安全性,p 和 q 的取值必须是非常大的。

例 6-4 签名示例。假定 Alice 选择 $p=823$ 和 $q=953$,并算出 $n=784\,319$。$\varphi(n)$ 的值是 $782\,544$。现在她选择 $e=313$ 并算出 $d=160\,009$。在这一点上,密钥生成就完成了。现在设想 Alice 要发送一个 M 值为 $19\,070$ 的信息给 Bob。她运用其私钥 $160\,009$ 对信息签名:
$$M:19\,070 \rightarrow S = 19\,070^{160\,009} \mod 784\,319 = 210\,625 \mod 784\,319$$
Alice 发送信息和签名给 Bob。Bob 接收信息和签名。他算出:
$$M' = 210\,625^{313} \mod 784\,319 = 19\,070 \mod 784\,319 \rightarrow M \equiv M' \mod n$$
因为验证了 Alice 的签名,Bob 接收了信息。

6.2.2 RSA 数字签名的安全性

对于 RSA 的数字签名方案,有以下几种攻击方式。

1. 一般攻击

RSA 密码的加密运算和解密运算具有相同的形式,都是模幂运算。设 e 和 n 是用户 A 的公开密钥,则任何人都可以获得并使用 e 和 n。攻击者首先随意选择一个数据 y,并

用 A 的公开密钥计算 x，即 $x = y^e \bmod n$，于是可以伪造 A 的一个 RSA 数字签名 (x,y)。因为

$$x^d \bmod n = (y^e)^d \bmod n = y^{ed} \bmod n = y \bmod n$$

所以用户 A 对 x 的 RSA 数字签名是 y。由于 y 是 A 对 x 的一个有效签名，即伪造了 A 的签名。这种攻击实际上的成功率是不高的。因为对于随意选择的 y，通过加密运算后得到的 $x = y^e \bmod n$ 具有正确语义的概率是很低的。

防范措施：可以通过认真设计数据格式或采用 Hash 函数与数字签名相结合的方法阻止这种攻击。

2. 利用已有的签名进行攻击

假设攻击者想要伪造 A 对 M_3 的签名，他很容易找到另外两个数据 M_1 和 M_2，使得 $M_3 = M_1 M_2 \bmod n$。

他设法让 A 分别对 M_1 和 M_2 进行签名：

$$S_1 = (M_1)^d \bmod n$$

$$S_2 = (M_2)^d \bmod n$$

于是攻击者就可以用 S_1 和 S_2 计算出 A 对 M_3 的签名 S_3：

$$(S_1 S_2) \bmod n = [(M_1)^d (M_2)^d] \bmod n = (M_3)^d \bmod n = S_3$$

防范措施：对付这种攻击的方法是用户不要轻易地对其他人提供的随机数据进行签名。更有效的方法是不要直接对数据签名，而应对数据的 Hash 值签名。

3. 利用签名进行攻击获得明文

假设攻击者截获了密文 C，由 $C = M^e \bmod n$，他想求出明文 M。于是，他选择一个小的随机数 r，并计算：

$$x = r^e \bmod n$$

$$y = xC \bmod n$$

$$t = r^{-1} \bmod n$$

因为 $x = r^e \bmod n$，所以 $x^d = (r^e)^d \bmod n, r = x^d \bmod n$。然后攻击者设法让发送者对 y 签名，于是攻击者又获得：

$$S = y^d \bmod n$$

攻击者计算：

$$tS \bmod n = r^{-1} y^d \bmod n = r^{-1} x^d C^d \bmod n = C^d \bmod n = M$$

于是攻击者获得了明文 M。

防范措施：针对这种攻击方式，建议用户不要轻易对其他人提供的随机数据进行签名。最好是不直接对数据签名，而是对数据的 Hash 值签名。

4. 对先加密后签名方案的攻击

假设用户 A 采用先加密后签名的方案把 M 发送给用户 B，则 A 先用 B 的公开密钥 e_B 对 M 加密，然后用自己的私钥 d_A 签名。再设 A 的模为 n_A，B 的模为 n_B。于是 A 发送如下数据给 B：

$$((M)^{e_B} \bmod n_B)^{d_A} \bmod n_A$$

如果 B 是不诚实的,则他可以用 M_1 抵赖 M,而 A 无法争辩。因为 n_B 是 B 的模,所以 B 知道 n_B 的因子分解,于是他就能计算模 n_B 的离散对数,即能找出满足 $M_1^x = M \bmod n_B$ 的 x,然后他公布新公开密钥为 xe_B,这时他就可以宣布他收到的是 M_1 而不是 M。

A 无法争辩的原因在于下式成立:

$$((M_1)^{xe_B} \bmod n_B)^{d_A} \bmod n_A = ((M)^{e_B} \bmod n_B)^{d_A} \bmod n_A$$

防范措施:为了对付这种攻击,发送者应当在发送的数据中加入时间戳,从而可证明是用 e_B 对 M 加密,而不是用新公开密钥 xe_B 对 M_1 加密。另一种对付这种攻击的方法是经过 Hash 处理后再签名。

这里介绍了 4 种对 RSA 数字签名的攻击方法,由此可以得出以下结论。

(1) 不要直接对数据签名,而应对数据的 Hash 值签名。

(2) 要采用先签名后加密的数字签名方案,而不要采用先加密后签名的数字签名方案。

例 6-5 攻击示例。令 n 是 RSA 的模数,d 是私钥。设 $k = \lceil \lg n \rceil$ 是 n 的比特长度。选定正整数 t,$t < k/2$。令 $\omega = 2^t$,且消息 m 是区间 $[1, n2^{-t} - 1]$ 内的整数。设冗余函数 R 为 $R(m) = m2^t$($R(m)$ 的二元表示中最低 t 位都是 0)。对大多数 n 而言,R 都是非乘性的。然而针对这个冗余函数,选择性伪造攻击(它更为严重)是可能发生的,现在来解释这一点。

假定敌手打算伪造消息 m 的签名,它知道 n 而不知道 d。敌手实施下述的选择消息攻击来获得 m 的签名。对 n 和 $m' = R(m) = m2^t = m\omega$ 应用扩展的欧几里得算法,在该算法的每一步,计算整数项 x,y 和 r 使得 $xn + ym' = r$。可以证明:只要 $\omega \leqslant \sqrt{n}$,就存在 y 和 r 使得 $|y| < n/\omega$ 和 $r < n/\omega$。若 $y > 0$,则令 $m_2 = r\omega$ 和 $m_3 = y\omega$;若 $y < 0$,则令 $m_2 = r\omega$ 和 $m_3 = -y\omega$。两种情况下,m_2 和 m_3 都有所要求的冗余度。如果敌手已经获得合法签名 $s_2 = m_2^d \bmod n$ 和 $s_3 = m_3^d \bmod n$,那么就可以计算 m 的签名:

若 $y > 0$,计算:

$$\frac{s_2}{s_3} = \frac{m_2^d}{m_3^d} = \left(\frac{r\omega}{y\omega}\right)^d = \left(\frac{r}{y}\right)^d = m'^d \bmod n$$

若 $y < 0$,计算:

$$\frac{s_2}{-s_3} = \frac{m_2^d}{(-m_3^d)} = \left(\frac{r\omega}{y\omega}\right)^d = \left(\frac{r}{y}\right)^d = m'^d \bmod n$$

两种情况下敌手都获得他所选消息的签名,并符合所要求的冗余度。这个例子显示了进行选择性伪造的选择消息攻击,它强调了慎重选择冗余函数 R 的必要性。

6.2.3 RSA 数字签名的应用

PGP(Pretty Good Privacy)是一种基于 Internet 的保密电子邮件软件系统。它能够提供邮件加密、数字签名、认证、数据压缩和密钥管理功能。由于它功能强大,使用方便,所以在 Windows、UNIX 和 Mashintosh 平台上得到广泛应用。

PGP 采用 ZIP 压缩算法对邮件数据进行压缩,采用 IDEA 对压编后的数据进行加密,采用 MD5 Hash 函数对邮件数据进行散列处理,采用 RSA 对邮件数据的 Hash 值进行数字签名,采用支持公钥证书的密钥管理。为了安全,PGP 采用了先签名后加密的数字签名方案。

PGP 巧妙地将公钥密码 RSA 和传统密码 IDEA 结合起来,兼顾了安全和效率。支持公钥证书的密钥管理使 PGP 系统更安全方便。PGP 还有相当的灵活性,对于传统密码,支持 IDEA、三重 DES,公钥密码支持 RSA、DH 密钥交换算法,Hash 函数支持 MD5、SHA。这些明显的技术特色使 PGP 成为 Internet 环境中著名的保密电子邮件软件系统。

PGP 采用 1024 位的 RSA、128 位密钥的 IDEA、128 位的 MD5、DH 密钥交换算法、公钥证书,因此 PGP 是安全的。如果采用 160 位的 SHA,PGP 将更安全。PGP 的发送过程如图 6-2 所示。具体如下。

(1) 邮件数据 M 经 MD5 进行散列处理,形成数据的摘要。
(2) 用发送者的 RSA 私钥 k_d 对摘要进行数字签名,以确保真实性。
(3) 将邮件数据与数字签名拼接:数据在前,签名在后。
(4) 用 ZIP 对拼接后的数据进行压缩,以便于存储和传输。
(5) 用 IDEA 对压缩后的数据进行加密,加密密钥为 k,以确保秘密性。
(6) 用接收者的 RSA 公钥加密 IDEA 的密钥 k。
(7) 将经 RSA 加密的 IDEA 密钥与经 IDEA 加密的数据拼接:数据在前,密钥在后。
(8) 将加密数据进行 Base64 变化,变化成 ASCII 码。因为许多 E-mail 系统只支持 ASCII 码数据。

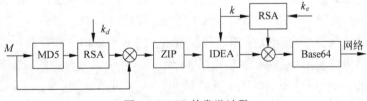

图 6-2 PGP 的发送过程

6.3 数字签名标准及数字签名算法

数字签名标准(Digital Signature Standard,DSS)是由 NIST 公布的联邦信息处理标准。DSS 最初于 1991 年公布,在考虑了公钥对其安全性的反馈意见后,后来做了广泛的修改。2000 年 1 月美国政府将 RSA 和椭圆曲线密码引入数字签名标准 DSS,进一步丰富了 DSS 的算法。

DSS 为计算和核实数字签名指定了一个数字签名算法(Digital Signature Standard, DSA)。DSA 是在 ElGamal 和 Schnorr 两个签名方案基础上设计的,其安全性基于求离散对数的困难性。

6.3.1 DSS 签名与 RSA 签名的区别

首先将 DSS 与 RSA 的签名方式做一比较。RSA 算法既能用于加密和签名,又能用于密钥交换。与此不同,DSS 使用的算法只能提供数字签名功能。RSA 签名和 DSS 签名的不同方式如图 6-3 所示。

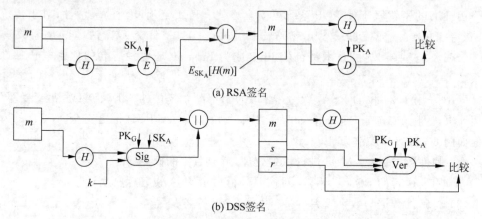

图 6-3 RSA 签名和 DSS 签名的不同方式

采用 RSA 签名时,将消息输入一个杂凑函数以产生一个固定长度的安全杂凑值,再用发送方的密钥加密杂凑值形成对消息的签名。消息及其签名被一起发给接收方,接收方得到消息后产生出消息的杂凑值,且使用发送方的公钥对收到的签名解密。这样接收方就得到了两个杂凑值,如果两个杂凑值是一样的,则认为收到的签名是有效的。

DSS 签名也利用一杂凑函数产生消息的一个杂凑值,杂凑值连同一随机数 k 一起作为签名函数(Sig)的输入,签名函数还需使用发送方的密钥 SK_A 和供所有用户使用的一族参数,称这一族参数为全局公钥 PK_G。签名函数的两个输出 s 和 r 就构成了消息的签名 (s,r)。接收方收到消息后再产生出消息的杂凑值,将杂凑值与收到的签名一起输入到验证函数(Ver),验证函数还需输入全局公钥 PK_G 和发方的公钥 PK_A。验证函数的输出结果与收到的签名成分 r 相等,则验证了签名是有效的。

DSS 中规定使用了安全散列算法(SHA-1),图 6-4 是 DSS 签名与验证中算法的使用过程。

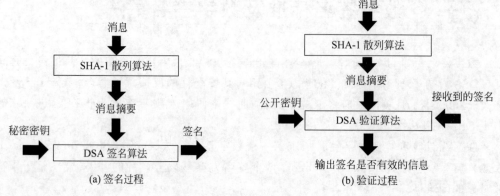

图 6-4 DSS 签名与验证过程

6.3.2 DSA 数字签名算法描述

DSA 基于离散对数问题,可以视为 ElGamal 数字签名体制的一个变体,其算法描述如下。

(1) 全局公钥。

p:满足 $2^{L-1}<p<2^L$ 的大素数,其中 $512<L<1024$,且 L 是 64 的倍数;

q:$p-1$ 的素因子,满足 $2^{159}<q<2^{160}$,即 q 长为 160b;

g:$g=h^{(p-1)/q} \bmod p$,其中 h 是满足 $1<h<p-1$,且使得 $h^{(p-1)/q} \bmod p>1$ 的任一整数。

(2) 用户密钥。

x 是满足 $0<x<q$ 的随机数或伪随机数。

(3) 用户的公钥。

$$y = g^x \bmod p$$

(4) 用户为待签消息选取的秘密数 k 是满足 $0<k<q$ 的随机数或伪随机数。

(5) 签名过程。

用户对消息 m 的签名为 (r,s),其中:

$$r = (g^k \bmod p) \bmod q$$
$$s = [k^{-1}(H(m)+xr)] \bmod q$$

$H(m)$ 是由 SHA 求出的杂凑值。

(6) 验证过程。

设接收方收到的消息为 m',签名为 (r',s')。计算:

$$w = (s')^{-1} \bmod q \qquad u_1 = [H(m')w] \bmod q$$
$$u_2 = r'w \bmod q \qquad v = [(g^{u_1} y^{u_2}) \bmod p] \bmod q$$

检查 v 是否等于 r',若相等,则认为签名有效。

这是因为若 $(m',r',s')=(m,r,s)$,则

$$v = [(g^{H(m)w} g^{xrw}) \bmod p] \bmod q$$
$$= [g^{(H(m)+xr)s^{-1}} \bmod p] \bmod q$$
$$= (g^k \bmod p) \bmod q \equiv r$$

算法的框图如图 6-5 所示,其中的 4 个函数分别为:

$$s = f_1[H(m),k,x,r,q] = [k^{-1}(H(m)+xr)] \bmod q$$
$$r = f_2[k,p,q,g] = (g^k \bmod p) \bmod q$$
$$w = f_3[s',q] = (s')^{-1} \bmod q$$
$$v = f_4[y,q,g,H(m'),w,r'] = [(g^{H(m')w \bmod q} y^{r'w \bmod q}) \bmod p] \bmod q$$

由于离散对数的困难性,敌手从 r 恢复 k 或从 s 恢复 x 都是不可行的。

还有一个问题值得注意,即签名产生过程中的运算主要是求 r 的模指数 $r=(g^k \bmod p) \bmod q$,而这一运算与待签的消息无关,因此 DSA 签名算法的一个优点是指数可做预计算而无须在签名生成时进行。RSA 签名方案不能进行预计算。事实上,用户

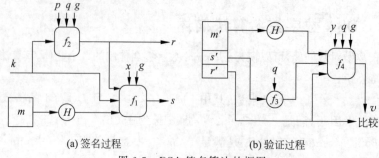

图 6-5 DSA 签名算法的框图

可以预先计算出很多 r 和 k^{-1} 以备以后的签名使用,从而可大大加快产生签名的速度。

例 6-6 DSA 算法示例。取素数 $q=23$ 与 $p=47$,并取 $g=17^2 \bmod 47=7$。假设用户 A 选择了整数 $x_A=10$ 作为自己的秘密签名密钥,因此,用户 A 的公开签名密钥:

$$y_A = g^{x_A} \bmod p = 7^{10} \bmod 47 = 32$$

用户 A 对 SHA-1$(M)=15$ 进行运算得到签名。首先,用户 A 产生随机数 $k=19$,根据扩展的欧几里得算法得 $k^{-1}=17 \bmod 23$。

然后,用户 A 计算:

$$r = (g^k (\bmod p))(\bmod q) = 12$$

接着,用户 A 将计算 s:

$$s = k^{-1}(\text{SHA}-1(M) + x_A r) \bmod q$$
$$= 17 \times (15 + 10 \times 12) \bmod 23 = 18$$

用户 A 把元组 $(r,s)=(12,18)$ 作为自己对 SHA-1$(M)=15$ 的消息 M 的签名,验证签名 $(r,s)=(12,18)$ 时,验证方需要计算:

$$w = s^{-1} \bmod q = 9$$
$$u_1 = [\text{SHA-1}(M)w] \bmod q = 20$$
$$u_2 = (rw) \bmod q = 16$$
$$v = [(a^{u_1} y_A^{u_2}) \bmod p] \bmod q = 12$$

此时,$v=r=12$,说明签名是有效的。

6.4 其他数字签名方案

6.4.1 基于离散对数问题的数字签名体制

基于离散对数问题的数字签名体制是数字签名体制中最为常用的一类,除了前面所讲的 DSA 签名体制外,还包括 ElGamal 签名体制、Okamoto 签名体制等。

1. 离散对数签名体制

1)体制参数

p:大素数;

q：$p-1$ 或 $p-1$ 的大素因子；

g：$g \in_R Z_p^*$，且 $g^q \equiv 1 \bmod p$，其中 $g \in_R Z_p^*$ 表示 g 是从 Z_p^* 中随机选取的；

x：用户 A 的密钥，$1 < x < q$；

y：用户 A 的公钥，$y = g^x \bmod p$。

2) 签名的产生过程

对于待签名的明文 m，A 执行以下步骤。

(1) 计算 m 的杂凑值 $H(m)$。

(2) 选择随机数 k：$1 < k < q$，计算 $r = g^k \bmod p$。

(3) 从签名方程 $(ak = b + cx_A) \bmod q$ 中解出 s。方程的系数 a、b、c 有多种不同的选择方法，表 6-1 给出了这些可能选择中的一小部分，以 (r,s) 作为产生的数字签名。

表 6-1 参数 a,b,c 可能的置换取值表

$\pm r$	$\pm s$	$H(m)$
$\pm rH(m)$	$\pm s$	1
$\pm rH(m)$	$\pm H(m)s$	1
$\pm H(m)r$	$\pm rs$	1
$\pm H(m)s$	$\pm rs$	1

3) 签名的验证过程

接收方在收到明文 m 和签名 (r,s) 后，可以按照以下验证方程检验：

$$\text{Ver}(y,(r,s),m) = \text{true} \Leftrightarrow r^a = g^b y^c \bmod p$$

2. ElGamal 签名体制

1) 体制参数

p：大素数；

g：Z_p^* 的一个生成元；

x：用户 A 的密钥，$x \in_R Z_p^*$；

y：用户 A 的公钥，$y = g^x \bmod p$。

2) 签名的产生过程

对于待签名的明文 m，A 执行以下步骤。

(1) 计算 m 的散列值 $H(m)$。

(2) 选择随机数 k：$k \in_R Z_p^*$，计算 $r = g^k \bmod p$。

(3) 计算 $s = (H(m) - xr)k^{-1} \bmod p-1$。

(4) 以 (r,s) 作为产生的数字签名。

3) 签名验证过程

收方在收到明文 m 和数字签名 (r,s) 后，先计算 $H(m)$，并按下式验证：

$$\text{Ver}(y,(r,s),H(m)) = \text{true} \Leftrightarrow y^r r^s = g^{H(m)} \bmod p$$

正确性可由下式证明：

$$y^r r^s \equiv g^{rx} g^{ks} \equiv g^{rx + H(m) - rx} \equiv g^{H(m)} \bmod p$$

3. Schnorr 签名体制

1) 体制参数

p：大素数，$p \geqslant 2^{512}$；

q：大素数，$q|(p-1)$，$q \geqslant 2^{160}$；

g：$g \in_R Z_p^*$，且 $g^q \equiv 1 \bmod p$；

x：用户 A 的密钥，$1 < x < q$；

y：用户 A 的公钥，$y = g^x \bmod p$。

2) 签名的产生过程

对于待签名的明文 m，A 执行以下步骤。

(1) 选择随机数 k：$1 < k < q$，计算 $r = g^k \bmod p$。

(2) 计算 $e = H(r, m)$。

(3) 计算 $s = (xe + k) \bmod q$。

(4) 以 (e, s) 作为产生的数字签名。

3) 签名验证过程

收方在收到明文 m 和数字签名 (e, s) 后，先计算 $r' = g^s y^{-e} \bmod p$，然后计算 $H(r', m)$，并按下式验证：

$$\text{Ver}(y, (e, s), m) = \text{true} \Leftrightarrow H(r', m) = e$$

其正确性可由下式证明：

$$r' = g^s y^{-e} \equiv g^{xe+k-xe} \equiv g^k \equiv r \bmod p$$

6.4.2 基于大数分解问题的签名体制

设 n 是一个大合数，找出 n 的所有素因子是一个困难问题，称之为大数分解问题。下面介绍的两个数字签名体制都基于这个问题的困难性。

1. Fiat-Shamir 签名体制

1) 体制参数

n：$n = pq$，其中 p 和 q 是两个保密的大素数；

k：固定的正整数；

$y_1, y_2, \cdots, y_i, \cdots, y_k$：用户 A 的公钥，对任何 $i(1 \leqslant i \leqslant k)$，$y_i$ 都是模 n 的平方剩余；

$x_1, x_2, \cdots, x_i, \cdots, x_k$：用户 A 的密钥，对任何 $i(1 \leqslant i \leqslant k)$，$x_i = \sqrt{y_i^{-1}} \bmod n$。

2) 签名的产生过程

对于待签名的消息 m，A 执行以下步骤。

(1) 随机选取一个正整数 t。

(2) 随机选取 t 个介于 1 和 n 之间的数 $r_1, r_2, \cdots, r_j, \cdots, r_t$，并对任何 $j(1 \leqslant j \leqslant t)$，计算 $R_j = r_j^2 \bmod n$。

(3) 计算散列值 $H(m, R_1, R_2, \cdots, R_t)$，并依次取出 $H(m, R_1, R_2, \cdots, R_t)$ 的前 k_t 个比特值 $b_{11}, \cdots, b_{1t}, b_{21}, \cdots, b_{2t}, b_{k1}, \cdots, b_{kt}$。

(4) 对任何 $j(1 \leqslant j \leqslant t)$，计算 $s_j = r_j \prod_{i=1}^{k} x_i^{b_{ij}} \mod n$。

以 $((b_{11}, \cdots, b_{1t}, b_{21}, \cdots, b_{2t}, b_{k1}, \cdots, b_{kt}), (s_1, \cdots, s_k))$ 作为对 m 的数字签名。

3) 签名的验证过程

收方在收到明文 m 和签名 $((b_{11}, \cdots, b_{1t}, b_{21}, \cdots, b_{2t}, b_{k1}, \cdots, b_{kt}), (s_1, \cdots, s_k))$ 后，可用以下步骤来验证。

(1) 对任何 $j(1 \leqslant j \leqslant t)$，计算 $R'_j = s_j^2 \cdot \prod_{i=1}^{k} y_i^{b_{ij}} \pmod{n}$。

(2) 计算 $H(m, R'_1, R'_2, \cdots, R'_t)$。

(3) 验证 $b_{11}, \cdots, b_{1t}, b_{21}, \cdots, b_{2t}, b_{k1}, \cdots, b_{kt}$ 是否依次是 $H(m, R'_1, R'_2, \cdots, R'_t)$ 的前 k_t 个比特。如果是，则以上数字签名是有效的。

正确性可以由以下算式证明：

$$R'_j = s_j^2 \cdot \prod_{i=1}^{k} y_i^{b_{ij}} \mod n$$

$$\equiv \left[r_j \prod_{i=1}^{k} x_i^{b_{ij}} \right]^2 \cdot \prod_{i=1}^{k} y_i^{b_{ij}}$$

$$\equiv r_j^2 \cdot \prod_{i=1}^{k} (x_i^{b_{ij}} y_i)^{b_{ij}}$$

$$\equiv r_j^2 \equiv R_j \mod n$$

2. Guillou-Quisquater 签名体制

1) 体制参数

n：$n = pq$，p 和 q 是两个保密的大素数；

v：$\gcd(v, (p-1)(q-1)) = 1$；

x：用户 A 的密钥，$x \in_R Z_n^*$；

y：用户 A 的公钥，$y \in Z_n^*$，且 $x^v y = 1 \mod n$。

2) 签名的产生过程

对于待签明文 m，A 进行以下步骤。

(1) 随机选择一个数 $k \in Z_n^*$，计算 $T = k^v \mod n$。

(2) 计算散列值：$e = H(m, T)$，且使 $1 \leqslant e < v$；否则，返回步骤(1)。

(3) 计算 $s = kx^e \mod n$。

(4) 以 (e, s) 作为对 m 的签名。

3) 签名的验证过程

接收方在收到明文 m 和数字签名 (e, s) 后，用以下步骤来验证。

(1) 计算出 $T' = s^v y^e \mod n$。

(2) 计算出 $e' = H(m, T')$。

(3) 验证：$\text{Ver}(y, (e, s), m) = \text{true} \Leftrightarrow e' = e$。

正确性可由以下算式证明：

$$T' = s^v y^e \bmod n = (kx^e)^v y^e \bmod n$$
$$= k^v (x^v y)^e \bmod n = k^v \bmod n = T$$

6.4.3 盲签名

电子化、网络化的便捷带来了众多的安全隐患,例如在网上信用卡购物,相应的交易信息就会被存储到数据库中,消费者使用的电子现金必须加上银行的数字签名才能生效,此时为了保护消费者的匿名性,就要用到盲签名技术;同样,在电子选举中,选民提交的选票也必须盖上选委会的戳记(即数字签名)才合法,为了保护选民的匿名性也要用到盲签名技术。因此,盲签名在电子商务和电子政务系统中有着广泛的应用前景。

1. 盲签名的原理

在普通数字签名中,签名者总是先知道数据的内容后才实施签名,这是通常的办公事务所需要的。但有时却需要某个人对某数据签名,而又不能让他知道数据的内容,称这种签名为盲签名(Blind Signature)。

与普通签名相比,盲签名有两个显著的特点。

(1) 签名者不知道所签署的数据内容。

(2) 在签名被接收者泄露后,签名者不能追踪签名。

为了满足以上两个条件,接收者首先将待签数据进行盲变换,把变换后的盲数据发给签名者,经签名者签名后再发给接收者。接收者对签名再进行去盲变换,得出的便是签名者对原数据的盲签名。这样便满足了条件(1)。要满足条件(2),必须使签名者事后看到盲签名时不能与盲数据联系起来,这通常是依靠某种协议来实现的。

盲签名的原理可用图 6-6 来表示。

图 6-6 盲签名的原理

D.Chaum 首先提出盲签名的概念,设计出具体的盲签名方案,并取得专利。他形象地将盲签名比喻成在信封上签名,明文好比书信的内容,为了不使签名者看到明文,给信纸加一个具有复写能力的信封,这一过程称为盲化过程。经过盲化的文件,别人是不能读的。而在盲化后的文件上签名,好比是使用硬笔在信封上签名。虽然是在信封上签名,但因信封具有复写能力,所以签名也会签到信封内的信纸上。

2. 盲签名的一般协议

(1) U 准备 N 份内容相同的文件,分别乘以不同的随机数(盲因子)实现盲化。

(2) U 将盲化后的 N 份文件提交给 S。

(3) S 随机选择一部分(如 N−1 个)文件,向 U 索要盲因子,恢复出文件(去盲),审查内容是否符合要求。

(4) 如果审查通过,S 从未审查的文件中任取一份盲签名,并发给 U,否则协议终止。

(5) U 对收到的签名文件去盲,得到原文件和签名。

其中,(3)可以有多种方案来减少 U 欺骗的可能性。如不考虑(3),则可以用如下标记表示盲签名：文件 m，签名函数 S，盲化函数 R，去盲化函数，签名认证函数 C，则盲签名算法一般过程为：

① 盲化 $U \to S : R(m)$。

② 签名 $S \to U : S(R(m))$。

③ 去盲 $U : S(R(m)) = S(m)$。

④ 验证：$C(S(m))$。

3. 盲签名的分类

由于采用不同的技术，基于不同的问题以及实际应用中对盲化程度的不同要求，盲签名可以有众多不同的变型，现将其大致归类如下：

1) 根据对不同参数的盲化及盲化强度分类

(1) 强盲签名：无论签名者存储多少协议中间信息，他都无法将 $\text{Sig}(m')$ 和 $\text{Sig}(m)$ 进行联系，而且签名接收方的身份具有无条件的无可追踪性。

(2) 弱盲签名：签名者仅知道盲化后的消息 m 的签名 $\text{Sig}(m')$ 而不知 $\text{Sig}(m)$，这里 $\text{Sig}(m)$ 是签名接收方利用 $\text{Sig}(m')$ 所求得。如果签名者存储 $\text{Sig}(m')$ 或其他有关数据，待 $\text{Sig}(m)$ 公开后，签名者可以找到 $\text{Sig}(m')$ 和 $\text{Sig}(m)$ 的内在联系，从而达到对消息拥有者的跟踪。

(3) 部分盲签名：它的特殊性在于被签名的文件是由 U 和 S 共同产生的，包括 U 的原始文件 m 和 S 的有关信息（如身份信息 I）。设 S 的有关信息为 I，则部分盲签名的主要思路是：U 将 m 盲化为 m' 后提交给 S，S 用私钥对 I 和 m' 的合成信息签名并发给 U，U 去盲后得到最终的签名。任何人可以根据 S 的公钥验证签名。

2) 根据盲签名基于不同数学问题进行分类

(1) 基于因子分解问题的盲签名：此类盲签名方案的安全性是基于目前数学界尚无法解决的一个难题——因子分解问题，如著名的 RSA 就是一个典型的基于因子分解问题的签名系统，而将其盲化就可以得到一个基于此类问题的盲 RSA 签名方案。

(2) 基于离散对数问题的盲签名：此类盲签名方案的安全性也是基于目前数学界尚无法解决的一个难题——离散对数问题，此类方案的变形种类相当多，比较著名的有盲 Schnorr 签名、盲 ElGamal 签名等。

4. 盲签名的性质

此处给出的盲签名的性质是根据完全盲签名得到的，如果盲化程度减弱，则部分属性就可能无法得到满足：

(1) 盲签名具有一般数字签名的所有特性。

(2) 可以证明消息 m 上签名者 S 的签名是合法的，无论何时，S 都相信他签过这个消息。

(3) S 不能将签名的消息与签过这个消息的行为联系起来，即使保存了他所签的每一个盲签名的记录，他也不能确定他什么时候签过某一个给定的消息，即签名者的协议信息和消息-签名对是不可链接的。

(4) 签名接收者 R 的身份是保密的，且永远不会被泄露，具有无条件的不可追踪性。

(5) 盲签名是无法伪造的,假设攻击者收集了 n 个盲签名,他也无法计算出第 $n+1$ 个盲签名。

5. 盲签名方案

1) RSA 盲签名方案

D. Chaum 利用 RSA 算法构成了第一个盲签名算法。下面介绍这一算法。

设用户 A 要把消息 M 发送给 B 进行盲签名,e 是 B 的公开的加密钥,d 是 B 的保密的解密钥。

(1) A 对消息 M 进行盲化处理:随机选择盲化整数 k,$1<k<M$,并计算:

$$T = (Mk)^e \bmod n$$

(2) A 把 T 发给 B。

(3) B 对 T 签名:

$$T^d = (Mk^e)^d \bmod n$$

(4) B 把对 T 的签名发给 A。

(5) A 通过计算得到 B 对 M 的签名:

$$S = T^d/k \bmod n = M^d \bmod n$$

这一算法的正确性可简单证明如下:因为 $T^d = (Mk^e)^d \bmod n$,所以 $T^d/k \bmod n = M^d \bmod n$,而这恰好是 B 对消息 M 的签名。

盲签名在某种程度上保护了参与者的利益,但不幸的是盲签名的匿名性可能被犯罪分子所滥用。为了阻止这种滥用,人们又引入了公平盲签名的概念。公平盲签名比盲签名增加了一个特性,即建立一个可信中心,通过可信中心的授权,签名者可追踪签名。

2) 双联签名方案

双联签名是实现盲签名的一种变通方法。它的基本原理是利用协议和密码将消息与人关联起来而并不需要知道消息的内容,从而实现盲签名的两个特性。

双联签名采用单向 Hash 函数和数字签名技术相结合,实现盲签名的两个特性。其原理如图 6-7 所示。

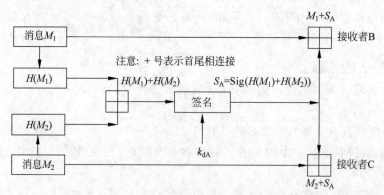

图 6-7 双联签名原理

消息 M_1 和 M_2 分别经 Hash 函数变换后得到 $H(M_1)$ 和 $H(M_2)$,连接后变为 $H(M_1)+H(M_2)$。再由发信者 A 用自己的秘密钥 k_{dA} 签名,得到 $S_A = \text{Sig}(H(M_1)+$

$H(M_2)$)。最后将 M_1 与 S_A 连接发给接收者 B，将 M_2 与 S_A 连接发给接收者 C。

接收者 B 和接收者 C 都可用发信者 A 的公开密钥验证双联签名 S_A。但接收者 B 只能阅读 M_1，计算 $H(M_1)$，通过 $H(M_1)$ 验证 M_1 是否正确。而对消息 M_2 却一无所知，但通过验证签名 S_A 可以相信消息 M_2 的存在。同样，接收者 C 也只能阅读 M_2，计算 $H(M_2)$，通过 $H(M_2)$ 验证 M_2 是否正确。而对消息 M_1 却一无所知，但通过验证签名 S_A 可以相信消息 M_1 的存在。

这个方案的一个优点是发信者对两个消息 M_1 和 M_2 只需要计算一个签名。在电子商务系统中，许多支付系统都采用这一方案。这是因为在一次支付过程中，显然有两个关联数据：一个是关于转账的财务数据；另一个是关于所购的物品数据，因而与这一方案相适应。

习题 6

1. 数字签名有什么作用？主要应用在哪些场合？
2. 简述数字签名技术的性质。
3. 数字签名体制有哪几类？
4. 简述数字签名流程。
5. 阐述数字签名标准 DSS。
6. 简述 DSA 与 RSA 签名技术的区别。
7. 简述数字签名算法 DSA 的过程。
8. 比较和分析 RSA 签名和 ElGamal 签名的优缺点。
9. 简述基于离散对数问题的数字签名体制。
10. 简述基于大数分解问题的数字签名体制。
11. 盲签名与普通签名相比有哪些不同点？
12. 简述盲签名算法的基本流程。

第 7 章 网络安全技术

本章首先介绍网络安全的基本概念,然后对 OSI 网络模型中各个层次所涉及的网络安全技术进行了介绍,包括安全协议 IPSec,电子邮件安全协议 PGP、S/MIME 协议,Web 安全协议 SSL、HTTPS 协议以及 VPN 的相关原理和应用等。

7.1 网络安全概述

7.1.1 网络安全的概念

网络安全从其本质上来讲就是网络上的信息安全。它涉及的领域相当广泛。这是因为在目前的公用通信网络中存在着各种各样的安全漏洞和威胁。

从用户(个人、企业等)的角度来说,他们希望涉及个人隐私或商业利益的信息在网络上传输时受到机密性、完整性和真实性的保护,避免其他人或对手利用窃听、冒充、篡改、抵赖等手段侵犯用户的利益和隐私以造成损害和侵犯,同时也希望保存在特定主机上的信息不受其他用户的非授权访问和破坏。

从网络运行和管理者角度来说,他们希望对本地网络信息的访问、读写等操作受到保护和控制,避免出现病毒、非法存取、拒绝服务和网络资源非法占用和非法控制等威胁,制止和防御网络"黑客"的攻击。

对安全保密部门来说,他们希望对非法的、有害的或涉及国家机密的信息进行过滤和防堵,避免机要信息泄露,避免对社会产生危害、对国家造成巨大的经济损失,甚至威胁到国家安全。从社会教育和意识形态角度来讲,网络上不健康的内容会对社会的稳定和人类的发展造成阻碍,必须对其进行控制。

网络安全(Network Security)的通用定义是:网络统称的硬件、软件及其系统中的数据受到保护,不因偶然的或者恶意的原因而遭到破坏、更改和泄露,系统连续、可靠、正常地运行,网络服务不中断。由此可以将计算机网络的安全理解为:通过采用各种技术和管理措施,使网络系统正常运行,从而确保网络数据的可用性、完整性和保密性。

网络安全根据其本质的界定,具有以下基本特征。

(1) 保密性:指信息不泄露给非授权的个人、实体和过程或供其使用的特性。

(2) 完整性:指信息未经授权不能进行改变的特性,即信息在存储或传输过程中保持不被修改、不被破坏、不被插入、不延迟、不乱序和不丢失的特性。对网络信息安全进行攻击其最终的目的就是破坏信息的完整性。

(3) 可用性：指合法用户访问并能按要求使用信息的特性，即保证合法用户在需要时可以访问到信息及相关资源。网络环境下拒绝服务、破坏网络和有关系统的正常运行都属于对可用性的攻击。

(4) 可审计性：通信双方在信息交流后，不能抵赖曾经做出的行为，也不能否认曾经接收到对方的信息。

(5) 可控制性：指授权机构对信息的内容及传播具有控制能力的特性，可以控制授权范围内的信息流向和方式。

7.1.2 网络安全模型

网络安全系统并非局限于通信保密、对信息加密功能要求等技术问题，它是涉及很多方面的一项极其复杂的系统工程。网络信息安全模型如图 7-1 所示。

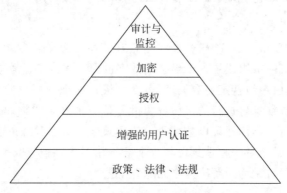

图 7-1 网络信息安全模型

一个完整的网络信息安全系统至少包括以下三类措施，并且三者缺一不可。

(1) 社会的法律政策，企业的规章制度及网络安全教育。

(2) 技术方面的措施，如防火墙技术、防病毒、信息加密、身份确认、授权。

(3) 审计与管理措施，包括技术措施与社会措施。

实际应用中，网络信息安全模型各部分相辅相成，缺一不可，其中底层是上层保障的基础。政策、法律、法规是安全的基石，它是建立安全管理的标准和方法；增强的用户认证是安全系统中属于技术措施的首道防线；用户认证的主要目的是提供访问控制。授权主要是为特许用户提供合适的访问权限，并监控用户的活动，使其不越权使用；加密是信息安全应用中最早使用的一种行之有效的手段，数据通过加密可以保证在存取与传送的过程中不被非法查看、篡改和窃取等；在网络信息模型的顶部是审计与监控，这是系统安全的最后一道防线，它包括数据的备份。当系统一旦出现了问题，审计与监控可以提供问题的再现、责任追查和重要数据恢复等保障。

7.1.3 网络安全的关键技术

网络安全技术是为了保证网络环境中各种应用系统和信息资源的安全，防止未经授权的用户非法登录系统、非法访问网络资源、窃取信息或实施破坏。网络安全技术主要侧重于攻击行为特征分析、攻击行为检测、系统防护和系统灾难恢复等方面的研究，关键技术主要包括入侵检测技术、身份认证技术、访问控制技术、数据加密技术、防火墙技术、安全审计技术、主机安全技术等。

1. 入侵检测技术

入侵检测(Intrusion Detection)是指对入侵行为的检测。入侵检测技术是一种动态的网络检测技术,用于识别对网络系统的恶意使用行为,包括来自外部用户的入侵行为和内部用户的未经授权活动,一旦发现网络入侵现象,则应当做出适当的反应。它通过对计算机网络或计算机系统中若干关键点收集信息并对其进行分析,从中发现网络或系统中是否有违反安全策略的行为和被攻击的迹象。进行入侵检测的软件与硬件的组合便是入侵检测系统(Intrusion Detection System,IDS)。与其他安全产品不同的是:入侵检测系统需要更多的智能,它必须可以将得到的数据进行分析,并得出有用的结果。一个合格的入侵检测系统能大大简化管理员的工作,保证网络安全地运行。

2. 身份认证技术

身份认证(Certificate Authority,CA)是指计算机及网络系统确认操作者身份的过程。计算机和计算机网络组成了一个虚拟的数字世界。在数字世界中,一切信息(包括用户的身份信息)都是由一组特定的数据表示,计算机只能识别用户的数字身份,给用户的授权也是针对用户数字身份进行的。而现实世界是一个真实的物理世界,每个人都拥有独一无二的物理身份。如何保证以数字身份进行操作的访问者就是这个数字身份的合法拥有者,即如何保证操作者的物理身份与数字身份相对应,就成为一个重要的安全问题。身份认证技术的诞生就是为了解决这个问题。

3. 访问控制技术

访问控制(Access Control,AC)是网络安全防范和保护的最重要的核心策略之一,它的主要任务是保证网络资源不被非法使用和访问。它也是维护网络系统安全、保护网络资源的重要手段。访问控制是通过对访问者的有关信息进行检查来限制或禁止访问者使用资源的技术,分为高层访问控制和低层访问控制。高层访问控制包括身份检查和权限确认,是通过对用户口令、用户权限、资源属性的检查和对比来实现的。低层访问控制是通过对通信协议中的某些特征信息的识别、判断,来禁止或允许用户访问的措施。

4. 数据加密技术

数据加密是为提高信息系统及数据的安全性和保密性,防止秘密数据被外部破解所采用的主要技术手段之一。随着信息技术的发展,网络安全与信息保密日益引起人们的关注。目前各国除了从法律上、管理上加强数据的安全保护外,从技术上分别在软件和硬件两方面采取措施,推动着数据加密技术和物理防范技术的不断发展。按作用不同,数据加密技术主要分为数据传输加密技术、数据存储加密技术、数据完整性鉴别技术、密钥管理技术。

5. 防火墙技术

防火墙(Fire Wall)是一种将内部网和公众网络分开的方法,它实际是一种隔离技术,是在两个网络通信时执行的一种访问控制手段。虽然防火墙是目前保护网络免遭黑客袭击的有效手段,但也有明显不足:无法防范通过防火墙以外的其他途径的攻击,不能防止来自内部用户的威胁,也不能完全防止传送已感染病毒的软件或文件,无法防范数据驱动型的攻击。目前防火墙只提供对外部网络用户攻击的防护,对来自内部网络用户的攻击只能依靠内部网络主机系统的安全性。

6. 安全审计技术

安全审计(Security Auditing)是一个安全的网络必须支持的功能特性。它主要负责对网络活动的各种日志记录信息进行分析和处理,并识别各种已发生的和潜在的攻击活动,防止内部犯罪,便于事故后调查取证,通过对一些重要的事件进行记录,从而在系统发现错误或受到攻击时能定位错误和找到攻击成功的原因。审计定义为系统中发生时间的记录和分析处理过程。与系统日志(Log)相比,审计更关注安全问题。

7. 主机安全技术

主机安全(Host Security)主要控制系统用户能否进入系统以及进入后能访问哪些资源。这其中包括操作系统安全、应用程序安全、数据安全、用户安全等。

网络安全性是一个涉及面很广泛的问题。我国信息网络安全技术的研究和产品开发仍处于起步阶段,仍有大量的工作需要去研究、开发和探索,以保证我国信息网络的安全,推动我国国民经济的高速发展。

7.2 安全协议 IPSec

7.2.1 IPSec 协议简介

Internet 已得到广泛应用,但其安全性却不令人满意。其原因就在于它赖以构建的 IP 协议。IP 协议在设计时并没有考虑安全性,很容易伪造出 IP 包的地址,修改其内容,重播以前的包以及在传输途中拦截并查看包的内容。

IPSec(Internet Protocol Security)协议是由 IETF(互联网工程任务组)制定的一套开放的标准网络安全协议,产生于 IPv6 的制定之中,作为网络层的安全协议,为 IP 通信提供透明的安全服务,保护 TCP/IP 通信不被窃听和篡改,可以有效抵御网络攻击,同时保持了易用性。由于所有支持 TCP/IP 协议的主机进行通信时,都要经过 IP 层的处理,所以提供了 IP 层的安全性就相当于为整个网络提供了安全通信的基础。鉴于 IPv4 的应用仍然很广泛,所以后来在 IPSec 的制定中也增添了对 IPv4 的支持。

IPSec 协议工作在主机、路由器、网关、防火墙等设备或安全位置上,有两个基本目标。
(1) 保护 IP 数据包安全。
(2) 为抵御网络攻击提供防护措施。
IPSec 协议具有如下优点。
(1) 过滤每一个访问计算机的数据包,并可根据数据包的源 IP 地址、协议和端口进行过滤。

(2) 对应用程序完全透明,应用程序无须任何调整。
(3) 三种身份验证。
(4) 对数据包进行加密,以防止数据包在网络传输中被截取。
(5) 使用 Hash 算法保障数据包在传输过程中保持完整性。
(6) 确保每个 IP 数据包的唯一性。

7.2.2 IPSec 协议结构

IPSec 协议是由一系列协议构成的协议套件,主要由三个部分组成,分别是验证头(Authentication Header,AH,RFC 2402)协议、封装安全载荷(Encapsulating Security Payload,ESP,RFC 2406)协议和 Internet 密钥交换(Internet Key Exchange,IKE,RFC 2409)协议。图 7-2 显示了 IPSec 协议的体系结构、组件及各组件间的相互关系。

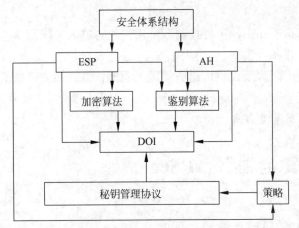

图 7-2 IPSec 协议体系结构

1. AH 协议

设计 AH 协议的目的是用来增加 IP 数据包的安全性。AH 为 IP 数据包提供如下三种服务:无连接的数据完整性验证、数据源身份认证和防重放攻击。数据完整性验证通过哈希函数产生的校验来保证;数据源身份认证通过在计算机验证码时加入一个共享密钥来实现;AH 报头中的序列号可以防止重放攻击。

然而,AH 不提供任何保密性服务,它不加密所保护的数据包,如图 7-3 所示。AH 的作用是为 IP 数据流提供高强度的密码认证,以确保被修改过的数据包可以被检查出来。

AH 使用消息验证码(MAC)对 IP 数据进行认证。MAC 是一种算法,它接收一个任意长度的消息和一个密钥,生成一个固定长度的输出,成为消息摘要或指纹。如果数据包的任何一部分在传送过程中被篡改,那么当接收端执行同样的 MAC 算法,并与发送端发送的消息摘要值进行比较时,就会被检测出来。

最常见的 MAC 是 HMAC,HMAC 可以和任何迭代密码散列函数(如 MD5、SHA-1、RIPEMD-160)结合使用,而不用对散列函数进行修改。

AH 被应用于除了在传输中易变的 IP 报头域(例如被沿途的路由器修改的 TTL 域)

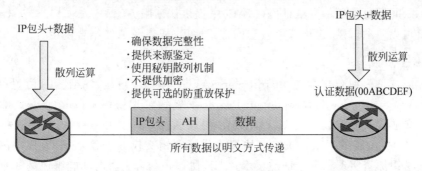

图 7-3　AH 认证和完整性

之外的整个数据包。AH 的工作步骤如下。

（1）IP 包头和数据负载用来生成 MAC。

（2）MAC 被用来建立一个新的 AH 报头，并添加到原始的数据包上。

（3）新的数据包被传送到 IPSec 对端路由器上。

（4）对端路由器对 IP 包头和数据负载生成 MAC，并从 AH 报头中提取出发送过来的 MAC 信息，且对两个信息进行比较。MAC 信息必须精确匹配，即使所传输的数据包有一个比特位被改变，对接收到的数据包的散列计算结果都将会改变，AH 报头也将不能匹配。

2. ESP 协议

ESP 协议可以被用来提供保密性、数据来源认证（鉴定）、无连接完整性、防重放服务，以及通过防止数据流分析来提供有限的数据流加密保护。实际上，ESP 提供和 AH 类似的服务，但是增加了两个额外的服务：数据保密和有限的数据流保密服务。保密服务由通过使用密码算法加密 IP 数据包的相关部分来实现。数据流保密由隧道模式下的保密服务来提供，如图 7-4 所示。

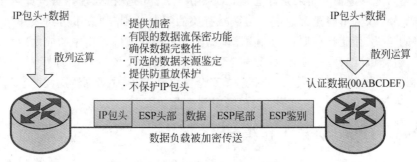

图 7-4　封装安全载荷 ESP

ESP 中用来加密数据包的密码算法都毫无例外地使用了对称密钥体制。公钥密码算法采用计算量非常大的大整数的模指数运算，大整数的规模超过 300 位十进制数字。而对称密码算法主要使用初级操作（如异或、逐位与、位循环等），无论以软件还是硬件方式执行都非常有效。所以相对公钥密码系统而言，对称密钥系统的加、解密效率要高得多。ESP 通过在 IP 层对数据包进行加密来提供保密性，它支持各种对称的加密算法。对于 IPSec 的默认算法是 56 比特的 DES。该加密算法的实施可以保证 IPSec 设备间的互操作性。ESP通过使用消息认证码(MAC)来提供认证服务。

ESP可以单独应用,也可以以嵌套的方式使用,或者和AH结合使用。

3. IKE协议

IKE协议是一种混合协议,由Internet SA(安全联盟)协议、ISAKMP协议(Internet Security Association Key Management Protocol,密钥管理协议)、Oakley密钥确定协议和SKEME协议共同构成。其中,ISAKMP协议通过ISAKMP头格式和消息格式定义生成SA和密钥交换的框架;Oakley协议提供了密钥交换的步骤;SKEME协议给出了利用公共密钥加密实现相互认证的技术;IKE协议是结合三者的功能组成的一个密钥协议,用于动态建立SA。SA解决的是如何保护通信数据、保护什么样的通信数据以及由谁来实行保护的问题。

IKE协议的作用是:代表IPSec对安全联盟SA进行协商,建立和维护SADB数据库,负责密钥的管理,定义通信实体间进行身份认证、协商加密算法以及生成共享的会话密钥的方法。具体意义为:IPSec协议根据IKE协商成功的SA来确定通信双方使用的协议、加密算法、密钥等。并且,IKE协商成功的SA对通信双方之间的密钥管理进行保护。

与其他任何一种类型的加密一样,在交换经过IPSec加密的数据之前,必须先建立SA。IKE将SA的协商分成以下两个阶段。

第一个阶段建立用以保护IKE交换的安全性的IKE SA,在一个SA中,两个系统就如何交换和保护数据要预先达成协议。在通信双方协商建立一个经过相互身份验证的安全通道,采用主模式(Main Mode)或野蛮模式(Aggressive Mode)交换。

第二个阶段在第一个阶段IKE和SA协商通过的安全通道的保护下建立用于保护数据的IPSec SA,采用快速交换模式(Quick Mode)进行。该阶段建立的IPSec SA可以为之后通信的所有消息提供源认证、完整性、机密性保障。

此外,策略是IPSec协议结构中一个非常重要但又尚未成为标准的组件,它决定两个实体之间是否能够通信;如果允许通信,又采用什么样的数据处理算法。如果策略定义不当,可能导致双方不能正常通信。与策略有关的问题分别是"表示"与"实施"。"表示"负责策略的定义、存储和获取;"实施"强调的则是策略在实际通信中的应用。

最后,解释域(DOI)为使用IKE进行协商SA的协议统一分配标识符。共享一个DOI的协议从一个共同的命名空间中选择安全协议和变换、共享密码以及交换协议的标识符等,DOI将IPSec的这些RFC文档联系到一起。

7.2.3 IPSec协议工作模式

IPSec协议工作模式分为两种:传输模式(Transport Mode)和隧道模式(Tunnel Mode),如图7-5所示。

IPSec协议的AH协议和ESP协议都可以在这两种模式下工作。这样可产生四种组合,即传输模式下的ESP、隧道模式下的ESP、传输模式下的AH和隧道模式下的AH。两种工作模式可以嵌套使用,以实现多层次的安全保障。

1. 传输模式

(1) 保护方式:IP头与上层协议头之间需插入一个特殊的IPSec头。

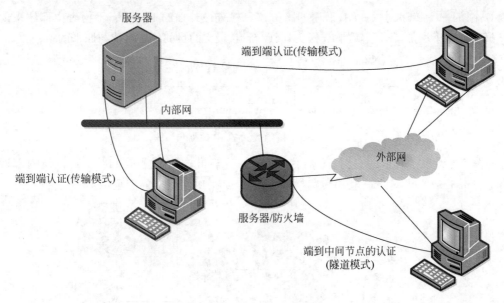

图 7-5　IPSec 协议工作模式

(2) 对 IP 包的部分信息提供安全保护,即对 IP 数据包的上层数据(如 TCP、UDP、ICMP 消息等)提供安全保护。

(3) 采用 AH 传输模式,主要为 IP 数据包(IP 头中的可变信息除外)提供认证保护。

(4) 采用 ESP 传输模式,对 IP 数据包的上层信息提供加密和认证双重保护。

(5) 安全通道上的传输是端到端的,IPSec 在端点执行加密和认证,主机必须配置 IPSec。

IPSec 传输模式的 IP 数据包格式如图 7-6 所示。在通常情况下,传输模式只用于两台主机之间的安全通信。

图 7-6　IPSec 传输模式的 IP 数据包格式

2. 隧道模式

(1) 保护方式:要保护的整个 IP 包都需封装到另一个 IP 数据包中,同时在外部与内部 IP 头之间插入一个 IPSec 头,为新的 IP 数据包提供安全保护。

(2) 对整个 IP 数据包提供保护。

(3) 采用 AH 隧道模式,为整个 IP 数据包提供认证保护(可变字段除外)。

(4) 采用 ESP 隧道模式,为整个 IP 数据包提供加密和认证双重保护。

(5) 隧道终点即为安全性网关,即此网关和目的主机之间的通信是安全的,其思想是先将数据包通过 IPSec 策略传送到安全性网关,再由安全性网关正常传送到目的主机。

IPSec 隧道模式的 IP 数据包格式如图 7-7 所示,所有原始的或内部包通过这个隧道从 IP 网的一端传递到另一端，沿途的路由器只检查最外面的 IP 报头，不检查内部原来的 IP 报头。由于增加了一个新的 IP 报头，因此新 IP 报文的目的地址可能与原来的不一致。

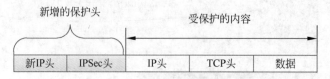

图 7-7　IPSec 隧道模式的 IP 数据包格式

图 7-8 给出了具体的实例，描述了 IPSec 的传输模式：在漫游主机 A 和单位内部网络下主机 B 或主机 C 之间利用传输模式下的 ESP 提供端到端的安全保护。

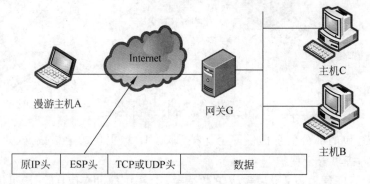

图 7-8　IPSec 保护下的端到端通信

在 IPSec 传输模式中如果需要同时使用 AH 和 ESP，它们的使用次序是很重要的。应先使用 ESP，再用 AH 对保护后的数据包重新保护，这样就会在 ESP 的整个载荷上同时实现数据的完整性。如果先用 AH 保护，再用 ESP，而 ESP 头是在 AH 之后添加的，则由 AH 提供的数据完整性便只适用于传输载荷，不能保护 ESP 头，与所期望的尽可能多地以数据为基础计算出数据的完整性不相符合，这样不能达到完整性保护的目的。

7.2.4　IPSec 协议工作原理

IPSec 协议的基本运行原理类似于包过滤防火墙，可以看作对包过滤防火墙的一种扩展。当接收到一个 IP 数据包时，包过滤防火墙使用其头部在一个规则表中进行匹配。当找到一个相匹配的规则时，包过滤防火墙就按照该规则制定的方法对接收到的 IP 数据包进行处理。这里的处理工作只有两种：丢弃或转发。IPSec 通过查询 SPD（Security Policy Database，安全策略数据库）决定对接收到的 IP 数据包的处理。但是 IPSec 不同于包过滤防火墙的是：对 IP 数据包的处理方法除了丢弃或直接转发（绕过 IPSec）外，还有一种，即进行 IPSec 处理。正是这新增添的处理方法提供了比包过滤防火墙更进一步的网络安全性。

进行 IPSec 处理意味着对 IP 数据包进行加密和认证。包过滤防火墙只能控制来自或去往某个站点的 IP 数据包的通过，可以拒绝来自某个外部站点的 IP 数据包访问内部某些站点，也可以拒绝某个内部站点对某些外部网站的访问。但是，包过滤防火墙不能保证自内部网络出去的数据包不被截取，也不能保证进入内部网络的数据包未经过篡改。

只有在对 IP 数据包实施了加密和认证后,才能保证在外部网络传输的数据包的机密性、真实性和完整性,通过 Internet 进行安全的通信才成为可能。IPSec 既可以只对 IP 数据包进行加密或只进行认证,也可以同时实施二者。

IPSec 规定了如何在对等层之间选择安全协议、确定安全算法和密钥交换,向上提供了访问控制、数据源认证、数据加密等网络安全服务。

例 7-1 为了更好地理解 IPSec 体系结构中各类协议的作用,根据图 7-9 所示的 IPSec 工作模型图,说明 IPSec 工作流程。

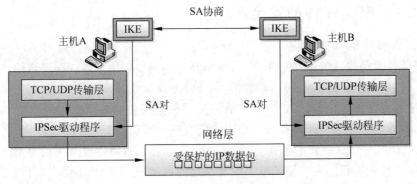

图 7-9 IPSec 工作模型图

为简单起见,假设这是一个 Intranet 例子,每台主机都有处于激活状态的 IPSec 策略,下面为 IPSec 协议的一个完整工作步骤。

(1) 用户甲(在主机 A 上)向用户乙(在主机 B 上)发送一条消息。

(2) 主机 A 上的 IPSec 驱动程序检查 IP 筛选器,查看数据包是否需要受保护以及需要受到何种保护。

(3) 驱动程序通知 IKE 开始安全协商。

(4) 主机 B 上的 IKE 收到请求安全协商通知。

(5) 两台主机建立第一阶段 SA,各自生成共享"主密钥"(若两机在此前通信中已经建立起第一阶段 SA,则可直接进行第二阶段 SA 协商)。

(6) 协商建立第二阶段 SA 对:入站 SA 和出站 SA。SA 包括密钥和 SPI。

(7) 主机 A 上 IPSec 驱动程序使用出站 SA 对数据包进行签名(完整性检查)与/或加密。

(8) 驱动程序将数据包提交给 IP 层,再由 IP 层将数据包转发至主机 B。

(9) 主机 B 网络适配器驱动程序收到数据包并提交给 IPSec 驱动程序。

(10) 主机 B 上的 IPSec 驱动程序使用入站 SA 检查完整性签名与/或对数据包进行解密。

(11) 驱动程序将解密后的数据包提交给上层 TCP/IP 驱动程序,再由 TCP/IP 驱动程序将数据包提交给主机 B 的接收应用程序。

以上是 IPSec 的一个完整工作流程,虽然看起来很复杂,但所有操作对用户是完全透明的。中介路由器或转发器仅负责数据包的转发,如果中途遇到防火墙、安全路由器或代理服务器,则要求它们具有 IP 转发功能,以确保 IPSec 和 IKE 数据流不会遭到拒绝。

这里需要指出的是，使用 IPSec 保护的数据包不能通过网络地址译码 NAT。因为 IKE 协商中所携带的 IP 地址是不能被 NAT 改变的，对地址的任何修改都会导致完整性检查失效。

7.3 电子邮件的安全

7.3.1 电子邮件的安全简介

1. 电子邮件的安全隐患

电子邮件是最广泛的网络应用之一，也是在异构网络环境下唯一跨平台的、通用的分布系统。针对电子邮件的攻击分为两种：一种是直接对电子邮件的攻击，如窃取电子邮件密码、截获发送邮件内容、发送邮件炸弹；另一种是间接对电子邮件的攻击，如通过邮件传输病毒木马。产生电子邮件安全隐患主要有三个方面。

（1）电子邮件传送协议自身的先天安全隐患。电子邮件传输采用的是 SMTP 协议（即简单邮件传输协议），它传输的数据没有经过任何加密，只要攻击者在其传输途中把它截获即可知道内容。

（2）由邮件接收端软件的设计缺陷导致的安全隐患。例如，微软的 Outlook 曾存在的安全隐患，攻击者通过编制特定代码让木马或者病毒自动运行。

（3）用户个人的原因造成的安全隐患。

2. 电子邮件的安全技术

1）传输层的安全电子邮件技术

电子邮件包括信头和信体。信头由于邮件传输中寻址和路由的需要，必须保证不变。目前，主要有两种方式能够实现电子邮件在传输中的安全：一种是利用 SSL SMTP 和 SSL POP；另一种是利用 VPN 或者其他 IP 通道技术。

2）电子邮件加密

电子邮件加密实质上是一种限制对网络上传输数据访问权的技术。加密的基本功能包括：

（1）防止不速之客查看机密的数据文件；

（2）防止机密数据被泄露或篡改；

（3）防止特权用户（如系统管理员）查看私人数据文件；

（4）使入侵者不能轻易地查找一个数据文件。

3）端到端安全电子邮件技术

端到端安全电子邮件技术一般只对信体进行加密和签名，以保证邮件从发出到被接收的整个过程中内容无法被修改，并且具备不可否认性。PGP 和 S/MIME（Secure/Multipurpose Internet Mail Extensions）是目前 IETF 推出的两种成熟的端到端安全电子邮件标准。PGP 倾向于为用户提供电子邮件的安全性，而 S/MIME 则侧重于作为商业和团体使用的工业标准。

7.3.2 PGP

1. PGP 介绍

PGP 是美国人 Phil Zimmermann 研究出来的,它由多种加密算法(IDEA、RSA、MD5、随机数生成算法)组合而成,不但能够实现邮件的保密功能,还可以对邮件进行数字签名,使收信人能够准确判断邮件在传递过程中是否被非法篡改。

PGP 使用的算法经过充分的公众检验,被认为是非常安全的算法,且 PGP 应用范围广泛,既可以作为公司、团体中加密文件时所选择的标准模式,也可以对互联网或其他网络用户个人间的消息通信加密。所以 PGP 的应用呈爆炸式增长且迅速普及,已成为标准文档(RFC 3156)。

2. PGP 工作原理

PGP 加密算法是 Internet 上最广泛的一种基于公开密钥的混合加密算法,它的产生与其他加密算法是分不开的。以往的加密算法各有长处,也存在一定的缺点。PGP 加密算法综合了它们的长处,避免了一些弊端,创造性地把 RSA 公钥体系的方便和传统加密体系的高速度结合起来,并在数字签名和密钥认证管理机制上有巧妙的设计,在安全和性能上都有了长足的进步。

PGP 加密算法包括四个方面。

(1) 一个单钥加密算法(IDEA)。IDEA 是 PGP 加密文件时使用的算法。发送者在传送消息时,使用该算法加密获得密文,而加密使用的密钥将由随机数产生器产生。

(2) 一个公钥加密算法(RSA)。公钥加密算法用于生成用户的私人密钥和公开密钥、加密/签名文件。

(3) 一个单向散列算法(MD5)。为了提高消息发送的机密性,在 PGP 中,MD5 用于单向变换用户口令和对信息签名,以保证信件内容无法被修改。

(4) 一个随机数产生器。PGP 使用两个伪随机数发生器:一个是 ANSI X9.17 发生器;另一个是从用户击键的时间和序列中计算熵值从而引入随机性。它们主要用于产生对称加密算法中的密钥。

3. PGP 提供的安全业务

PGP 提供的安全业务主要包括认证、加密、压缩、电子邮件兼容性和数据分段,如表 7-1 所示。

表 7-1 PGP 提供的安全业务

安全业务	使用的算法	描 述
认证(数字签名)	RSA 或 DSS,MD5 或 SHA	用 MD5 或 SHA-1 创建报文摘要。用发送者的私钥以 DSS 或 RSA 对报文摘要进行加密,并且包含在报文中
加密(报文加密)	CAST 或 IDEA 或 三重 DES,带有 Diffie-Hellman 算法或 RSA	发送者生成的一次性会话密钥,用会话密钥以 CAST-128 或 IDEA 或三重 DES 加密消息,并用接收者的公钥以 DH 密钥或 RSA 加密会话密钥

续表

安 全 业 务	使用的算法	描 述
压缩	ZIP	报文可以使用 ZIP 进行压缩,用于存储或传输
电子邮件兼容性	Radix 64 变换	对电子邮件的应用提供透明性,将加密的报文用 Radix 64 变换为 ASCII 字符串
数据分段	—	为了满足最大报文长度的限制,PGP 完成报文的分段和重组

其中 PGP 功能符号说明如下。

k_S:会话密钥;SK_A:用户 A 的私钥;PK_A:用户 A 的公钥;EP:公钥加密;DP:公钥解密;EC:常规加密;DC:常规解密;H:散列函数;∥:连接;Z:用 ZIP 算法数据压缩;R64:用 Radix 64 转换为 ASCII 格式。下面对 PGP 提供的安全业务进行详细描述。

1) 认证

认证即数字签名,由发送方和接收方两部分构成,如图 7-10 所示。

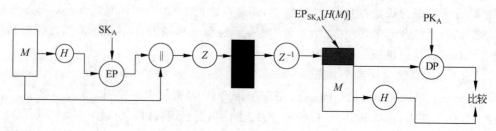

图 7-10 认证

发送方:

(1) 发信人创建信息 M。

(2) 发信人使用 MD5 算法对 M 产生 128 位的消息摘要 H(或用 SHA-1 对 M 生成一个 160 位的消息摘要 H)。

(3) 发信人用自己的私钥,采用 RSA 算法对 H 进行加密 EP,并与 M 连接(M∥EP),之后进行压缩得到 Z。

(4) 将 Z 通过互联网发送出去。

接收方:

(1) 接收者收到信息后首先进行解压 Z^{-1},使用发信人的公钥采用 RSA 算法进行解密得出 H。

(2) 用接收到的 M 计算新的消息摘要 H。

(3) 将得出的两个 H 进行比较,如果相同则接收,否则表示被篡改,拒绝。

PGP 实现认证时,RSA 的强度保证了发送方的身份,SHA-1 的强度保证了签名的有效性。签名与消息可以分离,即对消息可进行单独的日志记录,可检查可执行程序的病毒以及对文档实现多方签名,避免了嵌套签名。

2) 加密

加密即保护通信双方的会话信息,如图 7-11 所示。

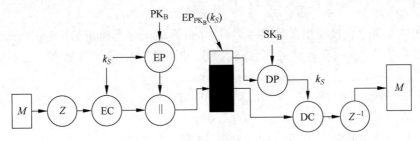

图 7-11 加密性

发送方：
(1) 生成消息 M 并为该消息生成一个随机数作为会话密钥 k_S。
(2) 发信人对信息 M 进行压缩。
(3) 采用 IDEA 算法以会话密钥 k_S 加密压缩后的 M。
(4) 用接收者的公钥对会话密钥进行加密并与已加密的消息 M 进行连接后发出。

接收方：
(1) 接收者采用 RSA 算法，用自己的私钥解密恢复会话密钥 k_S。
(2) 采用 IDEA 算法用会话密钥 k_S 解密消息 M 并解压缩，得到原文。

在加密过程中，由于信息相对内容较多，因此对信息的加密采用的是加密速度快的对称加密算法 IDEA(或 CAST-128、三重 DES)、64 位 CFB(密码反馈)工作模式来实现，而密钥采用的是安全强度较高的非对称加密算法 RSA(长度为 768~3072)实现。

通过 IDEA 和 RSA 结合，不但提高了邮件传输的安全性，而且缩短了加解密时间。此外，每个消息都有自己的一次性密钥，每个密钥只加密很小部分的明文内容，进一步增强了保密强度。而公钥算法的使用也解决了会话密钥的分配问题，即不再需要专门的会话密钥交换协议。

对报文可以同时使用认证和加密两个服务。发送者首先用自己的私钥为明文生成签名并附加到报文首部，然后使用 IDEA 对明文和签名进行加密，再通过 RSA 算法使用接收者的公钥对会话密钥进行加密，如图 7-12 所示。

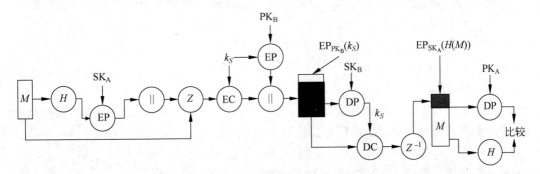

图 7-12 认证与加密功能同时工作

在这里要注意次序，一般采用先签名后加密的方式，这样的好处是：存储对消息明文的签名较为方便。第三者证实时，无须知道通信者所用的 IDEA 的会话密钥 k_S。如果先加密再签名，别人可以将签名去掉后加上自己的签名，从而篡改签名。

3）压缩

PGP 在压缩之前先对明文生成签名,这样最后验证时无须压缩,即保存的是未压缩的消息和签名供未来验证时使用。生成签名后使用 PKZIP 算法对加密前的明文进行预压缩处理。

一方面,对电子邮件而言,压缩后再经过 Radix 64 编码有可能比明文更短,这就节省了网络传输的时间和存储空间;另一方面,明文经过压缩,实际上相当于经过一次变换,压缩后冗余信息比原文少,对明文更难分析,对攻击的抵御能力更强。

4）电子邮件兼容性

签名和加密得到的部分或全部数据块可能由任意的 8 比特字节流组成。然而,许多电子邮件系统仅仅允许使用由 ASCII 码组成的块。为适应这个限制,PGP 提供了将原始 8 比特二进制流转换为可打印的 ASCII 码字符的功能。提供这一服务的模式称为 Radix 64 转换。Radix 64 转换将一组 3 个 8 比特二进制数据映射为 4 个 ASCII 码字符,同时加上 CRC 校验以检测传送错误,导致消息大小增加 33%,而压缩本身平均压缩 2.0,因此总体大约压缩 1/3。图 7-13 中 PGP 消息的传送与接收阐述了电子邮件的兼容性。

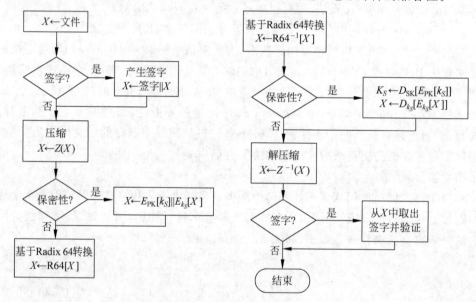

图 7-13　PGP 消息的传送与接收

5）数据分段

电子邮件设施经常受限于最大报文长度(50 000 个)8 位组的限制,当大于所限制的长度时要进行分段。分段是在所有其他处理(包括 Radix 64 转换)完成后才进行,因此,会话密钥部分和签名部分只在第一个报文段的开始位置出现一次。在接收端,PGP 必须剥掉电子邮件首部,并且重新装配成原来完整的分组。

4. PGP 密钥管理

PGP 包含四种密钥:一次性会话密钥、公开密钥、私有密钥和基于口令短语的常规密钥。

用户使用 PGP 时,应该首先生成一个公开/私有密钥对。PGP 将公开密钥和私有密钥用两个文件存储,一个用来存储该用户的公开/私有密钥,成为私有密钥环;另一个用来存储其他用户的公开密钥,成为公开密钥环。

为了确保只有该用户可以访问私有密钥环,PGP 采用了比较简洁和有效的算法。当用户使用 RSA 生成一个新的公开/私有密钥对时,输入一个口令短语,然后用散列算法(例如 SHA-1)生成该口令的散列编码,将其作为密钥,采用 CAST-128 等常规加密算法对私有密钥加密,存储在私有密钥环中。当用户访问私有密钥时,必须提供相应的口令短语,然后 PGP 根据口令短语获得散列编码,将其作为密钥,对加密的私有密钥解密。通过这种方式,就保证了系统的安全性依赖于口令的安全性。

双方使用一次性会话密钥对每次会话内容进行加密。这个密钥本身是基于用户鼠标和键盘击键时间而产生的随机数。每次会话的密钥均不同。这个密钥经过 RSA 加密后和明文一起传送到对方。

例 7-2 PGP 协议的邮件发送过程:图 7-14 通过演示 Alice 如何发邮件给 Bob,来说明 PGP 协议的邮件的工作过程。假定双方都持有各自的自由公钥算法所界定的私密密钥 SK_A 和 SK_B,同时相互持有对方的公钥 PK_A 和 PK_B。

发送者 Alice 的动作如下。

发送方 Alice 对邮件明文 M 利用 MD5 报文摘要算法计算获得固定长度的 128b 信息摘要,然后利用其持有的 RSA 私密密钥 SK_A 对信息摘要签名加密得到 H。

将 H 与明文 M 拼接成 M1,注意此时 M 并没有加密,只对摘要数据进行了加密。

M1 经过 ZIP 压缩后得到压缩文件 M1.ZIP。

对 M1.ZIP 进行 IDEA 加密运算,IDEA 是一种分组对称加密算法,密钥 k_m 长 128b,加密后得到 M2。同时使用 Bob 的 RSA 公钥 PK_B 对 k_m 加密,得到 k_m''。

M2 与 k_m'' 拼接,再用 Radix 64 编码,得到一个 ASCII 码文本。这个文本只含有 52 个字符、10 个数字 0~9 和+、=、/三个符号。此时可将其发送到 Internet 上。

接收端 Bob 的动作如下。

首先进行 Radix 64 解码;然后用秘密密钥 SK_B 解出 IDEA 算法的密钥 k_m,并用 k_m 恢复出 M1.ZIP;解压缩还原出 M1。

Bob 接着分离明文 M 和加了密的摘要数据,然后用 Alice 的公钥 PK_A 解除摘要数据的加密,获得 H。

Bob 同时要对明文 M 进行 MD5 摘要算法运算,运算的结果和 H 进行比较,如果相同,则证明邮件报文在传递过程中未经改变,邮件确实为 Alice 所发。

7.3.3 S/MIME

S/MIME 是"安全通用 Internet 邮件扩充(Secure/Multipurpose Internet Mail Extensions)"的简称,是在 MIME(Internet 邮件的附件标准)基础上发展而来的。

MIME 允许对其 Content-Type 进行扩充,S/MIME 就是在其基础上增加了几种新的 MIME 子类型:multipart/signed、application/x-pkcs7-signature、application/x-pkcs7-

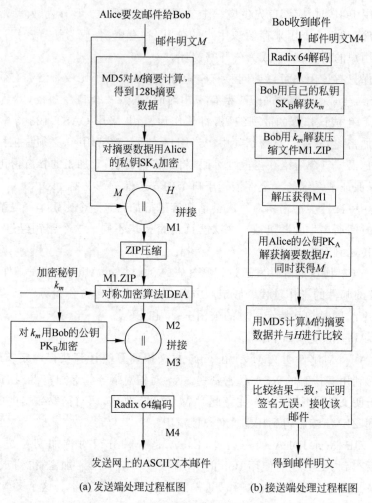

图 7-14 PGP 邮件发送过程示例图

mime。

S/MIME multipart 子类型包括在 multipart 混合类型中加入一个子类型。signed 签名子类型标识一封签名的邮件,这种邮件由两部分组成:标准邮件部分和数字签名。这种方法并不对邮件进行加密,因此不具备 S/MIME 功能的邮件软件也可以阅读。此时整体的内容类型字段 content-type 将邮件定义为 multipart/signed 类型。

S/MIME application 子类型创建的 pkcs7-mime 应用子类型提供了一些邮件安全功能,每种功能使用 pkcs7-mime 子类型中的一个单独的参数,通过 smime-type 标志来确定,smime-type 参数值有 signed Data、enveloped Data 等。

图 7-15 显示的就是加密和签名的 S/MIME 电子邮件格式,当 MIME 类型为 application/x-pkcs7-mime;smime-type = enveloped-data 时,表示加密邮件;当 MIME 类型为 multipart/signed 时,表示签名邮件。当然也可以对邮件进行复合,形成既加密又签名的邮件。邮件格式不止这一种形式。

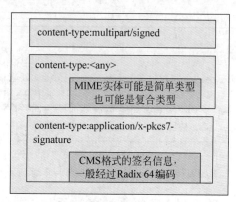

图 7-15　S/MIME 格式的安全电子邮件：加密邮件和签名邮件

1. S/MIME 功能

（1）加密的数据。

这一功能允许用对称密码加密一个 MIME 消息中的任何内容类型，从而支持保密性服务。然后用一个或多个接收者的公钥加密对称密钥。接着将加密的数据和加密的对称密钥以及任何必要的接收者标识符和算法标识符一起附加在数据结构的后面。

（2）签名的数据。

这一功能提供完整性服务。发送者对选定的内容计算消息摘要，然后用签名者的私钥加密。初始的内容以及它的相应签名用 Radix 64 编码。

（3）清澈签名的数据。

和签名数据一样形成内容的数字签名。但是这种情况只有数字签名部分使用 Radix 64 编码，因此没有 S/MIME 功能的接收者只能看到报文的内容，但不能验证签名。

（4）签名且加密的数据。

这一功能允许签名已加密的数据或者加密已签名的数据来提供保密性和完整性服务。

2. S/MIME 中密码算法的应用

表 7-2 总结了 S/MIME 中使用的加密算法。S/MIME 使用了下面两个取自 RFC 2119 的术语来说明级别的要求。

表 7-2　S/MIME 中使用的加密算法

功　　能	需　　求
创建用于形成数字签名的报文摘要算法	必须支持 SHA-1 和 MD5 但是应该使用 SHA-1
加密报文摘要以形成数字签名	发送和接收代理必须支持 DSS 发送和接收代理应该支持 RSA 加密 接收代理应该支持使用长度为 512～1024 比特的密钥来验证 RSA 的签名

续表

功　能	需　求
加密会话密钥和报文一起传送	发送和接收代理必须支持 DH 密钥 发送代理应该支持使用长度为 512~1024 比特的 RSA 加密 接收代理应该支持 RSA 解密
使用一次性会话密钥来加密传输的报文	发送代理应该支持三重 DES 和 RC2/40 的加密 接收代理应该支持三重 DES 的解密，必须支持 RC2/40 的解密

(1) MUST(必须)：这个定义是协议的必须要求。

(2) SHOULD(应该)：建议实现包括这个特征和功能。

3. S/MIME 报文准备过程

S/MIME 报文准备的过程是首先安全化一个 MIME 实体，然后按照 S/MIME 内容类型来包装数据。

S/MIME 使用签名、加密或同时使用两者来保证 MIME 实体的安全。一个 MIME 实体可能是一个完整的报文(除了 RFC 822 首部)；如果 MIME 内容类型是多部分的，那么一个 MIME 实体是报文的一个或多个子部分。MIME 实体按照 MIME 报文准备的一般规则来准备。然后，该 MIME 实体加上一些与安全有关的数据，如算法标识符和证书，被 S/MIME 处理以生成成为 pkcs 的对象。然后 pkcs 对象被看作报文内容并包装成 MIME。

S/MIME 内容类型有包装数据(Enveloped Data)、签名数据(Signed Data)、清澈签名数据(Clear Signied Data)和加密且签名的数据(Enveloped-and-Signed Data)。对不同的数据类型其包装过程也不一样。

4. S/MIME 证书的处理

S/MIME 使用符合 X.509 v3 标准的公开密钥证书。S/MIME 使用的密钥管理方法是严格的 X.509 证明层次和 PGP 的信任网络的混合。S/MIME 的管理者必须为用户配置可信任的密钥表和废除证书的列表。证书是认证机构签名的。

S/MIME 用户可以完成如下密钥管理功能。

(1) 密钥的生成：一个用户使用与管理有关的程序必须能够生成单独的 DH 密钥和 DSS 密钥对，并且应该能够生成 RSA 密钥对。每个密钥对必须从一个好的不确定的随机输入源生成并且采用安全的方式进行保护。用户代理应该生成 768~1024b 的密钥对，并且一定不能生成小于 512b 的密钥对。

(2) 注册：用户的公开密钥和认证一起注册获得 X.509 公开密钥证书。

(3) 证书的存储和查询：用户需要访问证书的本地列表来验证进入的签名和输出的报文加密。这样的一张表可以让用户进行维护。

7.4　Web 的安全性

7.4.1　Web 安全需求

Web 本质上是运行在 Internet 和 TCP/IP 内联网上的客户服务器应用程序，通常采用基于 HTTP 协议的 Web 技术实现。Web 浏览器具有良好的图形界面,集成了对多种应用的支持。因此,目前绝大多数的网络应用服务都倾向于采用 Web 方式向用户提供服务。作为社会信息化重要标志的电子商务和电子政务等,也都是基于 Web 来与用户进行交流的。但是,Web 同样在其安全性上也存在诸多弱点。

(1) Internet 是双向的,Web 服务器反攻击能力非常脆弱。

(2) Web 已经成为公司形象和产品信息的窗口和商业交互的平台。Web 服务器被破坏,不但会遭受经济损失,企业形象和声誉也会遭受损害。

(3) 尽管 Web 浏览器非常容易使用,Web 服务器也容易配置和管理,Web 内容也越来越容易开发,但底层的软件却异乎寻常的复杂。这些复杂的软件可能隐藏了很多潜在的安全隐患。Web 短暂的发展历史中新的支持技术和系统版本升级层出不穷,但对于不同的安全攻击却都很脆弱。

(4) Web 服务器作为进入公司或机构整个计算机系统的门户,一旦被破坏,攻击者可以访问的不仅仅是 Web 本身,而且还包括连接到本地站点服务器上的重要数据和商业机密信息。

(5) 从安全的角度来看,没有经过训练的用户是基于 Web 服务的常见客户。这样的用户并没有了解到可能存在的安全风险,并且没有工具或者很难采取有效对策来防止其私人信息的泄密。

解决 Web 安全性一般有两种方法:一种方法是使用安全协议 IPSec。使用 IPSec 的好处在于对于最终用户和应用程序来说是透明的,并且提供了通用的解决方法。IPSec 包括一种过滤功能,只有选择过的通信量才需要 IPSec 的处理。

另一种相对通用的解决方法是在 TCP 上使用 SSL(Secure Sockets Layer)或 TLS(Transport Layer Security)。众所周知,浏览 Web 网页时使用的一种协议就是 HTTP,但 HTTP 是以明文的形式传输数据,因此使用 HTTP 协议传输隐私信息非常不安全。为了保证这些隐私数据能加密传输,网景公司设计了 SSL 用于对 HTTP 传输的数据进行加密,从而诞生了 HTTPS。由于一些安全的原因,SSL v1.0 和 SSL v2.0 都没有公开,直到 1996 年 SSL v3.0 才得以公开,被 IETF 定义在 RFC 6101 中。TLS v1.0 建立在 SSL v3.0 协议规范之上,是 SSL v3.0 的升级版,可以将其理解为 SSL 3.1。目前 TLS 的版本是 1.2,定义在 RFC 5246 中。

实际上现在的 HTTPS 都是用 TLS 协议,而不是 SSL 协议。但是由于 SSL 出现的时间比较早,并且依旧被现在浏览器所支持,因此 SSL 依然是 HTTPS 的代名词。

7.4.2 SSL 协议

1. SSL 协议简介

SSL 协议是国际上通行的银行卡密码校验技术和标准之一,又称"安全套接层"协议,是 Netscape 公司于 1996 年设计开发的,主要用于 Web 的安全传输协议,以提高应用程序之间的数据安全系数。

SSL 协议向基于 TCP/IP 的客户/服务器应用程序提供了客户端和服务器的鉴别、数据完整性及信息机密性等安全措施。该协议通过在应用程序进行数据交换前交换 SSL

初始握手信息来实现有关安全特性的审查。在 SSL 握手信息中采用了 DES、MD5 等加密技术来实现机密性和数据完整性,并采用 X.509 的数字证书实现鉴别。SSL 协议已成为事实上的工业标准,在早期被广泛应用于 Internet 和 Intranet 的服务器产品和客户端产品中。

SSL 安全协议主要提供三方面的服务。

(1) 用户和服务器的合法性认证。认证用户和服务器的合法性,使得它们能够确信数据将被发送到正确的客户端和服务器上。客户端和服务器都有各自的识别号,这些识别号由公钥进行编号。为了验证用户是否合法,SSL 协议要求在握手交换数据阶段进行数字认证,以此来确保用户的合法性。

(2) 加密被传送的数据。SSL 协议所采用的加密技术既有对称密钥密码技术,也有公钥密码技术。在客户端与服务器进行数据交换之前,先交换 SSL 初始握手信息。在 SSL 握手信息中采用了各种加密技术,以保证握手信息的机密性和完整性,并且用数字证书进行鉴别,以防止非法用户进行窃取、篡改和冒充。

(3) 保护数据的完整性。SSL 协议采用散列函数和机密共享的方法来提供信息完整性服务,建立客户端与服务器之间的安全通道,使所有经过 SSL 协议处理的业务在传输过程中能全部准确无误地到达目的地。

2. SSL 协议的体系结构

SSL 协议是一个中间层协议,在 OSI 模型中,SSL 介于传输层(如 TCP)和应用层之间,为应用程序提供一条安全的网络传输通道,提供 TCP/IP 通信协议数据加密、客户端与服务器端身份验证等功能。它的主要目标是在两个通信应用之间提供私密性和可靠性。SSL 协议的体系结构如图 7-16 所示。

图 7-16　SSL 协议的体系结构

3. SSL 协议的原理

SSL 由两个层次协议组成:SSL 记录层协议(SSL Record Protocol)和 SSL 握手协议(SSL Handshake Protocol)。SSL 的优点是与应用无关,对高层协议是透明的。SSL 协议的层次结构如图 7-17 所示。

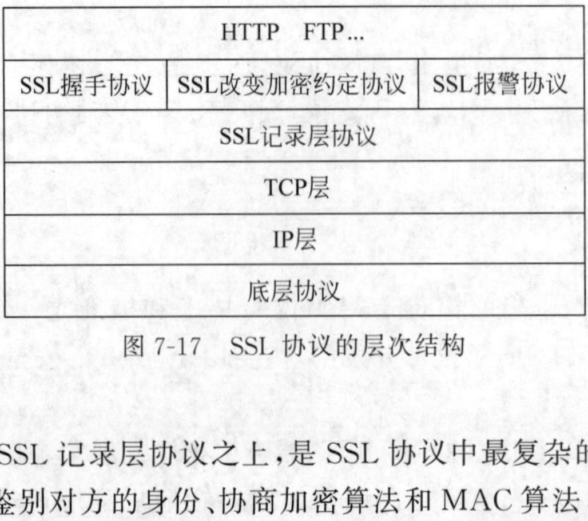

图 7-17　SSL 协议的层次结构

1) SSL 握手协议

SSL 握手协议在 SSL 记录层协议之上,是 SSL 协议中最复杂的协议。服务器和客户端使用这个协议相互鉴别对方的身份、协商加密算法和 MAC 算法,以及在 SSL 记录层协议中加密数据的加密密钥和初始向量。这些过程在握手协议中进行。握手协议是建立 SSL 连接首先应该执行的协议,必须在传输任何数据之前完成。

根据功能特点,握手过程基本上可以分成四个阶段,如图 7-18 所示。

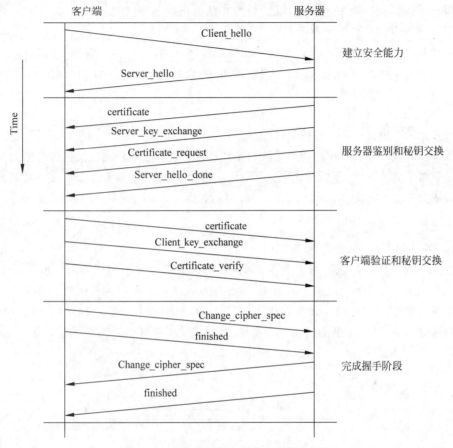

图 7-18　客户端与服务器的初始交换过程

第一阶段是建立安全能力。主要工作是建立一条逻辑连接,以及与这个连接有关的安全能力。所谓建立安全能力,是指客户端与服务器协商将要在通信中使用的加密算法、签名算法、密钥交换算法、MAC 算法以及其他一些记录协议需要使用的必要参数(如初始量)等。这个阶段由两个参数相同的报文组成。一个是 Client_hello 报文;另一个是 Server_hello 报文。协议的发起由客户端送出一个 Client_hello 消息来开启。这个阶段完成后,就完成了安全能力的建立。

第二阶段是服务器鉴别和密钥交换。如果服务器需要被鉴别,这个阶段将以服务器给客户端发送自己的证书开始执行。服务器可能向客户端发送的信息包括证书或证书链报文、密钥交换报文、客户证书请求报文以及证书完成报文。除了最后一个报文,并非所有报文都是必需的,很多情况,可能只要发送其中的一个或两个报文即可完成握手第二个阶段。

第三阶段是客户端验证和密钥交换。收到服务器证书完成报文后,客户端首先验证服务器是否提供合法的证书,检测服务器的参数是否可以接受,如果这些都满足条件,客户端就向服务器发送客户证书报文(或者无证书告警信息)、客户密钥交换报文和证书验证报文中的一个或多个。除了客户密钥交换报文,其他两个报文在某些情况下不是必需的。

第四阶段是完成握手阶段。这个阶段完成安全连接的建立。首先是客户端通过修改密文协议发送改变算法定义报文,将挂起的算法族定义复制到当前的算法族定义。然后客户端立刻接着发送在新的算法、密钥和密码下的完成报文。服务器对这两个报文的响应是发送自己的改变算法定义报文将挂起状态复制到当前状态,并发送完成报文。

到此为止,握手协议完成,客户端和服务器建立了安全连接,应用层协议可以使用 SSL 连接进行安全的数据通信了。

2) SSL 记录层协议

SSL 记录层协议的内容有数据压缩/解压、加密/解密、改变加密约定协议、警报协议、出错处理等。所做的主要工作是用商定的加密和报文鉴别算法对发送数据包进行保护。

一旦握手协议完成,客户端和服务器商定主密钥、加密和签名算法。加密签名函数把数据转换成保密文本格式,即 SSL 数据包。解密函数则逆向执行这一过程,把数据还原。

4. SSL 协议的应用

1) 应用模式 1——匿名 SSL 连接

客户端没有固定标识身份的数字 ID,用户可以匿名方式访问服务器。服务器是有标识站点身份的数字 ID,以便客户端确认自己要去的站点。客户端知道服务器的身份,而服务器不知道客户端是谁。建立 SSL"连接"时,客户端先随机地生成临时的公私钥对,再用这对密钥进行 SSL 握手协议,一个"会话"完成后,这对密钥就丢弃掉了。匿名 SSL 连接如图 7-19 所示。

图 7-19 匿名 SSL 连接

这种应用在 Internet 上很常见,典型的应用是用户在网站进行注册时,为防止私人信息(如信用卡号、口令等)泄露,而用匿名 SSL 连接该网站。这种应用模式的主要优点是便于使用。由于个人数字 ID 的申请、使用和保密很麻烦,妨碍了用户使用安全功能,匿名 SSL"连接"不需要这些操作,而且主要的浏览器都支持这种方式,所以这种方式很适合单向的安全数据传输应用。

2) 应用模式 2——对等安全服务

通信双方都可以发起和接收 SSL"连接"请求,既是服务器又是客户端。通信双方可以是应用程序、安全协议代理服务器等。图 7-20 所示的是一种类似 VPN 的应用,双方的内部通信可以不用安全协议,中间的公网部分用 SSL 协议连接。其中,安全协议代理服务器相当于一个加/解密网关,把内部对外部网络的访问转换为 SSL 数据包,接收时把 SSL 包解密。

图 7-20 类似 VPN 的应用

特点：不用为每一台主机申请数字标识，简化了数字 ID 的管理和使用。

3）应用模式 3——网上支付安全

电子商务中，要有三方（顾客、商家和银行）参与到一次交易中。首先通过建设统一网关，提供银行的统一接口，并通过互联网与商家连接。例如，中国银联银行卡交换中心，持卡人顾客通过互联网与商家建立连接，可以采用非安全协议或者 SSL 协议，实现点对点的连接和认证；商家和支付网关之间采用 SSL 协议，实现点对点的连接与认证。此过程中，可用 SSL 保证数据传输的安全性。结合上面介绍的两种应用模式，网上交易的安全方案如图 7-21 所示。

图 7-21 网上交易的安全方案

顾客基于商家和银行拥有较高信誉的假设，把个人信息提供给商家和银行，相信他们不会把顾客资料泄露出去或盗用。商家和银行之间传送的是顾客数据，互相验证对方的数字标识，使安全性进一步得到保证。而商家与顾客之间的通信用匿名方式，兼顾了安全性和易用性。在完善的电子商务协议实用化之前，这种应用模式提供了一种实现网上支付所需的基本安全保护。

4）应用模式 4——扩展 SSL 服务器应用层功能接口

对于收费网站和电子商务网站来说，身份认证和计费通常是网站运营管理的大问题。目前的一般做法是用户通过用户名和口令登录验证身份。

5. SSL 协议的安全性

从 SSL 协议所提供的服务及其工作流程可以看出，SSL 协议运行的基础是商家对消费者信息保密的承诺，这就有利于商家而不利于消费者。在电子商务初级阶段，由于运作电子商务的企业大多是信誉较高的大公司，因此这个问题还没有充分暴露出来。随着电子商务的发展，各中小型公司也参与进来，在电子支付过程中的单一认证问题越来越突出。虽然在 SSL 3.0 中通过数字签名和数字证书可实现浏览器和 Web 服务器双方的身份验证，但是 SSL 协议仍存在一些问题，例如，只能提供交易中客户与服务器间的双方认证，在涉及多方的电子交易中，SSL 协议并不能协调各方间的安全传输和信任关系。在这种情况下，Visa 和 MasterCard 两大信用卡组织制定了 SET 协议，为网上信用卡支付提供了全球性的标准。

7.4.3 TLS 协议

传输层安全协议(Transport Layer Security Protocol,TLS)的设计目标是在两个通信应用程序之间提供保密性和数据完整性服务。

1. TLS 协议结构

TLS 协议包括两个协议组:TLS 记录协议(TLS Record Protocol)和 TLS 握手协议(TLS Handshake Protocol)。每组具有很多不同格式的信息。TLS 协议在 TCP/IP 模型中的位置如图 7-22 所示。

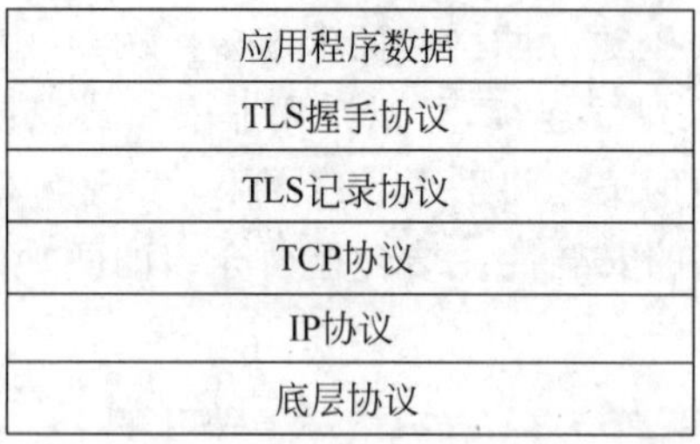

```
应用程序数据
TLS握手协议
TLS记录协议
TCP协议
IP协议
底层协议
```

图 7-22　TLS 协议在 TCP/IP 模型中的位置

1) TLS 记录协议

TLS 记录协议是一种分层协议,这种协议被用来封装几种高层协议(如 HTTP、SMTP 等)。使用由 TLS 握手协议产生的安全参数,它首先将上层被传输的数据分片成便于管理的块,然后对数据有选择性地压缩,计算出消息认证码 MAC(如 MD5 或 SHA),加密(如 DES、三重 DES 等),最后将结果送出。对接收到的数据进行解密、校验、解压缩和重组等,然后将它们传送到高层客户端。RFC 2246 中定义了 TLS 记录协议。

TLS 记录协议提供的连接安全性具有两个基本特性。

(1) 连接是私有的。数据加密采用对称加密方式(如 DES、RC4 等),每次加密的密钥在每次连接时才通过传输层握手协议等高层协议生成,即不同的连接有不同的会话密钥。

(2) 连接是可靠的。协议通过消息认证检查(MAC)来对接收的消息的正确性和完整性进行检查。

2) TLS 握手协议

TLS 握手协议建立在 TLS 记录协议之上,是在通信双方进行数据交换前,进行双方的身份认证、加密算法以及加密参数协商的高层协议,由三个子协议组成,如图 7-23 所示。在通信双方交换信息之前,通信双方将对以下的项目进行协商,这里协商的项目,将作为底层协议——TLS 记录协议的安全参数。

(1) 会话标识符:通信前,服务器将选取一个随机的字节序列来标识当前的活动会话的状态。

(2) 对方证书(Peer Certificate):X.509 v3 规范的对方证书。

(3) 压缩算法:在加密之前用来压缩数据的算法。

(4) 加密算法:指定批量数据加密算法和消息认证检查算法 Hash-Size 的加密参数。

TLS 握手协议提供的连接安全性具有三个优点。

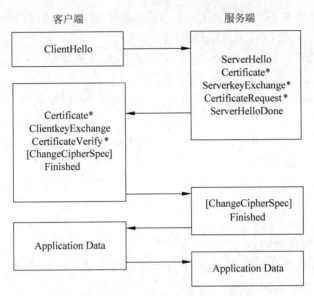

图 7-23 握手协议建立握手时的消息流

（1）可以使用非对称加密或公钥加密算法来进行双方的身份认证，而且是否进行这种认证是可选的。

（2）共享加密密钥协商过程是安全的。即便攻击者进入通信双方的中间节点，也无法从协商消息中获取有用的信息。

（3）协商过程是可靠的。每次协商的结果任何攻击者都不能在不被通信双方察觉的情况下改变协商消息。这样可确保 TLS 记录协议等底层协议加密的密钥不会被恶意的入侵者窃取。

2. TLS 与 SSL 协议的区别

比起 SSL 协议，TLS 协议的优点在于独立于应用程序外，高层协议能够透明地分布在 TLS 协议之上，开发人员可以在 TLS 协议之上继续构造自己的应用层协议，比 SSL 协议灵活得多。TLS 协议把如何进行传输层安全握手以及如何解释交换的认证证书的决定权留给 TLS 协议的设计者和实施者来判断。

由于 TLS 与 SSL v3.0 之间所支持的加密算法不同，两者不能互操作。

1）TLS 与 SSL 的差异

（1）版本号：TLS 记录格式与 SSL 记录格式相同，但版本号的值不同，TLS 1.0 使用的为 SSL v3.1。

（2）报文鉴别码：SSL v3.0 和 TLS 的 MAC 算法及 MAC 计算的范围不同。TLS 使用了 RFC 2104 定义的 HMAC 算法。SSL v3.0 使用了相似的算法，两者的差别在于：SSL v3.0 中填充字节与密钥之间采用的是连接运算，而 HMAC 算法采用的是异或运算。但是两者的安全强度是相同的。

（3）伪随机函数：TLS 使用称为 PRF 的伪随机函数将密钥扩展成数据块，是更安全的方式。

（4）报警代码：TLS 支持几乎所有的 SSL v3.0 报警代码，而且 TLS 补充定义了很多报警代码,如解密失败(decryption_failed)、记录溢出(record_overflow)、未知 CA(unknown_ca)、拒绝访问(access_denied)等。

(5) 密文族和客户证书:SSL v3.0 和 TLS 存在少量差别,即 TLS 不支持 Fortezza 密钥交换、加密算法和客户证书。

(6) certificate_verify 和 finished 消息:SSL v3.0 和 TLS 在用 certificate_verify 和 finished 消息计算 MD5 和 SHA-1 散列码时,计算的输入有少许差别,但安全性相当。

(7) 加密计算:TLS 与 SSL v3.0 在计算主密值(Master Secret)时采用的方式不同。

(8) 填充:用户数据加密之前需要增加的填充字节。在 SSL 中,填充后的数据长度要达到密文块长度的最小整数倍。而在 TLS 中,填充后的数据长度可以是密文块长度的任意整数倍(但填充的最大长度为 255 字节),这种方式可以防止基于对报文长度进行分析的攻击。

2) TLS 的主要增强内容

TLS 的主要目标是使 SSL 更安全,并使协议的规范更精确和完善。TLS 在 SSL v3.0 的基础上,提供了以下增强内容。

(1) 更安全的 MAC 算法。

(2) 更严密的警报。

(3) "灰色区域"规范的更明确的定义。

3) TLS 对于安全性的改进

(1) 对于消息认证使用密钥散列法:TLS 使用"消息认证代码的密钥散列法"(HMAC),当记录在开放的网络(如因特网)上传送时,该代码确保记录不会被变更。SSL v3.0 还提供消息认证,但 HMAC 比 SSL v3.0 使用的(消息认证代码)MAC 功能更安全。

(2) 增强的伪随机功能(PRF):PRF 生成密钥数据。在 TLS 中,HMAC 定义 PRF。PRF 使用两种散列算法保证其安全性。如果任一算法暴露了,只要第二种算法未暴露,则数据仍然是安全的。

(3) 改进的已完成消息验证:TLS 和 SSL v3.0 都对两个端点提供已完成的消息,该消息认证交换的消息没有被变更。然而,TLS 将此已完成消息基于 PRF 和 HMAC 值之上,这也比 SSL v3.0 更安全。

(4) 一致证书处理:与 SSL v3.0 不同,TLS 试图指定必须在 TLS 之间实现交换的证书类型。

(5) 特定警报消息:TLS 提供更多的特定和附加警报,以指示任一会话端点检测到的问题。TLS 还对何时应该发送某些警报进行记录。

7.4.4 HTTPS 协议

1. HTTPS 协议简介

HTTPS 是安全超文本传输协议,由 Netscape 公司开发并内置于其浏览器中,用于对数据进行压缩和解压操作,并返回网络上传送回的结果。实际上,HTTPS 是 SSL/TLS over HTTP,就是经过 SSL 或 TLS 加密后的 HTTP。HTTPS 通过在 TCP 层与 HTTP 间增加一个 SSL/TLS 来加强安全性,该协议通过 SSL/TLS 在发送方把原始数据进行加密,在接收方解密,因此,所传送的数据不容易被网络黑客截获和破解。

目前,HTTPS 在企业中的应用主要体现在两个方面：SSL VPN(也称 TLS VPN)和 Web 服务器。企业使用 SSL VPN 提供接入服务,企业员工在任何地方的外部网络都可以安全地连接到企业内部,登录企业内部的 OA 系统,进行业务处理等操作;在 Web 服务器上使用的 HTTPS 主要用来保护传输中的数据不被截获,可应用在企业内部 OA 系统的数据传输中,如需要保密的财务、人力、邮件等敏感资料的传输。在对外提供的服务中,可保护用户的隐私不被第三方泄露。

2. HTTPS 安全传输工作原理

HTTPS 协议的简单工作原理：使用非对称加密的方式加密一个密钥,然后双方使用这个密钥对传输的明文数据进行对称加密。常用的非对称加密算法是 RSA,对称加密算法是 DES、AES 等,完整性检验算法是 MD5。

当用户通过浏览器和远端网络服务器建立安全连接时,需要应用 HTTPS 进行安全传输。HTTPS 的会话连接建立的过程如下。

(1) 客户端发起连接,向服务器发送 request 报文,主要内容包括自己支持的各种算法列表,例如非对称加密支持哪些加密算法,对称加密支持哪些加密算法。

(2) 服务器收到消息之后,和自己支持的加密算法对比,找出双方都支持的算法,然后服务器把自己的证书(常见的是 X.509 证书)发送给客户端,包含被选中的加密算法、X.509 证书等内容,其中在证书中包含了服务器的公钥等内容。

(3) 客户端接收到证书之后获取服务器的公钥,随机生成一个字符串,使用服务器的公钥加密,发送给服务端。服务端用自己的私钥解开这个加密串,得到明文。然后服务器和客户端之间就把这个串当作密钥,进行对称加密。

要实现 HTTPS 安全传输,其核心是 SSL/TLS。实现的设计原理是：首先创建一个类,该类方法可以实现自动引导 Web 客户的访问请求使用 HTTPS 协议,每个要求使用 SSL/TLS 进行传输的 Servlet 或 JSP 在程序开始时调用它进行协议重定向,再使用 SSL/TLS 通过交换共享密钥来加密和解密数据,最后才进行数据应用处理。HTTPS 安全传输原理图如图 7-24 所示。

图 7-24 HTTPS 安全传输原理图

3. HTTPS 安全传输实现

根据安全传输原理,采用协议重定向实现基于 HTTPS 的安全传输设计的基本步骤为：

(1) 获取访问的请求所使用的协议。

（2）如果请求协议符合被访问的Servlet所要求的协议，就说明已经使用了HTTPS协议，不需做任何处理。

（3）如果不符合，则用Servlet所要求的HTTPS协议重定向到相同的URL。

（4）使用SSL/TLS通过交换共享密钥在发送方将原始数据进行加密，在接收方进行解密。

采用协议重定向实现数据HTTPS安全传输的流程图如图7-25所示。

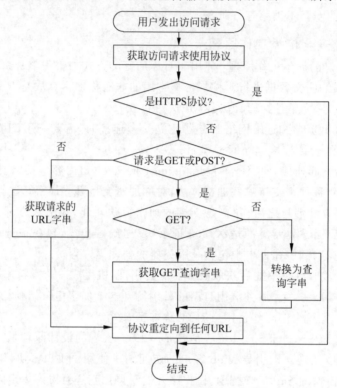

图7-25 基于HTTPS的安全传输流程图

7.5 VPN

7.5.1 VPN简介

VPN（Virtual Private Network，虚拟专用网）是平衡Internet的适用性和价格优势的最有前途的通信手段之一。VPN被广泛接受的定义是：建立在公众网络上，并隔离给单独用户使用的任何网络。依这条定义来衡量，Frame Relay、X.25和ATM等都可以认为是VPN，这种VPN一般被认为是第二层的VPN。目前蓬勃发展的VPN模式，是建立在共享的IP主干网上的网络，它被称为IP VPNs。利用这种共享的IP网建立VPN连接，VPN可以帮助远程用户、单位分支机构、合作单位与单位本部的内部网建立可信的安全连接，并且保证数据传输的安全性。可以说VPN是对单位内部网的拓展。一个单位的

VPN 解决方案可使用户将精力集中到自己的主要业务和职责上，而不是放在网络设计上。VPN 解决方案的成功实施不仅简化了用户的网络的设计和管理，还可加速连接新的用户和网站。另外，VPN 还可以保护现有的网络建设和投资能被充分地使用，达到资源最优配置。

因此，与传统专用网相比，VPN 给企业带来很多的好处，同时也给服务供应商特别是 ISP 带来很多机会。VPN 给企业带来的好处主要有以下四点。

(1) 低成本。企业不需租用长途专线建设专网，不需大量的网络维护人员和设备投资。利用现有的公用网组建 Intranet，要比租用专线或铺设专线节省开支，而且距离越远节省得越多。

(2) 易于扩展。如果企业组建自己的专用网，在扩展网络分支时，要考虑网络的容量、架设新链路、增加互连设备、升级设备等；而实现了 VPN 就方便多了，只需连接到公网上，对新加入的网络终端在逻辑上进行配置，也不需要考虑公网的容量问题、设备问题等。

(3) 降低网络复杂度。由于建立在原有公共交换电话网络(PSTN)基础上，所以不需要对网络进行新的改变，只需要将网络的设置进行调整；同时网络上的工作都由 ISP 去做，用户完全不需要自己去做。

(4) 完全控制主动权。VPN 上的设施和服务完全掌握在企业手中。例如，企业可以把拨号访问交给 ISP 去做，由自己负责用户的查验、访问权、网络地址、安全性和网络变化管理等重要工作。

VPN 的解决方案根据应用环境的不同分为三类。

(1) Access VPN(远程接入 VPN)：它是从客户端到网关，使用公网为主干网，在设备之间传输 VPN 的数据流量。从 PSTN，ISDN 或者 PLMN 接入。

(2) Intranet VPN(内联网 VPN)：它是从网关到网关，通过公司的内部网络构架连接来自同一公司的资源，多运用于跨国公司和公司分支机构。

(3) Extranet VPN(外联网 VPN)：它是与合作伙伴企业网络构成 Extranet，将一个公司与另外一个公司的资源进行连接，多用于合作伙伴公司。

7.5.2　VPN 工作原理

把因特网用作专用广域网，需要克服两个主要障碍。首先，网络经常使用多种协议(如 IPX 和 NetBEUI)进行通信，但因特网只能处理 IP 流量。所以，VPN 需要提供一种方法，将非 IP 的协议从一个网络传送到另一个网络。其次，网上传输的数据包以明文格式传输，因而，只要看得到因特网的流量，就能读取包内所含的数据。如果公司希望利用因特网传输重要的商业机密信息，这显然是一个问题。VPN 克服这些障碍的办法就是采用了隧道技术：数据包不是公开在网上传输，而是首先进行加密以确保安全，然后由 VPN 封装成 IP 包的形式，通过隧道在网上传输，如图 7-26 所示。

源网络的 VPN 隧道发起器与目标网络上的 VPN 隧道发起器进行通信。两者就加密方案达成一致，然后隧道发起器对包进行加密，确保安全(为了加强安全，应采用验证过程，以确保连接用户拥有进入目标网络的相应的权限。大多数现有的 VPN 产品支持多

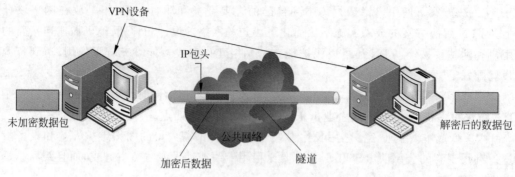

图 7-26　VPN 工作原理图

种验证方式)。最后,VPN 发起器将整个加密包封装成 IP 包。现在不管原先传输的是何种协议,它都能在纯 IP 因特网上传输。又因为包进行了加密,所以谁也无法读取原始数据。在目标网络这头,VPN 隧道终结器收到包后去掉 IP 信息,然后根据达成一致的加密方案对包进行解密,将随后获得的包发给远程接入服务器或本地路由器,它们再把隐藏的 IPX 包发到网络,最终发往相应目的地。

7.5.3　VPN 安全技术

由于传输的是私有信息,VPN 用户对数据的安全性都比较关心。为了保障信息的安全,VPN 技术应提供以下基本功能。

(1) 加密数据。以保证通过公网传输的信息即使被他人截获也不会泄露。

(2) 信息验证和身份识别。保证信息的完整性、合理性,并能鉴别用户的身份。

(3) 提供访问控制。不同的用户有不同的访问权限。

(4) 地址管理。VPN 方案必须能够为用户分配专用网络上的地址并确保地址的安全性。

(5) 密钥管理。VPN 方案必须能够生成并更新客户端和服务器的加密密钥。

(6) 多协议支持。VPN 方案必须支持公共因特网普遍使用的基本协议,包括 IP、IPX 等。

目前 VPN 主要采用五项技术来保证上面的各项功能,这五项技术分别是隧道(Tunneling)技术、加解密(Encryption & Decryption)技术、密钥管理(Key Management)技术、身份认证(Authentication)技术和访问控制(Access Control)技术。

1) 隧道技术

隧道技术是 VPN 的底层支撑技术。所谓隧道,实际上是一种封装,就是将一种协议(协议 X)封装在另一种协议(协议 Y)中传输,从而实现协议 X 对公用网络的透明性。这里协议 X 被称为被封装协议,协议 Y 被称为封装协议,封装时一般还要加上特定的隧道控制信息,因此隧道协议的一般形式为((协议 Y)隧道头(协议 X))。在公用网络(一般指因特网)上传输过程中,只有 VPN 端口或网关的 IP 地址暴露在外边。隧道解决了专网与公网的兼容问题,其优点是能够隐藏发送者、接收者的 IP 地址以及其他协议信息。VPN 采用隧道技术向用户提供了无缝的、安全的、端到端的连接服务,以确保信息资源的安全。

2）加解密技术

加解密技术是 VPN 的另一核心技术。为了保证数据在传输过程中的安全性，不被非法的用户窃取或篡改，一般都在传输之前进行加密，在接收方再对其进行解密。

3）密钥管理技术

密钥管理技术的主要任务是在公用网络上安全地传递密钥而不被窃取。目前密钥管理的协议包括 ISAKMP、SKIP 等。Internet 密钥交换协议 IKE 是 Internet 安全关联和密钥管理协议 ISAKMP 语言来定义密钥的交换，综合了 Oakley 和 SKEME 的密钥交换方案，通过协商安全策略，形成各自的验证加密参数。IKE 交换的最终目的是提供一个通过验证的密钥以及建立在双方同意基础上的安全服务。SKIP 主要利用 Diffie-Hellman 的演算法则，在网络上传输密钥。

4）身份认证技术

身份认证技术可以防止来自第三方的主动攻击。一般用户和设备双方在交换数据之前，先核对证书，如果准确无误，双方才开始交换数据。用户身份认证最常用的技术是用户名和密码方式。而设备认证则需要依赖由 CA 所颁发的电子证书。

5）访问控制技术

由 VPN 服务的提供者与最终网络信息资源的提供者共同来协商确定特定用户对特定资源的访问权限，以此实现基于用户的细粒度访问控制，以实现对信息资源的最大限度的保护。

7.5.4 VPN 主要安全协议

1. VPN 协议分类

VPN 区别于一般网络互连的关键是隧道的建立，隧道的建立有两种方式，即"用户初始化"隧道和"NAS（Network Access Server）初始化"隧道。前者一般指"主动"隧道，后者指"强制"隧道。"主动"隧道是用户为某种特定目的的请求建立的，而"强制"隧道则是在没有任何来自用户的动作以及选择的情况下建立的。

隧道是由隧道协议形成的，数据包经过加密后，按隧道协议进行封装、传送以保证安全性。隧道协议分为第二层、第三层隧道协议。一般地，在数据链路层实现数据封装的协议称为第二层隧道协议，如 PPTP（Point to Point Tunneling Protocol）、L2TP（Layer Two Tunneling Protocol）、L2F（Layer 2 Forwarding）等，主要应用于构建 Access VPN 和 Extranet VPN；在网络层实现数据封装的协议称为第三层隧道协议，如 GRE（Generic Routing Encapsulation）、IPSec（IP Security）和 MPLS 等，主要应用于构建 Intranet 和 Extranet VPN。另外，SOCKS v5 协议则在传输层实现数据安全。有时，也把更高层的 SSL 看作 VPN，称为 SSL VPN。目前常用的 VPN 协议如表 7-3 所示。

表 7-3 目前常用的 VPN 协议

OSI 层次	常用 VPN 协议
应用层	SSL VPN
传输层	SOCKS v5

续表

OSI 层次	常用 VPN 协议
网络层	IPSec VPN
数据链路层	PPTP&L2TP VPN

2. IPSec 协议

IPSec 协议（IP 安全协议）作为目前实现 VPN 功能的常规选择，其协议内容详见 7.2 节。

3. PPTP 与 L2TP 协议

PPTP 协议是一种用于让远程用户拨号连接到本地的 ISP，通过因特网安全远程访问公司资源的新型技术。它能将 PPP（点到点协议）帧封装成 IP 数据包，以便能够在基于 IP 的互联网上进行传输。PPTP 使用 TCP 连接的创建、维护与终止隧道，并使用 GRE（通用路由封装）将 PPP 帧封装成隧道数据。被封装后的 PPP 帧的有效载荷可以被加密或者压缩，或者同时被加密与压缩。

PPTP 作为"主动"隧道模型允许终端系统进行配置，与任意位置的 PPTP 服务器建立一条不连续的、点到点的隧道。并且，PPTP 协商和隧道建立过程都没有中间媒介 NAS 的参与。NAS 的作用只是提供网络服务。PPTP 建立过程如下：①用户通过串口以拨号 IP 访问的方式与 NAS 建立连接取得网络服务；②用户通过路由信息定位 PPTP 接入服务器；③用户形成一个 PPTP 虚拟接口；④用户通过该接口与 PPTP 接入服务器协商、认证建立一条 PPP 访问服务隧道；⑤用户通过该隧道获得 VPN 服务。

L2TP 是 L2F 和 PPTP 的结合。L2TP 作为"强制"隧道模型是让拨号用户与网络中的另一点建立连接的重要机制。建立过程如下：①用户通过 Modem 与 NAS 建立连接；②用户通过 NAS 的 L2TP 接入服务器身份认证；③在政策配置文件或 NAS 与政策服务器进行协商的基础上，NAS 和 L2TP 接入服务器动态地建立一条 L2TP 隧道；④用户与 L2TP 接入服务器之间建立一条 PPP 协议访问服务隧道；⑤用户通过该隧道获得 VPN 服务。

在 L2TP 中，用户感觉不到 NAS 的存在，仿佛与 PPTP 接入服务器直接建立连接。而在 PPTP 中，PPTP 隧道对 NAS 是透明的；NAS 不需要知道 PPTP 接入服务器的存在，只是简单地把 PPTP 流量作为普通 IP 流量处理。

采用 L2TP 还是 PPTP 实现 VPN 取决于要把控制权放在 NAS 还是用户手中。L2TP 比 PPTP 更安全，因为 L2TP 接入服务器能够确定用户从哪里来的。L2TP 主要用于比较集中的、固定的 VPN 用户，而 PPTP 比较适合移动的用户。

L2TP 支持 Internet 的远程访问，L2TP 协议封装形式如图 7-27 所示。此外，需要说明的是，L2TP 协议和 IPSec 配合使用是目前性能最好、应用最广泛的一种协议机制。

4. GRE 协议

GRE 规定了如何用一种网络协议去封装另一种网络协议的方法。GRE 的"隧道"由两端的源 IP 地址和目的 IP 地址来定义，使用者可使用 IP 包封装 IP、IPX、AppleTalk 包，

IP头部	UDP头部	L2TP头部	PPP头部	原始IP数据包

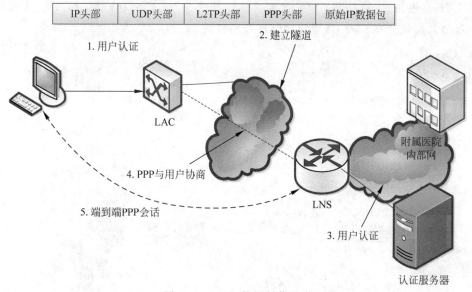

图 7-27　L2TP 协议封装形式

并支持全部的路由协议。通过 GRE，使用者可以利用公共 IP 网络连接 IPX 网络、AppleTalk 网络，还可以用保留地址进行网络互联，或对公网隐藏内部网的 IP 地址。其封装形式如图 7-28 所示。

IP头部	GRE头部	原始IP数据包

图 7-28　通用路由封装协议 GRE 的封装形式

GRE 协议非常广泛地应用在移动 IP、PPTP 等领域。其只提供了数据包的封装格式，并没有提供对数据包加密功能。

目前的 GRE 隧道方案存在以下弊端。

(1) 组网及配置复杂。由于 GRE 隧道技术采用的是点到点的隧道方案，当接入点数量为 N，需要建立一个全连接的 VPN 时，整个网络需要手工配置 $N\times(N-1)/2$ 个点到点的连接。

(2) 可维护性及可扩展性差。对于一个已经组建好的 VPN 网络，若需要增加节点或修改某个节点的配置，那么其他所有节点都必须针对这个节点修改本地配置，维护成本较高。

(3) 无法穿透 NAT(Network Address Translation)网关。采用 GRE 方式建立隧道，如果出口有 NAT 网关，那么需要一个公网地址对应一个私网地址来解决，需要大量的公网 IP 地址，这导致了 GRE 不能应用于 NAT 网关内部。

7.5.5　VPN 应用实例

图 7-29 是一个典型 VPN 应用的设计。基于 IPSec VPN 的解决方案，它将三个分支机构与网络中心连接起来。网络中心为了安全，使用了网络防火墙 Cisco Secure PIX，通过加装 VPN 加速卡(VAC)，作为 VPN 隧道的终端。这些加速卡通过硬件进行 DES 和

三重 DES 加密,极大地提高了这些加密算法的处理能力。同时在网络中心建立证书授权中心(CA),提供建立 VPN 隧道连接时的身份验证。

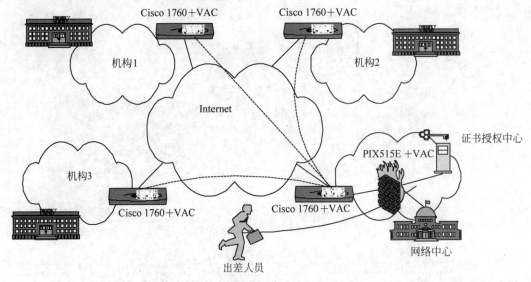

图 7-29 基于 IPSec 的 VPN 设计方案

通过利用 Cisco IOS 软件对 IPSec 的支持,在分支机构建立 VPN 隧道的终端。为了提高 VPN 服务的处理性能,可以加装用于 Cisco 路由器的 VPN 加速卡(VAC)。每次由分支机构的路由器发起建立 VPN 隧道的请求,网络中心的 PIX 防火墙响应后,即可建立起 VPN 隧道,实现安全保密的通信。

由于很多的软硬件产品都支持 IPSec 协议,因此也可以使用 VPN 集中器、带 VPN 的 ADSL Modem、支持 IPSec 的防火墙产品等。具体设计实施细节请参考对应产品的技术文档。

这种设计方案使用针对 VPN 作了性能优化的路由器和 PIX 防火墙,可以充分利用现有的 Cisco 设备,既可以建立安全的 VPN 网络,同时又提供了对 Internet 访问的途径,非常适用于混合的广域网环境。

习题 7

1. 简述网络信息安全模型中各部分的作用。
2. 网络安全的关键技术有哪些?
3. 简述 IPSec 协议的工作原理。
4. IPSec 协议中传输模式和隧道模式的主要区别是什么?
5. PGP 主要提供哪些安全业务?
6. 试分析 PGP 中机密性与认证功能是如何同时工作的。
7. 说明 S/MIME 协议中报文是如何准备的。
8. 试述 SSL 协议和 TLS 协议有什么不同。

9. SSL 握手协议主要有哪些阶段？各个阶段的作用是什么？
10. 简述 HTTPS 工作原理。
11. 什么是 VPN？VPN 有哪些特点？
12. 第二层隧道协议和第三层隧道协议的本质区别是什么？
13. VPN 主要采用哪些技术来保证通信安全？
14. 目前常用的 VPN 协议都有哪些？分别归属于 OSI 网络模型的哪些层次？
15. 试述 PPTP 协议与 L2TP 协议的区别和联系。

第 8 章 入侵检测技术

在网络安全日趋严峻的情况下,研究开发能够及时、准确对入侵进行检测并能做出响应的网络安全防范技术,即入侵检测技术,成为一个有效解决网络安全问题的途径。本章首先介绍入侵检测技术的概念、模型,然后介绍入侵检测技术面临的问题和挑战以及常用的入侵检测技术及系统,最后介绍入侵检测系统的发展方向。

8.1 入侵检测概述

8.1.1 入侵检测基本概念

入侵检测(Intrusion Detection)是对入侵行为的检测。它通过收集和分析网络行为、安全日志、审计数据、其他网络上可以获得的信息以及计算机系统中若干关键点的信息,检查网络或系统中是否存在违反安全策略的行为和被攻击的迹象。入侵检测作为一种积极主动的安全防护技术,提供了对内部攻击、外部攻击和误操作的实时保护,在网络系统受到危害之前拦截和响应入侵。因此,入侵检测被认为是防火墙之后的第二道安全闸门,在不影响网络性能的情况下能对网络进行监测。入侵检测通过执行以下任务来实现其功能:监视、分析用户及系统活动;审计系统构造和弱点;识别反映已知进攻的活动模式并向相关人士报警;统计分析异常行为模式;评估重要系统和数据文件的完整性;进行操作系统的审计跟踪管理,并识别用户违反安全策略的行为。

入侵检测是防火墙的合理补充,帮助系统对付网络攻击,扩展了系统管理员的安全管理能力(包括安全审计、监视、进攻识别和响应),提高了信息安全基础结构的完整性。

对一个成功的入侵检测系统来讲,它不但可使系统管理员时刻了解网络系统(包括程序、文件和硬件设备等)的任何变更,还能给网络安全策略的制定提供指南。更为重要的一点是,它应该管理、配置简单,从而使非专业人员非常容易地获得网络安全。而且,入侵检测的规模还应根据网络威胁、系统构造和安全需求的改变而改变。入侵检测系统在发现入侵后,会及时做出响应,包括切断网络连接、记录事件和报警等。

8.1.2 入侵检测基本模型

对入侵检测技术的研究可以追溯到 20 世纪 80 年代。1980 年,James P. Anderson 负责一个由美国军方设立的针对计算机审计机制的研究项目,他在项目技术报告中提出,入侵是一种经过预谋的、潜在的、未经授权的访问和操作,使系统不可靠或无法使用的行为。

他的这篇技术报告被认为是入侵检测研究领域中最早的一篇技术文献。

一般认为入侵是指在没有授权的情况下,违背访问目标的安全策略或危及系统安全的行为。

1. IDES 模型

第一个入侵检测模型 IDES 是由 Dorothy Denning 在 1987 年提出的,她发表了入侵检测领域内的经典论文 *An Intrusion Detection Model*,给出了一种 IDES 的抽象模型,如图 8-1 所示。

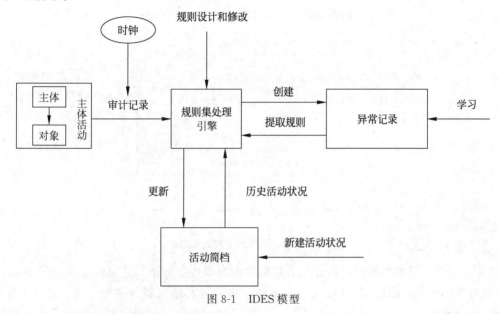

图 8-1 IDES 模型

该模型由以下六个主要部分组成。

(1) 主体(Subjects):启动在目标系统上活动的实体,如用户。

(2) 对象(Objects):系统资源,如文件、设备、命令等。

(3) 审计记录(Audit Records):是主体对对象实施操作时系统产生的数据,由 <Subject, Action, Object, Exception-Condition, Resource-Usage, Timer-Stamp> 构成的六元组表示。Action(活动)是主体对对象的操作,对操作系统而言,这些操作包括读、写、登录、退出等;Exception-Condition(异常条件)是指系统对主体的该活动的异常报告,如违反系统读写权限;Resource-Usage(资源使用情况)是系统的资源消耗情况,如 CPU、内存使用率等;Time-Stamp(时标)是活动发生时间。

(4) 活动简档(Activity Profile):用以保存主体正常活动的有关信息,具体实现依赖于检测方法,在统计方法中从事件数量、频度、资源消耗等方面度量,可以使用方差、马尔可夫模型等方法实现。

(5) 异常记录(Anomaly Record):用以表示异常事件的发生情况。

(6) 规则集处理引擎:规则集是检查入侵是否发生的处理引擎,结合活动简档用专家系统或统计方法等分析接收到的审计记录,调整内部规则或统计信息,在判断有入侵发生时采取相应的措施。

2. CIDF 模型

公共入侵检测框架（Common Intrusion Detection Framework，CIDF）是为了解决不同入侵检测系统的互操作性和共存问题而提出的入侵检测框架。目前大部分的入侵检测系统都是独立研究与开发的，不同系统间缺乏互操作性和互用性。一个入侵检测系统的模块无法与另外一个入侵检测系统的模块进行数据共享，在同一台主机上两个不同的入侵检测系统无法共存，为了验证或者改进某个部分的功能必须重新构建整个入侵检测系统，而无法重用现有的系统和构件，所以就产生了 CIDF 模型来解决这个问题。

CIDF 阐述了一个入侵检测系统的通用模型，如图 8-2 所示。

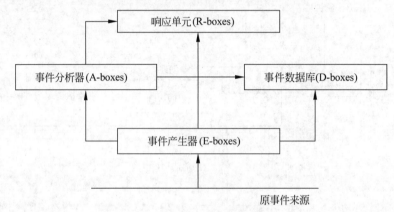

图 8-2　入侵检测系统的通用模型

CIDF 将入侵检测系统需要分析的数据统称为事件（Event），它可以是基于网络的入侵检测系统网络中的数据，也可以是从系统日志或者其他途径得到的信息。由于 CIDF 有一个标准格式 GIDO，所以这些组件也适用于其他环境，只需要将典型的环境特征转化成 GIDO 格式即可，从而提高了组件之间的消息共享和互通。

GIDO（Generalized Intrusion Detection Objects）即统一入侵检测对象，是对事件进行编码的标准通用格式。此格式是由 CIDF 描述语言 CISL 定义的，它既可以是发生在系统中的审计事件，也可以是对审计事件的分析结果。

1）事件产生器

事件产生器（Event Generators）的任务是从入侵检测系统之外的计算环境中收集事件，并将这些事件转换成 CIDF 的 GIDO 格式传送给其他组件。例如，事件产生器可以是读取 C2 级审计踪迹并将其转换为 GIDO 格式的过滤器，也可以是被动地监视网络并根据网络数据流产生事件的另外一种过滤器，还可以是 SQL 数据库中产生描述事务的事件的应用代码。

2）事件分析器

事件分析器（Event Analyzers）分析从其他组件收到的 GIDO，并产生新的 GIDO 再传送给其他组件。事件分析器可以是一个轮廓描述工具，统计性地检查现在的事件可能与以前某个事件来自同一个时间序列；也可以是一个特征检测工具，用于在一个事件序列中检查是否有已知的滥用攻击特征；此外，事件分析器还可以是一个相关器，观察事件之间的关系,将有联系的事件放到一起,以利于以后的进一步分析。

3) 事件数据库

事件数据库(Event Database)用来存储GIDO,以备系统需要的时候使用。

4) 响应单元

响应单元(Response Units)处理收到的GIDO,并据此采取相应的措施,如杀死相关进程、将连接复位、修改文件权限等。

8.2 入侵检测技术概述

入侵检测技术是入侵检测系统的核心,检测引擎通常采用两种类型的检测技术:异常检测(Anomaly Detection)和误用检测(Misuse Detection)。

8.2.1 异常检测

异常检测也称基于行为的检测。它是建立在如下的假设基础上的,即任何一种入侵检测行为都能由偏离正常或者所期望的系统和用户的活动而被检测出来。描述正常或合法活动的模型是从过去通过各种渠道收集到的大量历史活动资料的分析中得出的。入侵检测系统将它与当前的活动情况进行对比,如果发现当前状态偏离了正常的模型状态,则系统就发出警报信号,这就是说,任何不符合以往活动规律的行为都将被视为入侵行为。因此,异常检测系统的检测完整性很高,但是要保证它具有很高的正确性却很困难。

此类检测技术的优点在于它能够发现任何企图发掘、试探系统最新和未知漏洞的行为,同时在某种程度上,它较少依赖于特定的操作系统环境。另外,对合法用户超越权限的违法行为的检测能力大大加强。

较高的虚警率是此种方法的主要缺陷,因为信息系统所有的正常活动并不一定在学习建模阶段就被全部了解。另外,系统的活动行为是不断变化的,这就需要不断的在线学习。该过程可能带来两种后果:其一是在学习阶段,入侵检测系统无法正常工作,否则会生成额外的虚假警告信号;其二是在学习阶段,信息系统正遭受着非法的入侵攻击,导致入侵检测系统的学习结果中包含了相关入侵检测行为的信息,这样系统将在以后无法检测出该种行为的入侵行为。

异常检测方法主要有以下几种。

1) 统计分析

统计分析(Statistics Analysis)是基于行为的入侵检测中应用最早也是最多的一种方法。首先,检测引擎根据用户对象的动作为每个用户建立一个特征表,通过比较当前特征与已经存储定型的以前特征,从而判断是否是异常行为。用于描述特征的变量类型有:

(1) 操作密度:度量操作执行的速率。

(2) 审计记录分布:度量在最新记录中所有操作类型的分布。

(3) 范畴尺度:度量在一定动作范畴内特定操作的分布情况。

(4) 数值尺度:度量那些产生数值结果的操作,如CPU使用量、I/O使用量。

这种方法的优越性在于能应用成熟的概率统计理论。但也有不足之处，如统计检测对事件发生的次序不敏感，也就是说，完全依靠统计理论可能漏检那些利用彼此关联事件的入侵行为。其次，设定是否入侵的判断阈值也比较困难。阈值太低则漏检率提高，阈值太高则误检率提高。

2）神经网络

神经网络（Neural Network）系统是由大量的同时也是很简单的处理单元（或称神经元）广泛地互相连接而形成的复杂网络系统。它反映了人脑功能的许多基本特性，但它并不是人脑神经网络系统的真实写照，而只是对其做某种简化、抽象和模拟。

神经网络的引入为入侵检测系统的研究开辟了新的途径。它有很多优点，例如自学习、自适应性的能力，因此，在基于神经网络的入侵检测系统中，神经网络通过学习已有的输入输出矢量对集合，进而抽象出其内在的联系，然后得到新的一种输入输出关系，即通过自学习从中提取正常用户或者系统活动的特征模式，不必对大量数据进行存取就可以确定哪些行为是异常的。

然而目前尚无可靠的理论能够说明神经网络是如何理解学习范例中的内在关系的，所以也无法清楚地解释它是如何发现并理解入侵行为的。神经网络技术和统计分析技术的相似之处已经被理论证明，而使用神经网络技术的优势在于它能够以一种更加简洁、快速的方式来表示各种状态变量之间的非线性关系。

3）基于数据挖掘的异常检测

计算机网络会产生大量的审计记录，它们往往以文件的形式存放，若单独依靠手工方法去发现记录中的异常现象是不够的，而且操作不方便，难以发现审计记录间的关系。为此，可以将数据挖掘技术应用于入侵检测领域，从审计数据或者数据流中提取感兴趣的知识，这些知识是隐含的、事先未知的、潜在的有用信息。提取的知识表现为概念、规则、规律、模式等形式，并用这些知识检测异常入侵和已知入侵。基于数据挖掘的异常检测方法的优点是适应处理大量数据的情况。但是，要将它用于实时入侵检测，还需要开发出有效的数据挖掘算法和相适应的体系。目前，关于异常检测技术的研究非常活跃，提出了很多方法，例如，特征选择法、贝叶斯推理法、贝叶斯网络法、模式预测法、机器学习法等。

8.2.2 误用检测

误用检测系统的应用建立在对过去各种已知网络入侵检测方法和系统缺陷知识的积累上，它需要首先建立一个包含上述已知信息的数据库，然后在收集到的网络活动信息中寻找与数据库项目匹配的蛛丝马迹。当发现符合条件的活动线索后，它就会触发一个警告，也就是说，任何不符合特定匹配条件的活动都将被认为是合法和可以接受的，哪怕其中包含着隐蔽的入侵行为。因此，误用检测系统具备较高的检测准确性，但是它的完整性（检测全部入侵行为的能力）则取决于其数据库的知识全面程度和及时更新程度。

可以看出，误用检测系统的优点在于具有非常低的虚警率，同时检测的匹配条件可以进行清楚的描述，从而有利于安全管理人员采取清晰明确的预防保护措施。误用检测系统的一个明显缺陷是：收集所有已知或者已经发现攻击行为和系统脆弱性信息的困难性，以及更新庞大数据库需要耗费大量的精力和时间。另外存在的问题就是可移植性，因为关于网络攻击的信息绝大多数是和主机的操作系统、软件平台和应用类型密切相关的，导致这样的入侵检测系统只能在某个特定的环境下生效。最后，检测内部用户的滥用权限活动将变得十分困难，因为通常该种行为并未利用任何系统缺陷。

误用检测方法有以下几种。

1) 模式匹配

模式匹配（Pattern Matching）就是将收集到的信息与已知的网络入侵和系统误用模式数据库进行比较，从而发现违背安全策略的行为。该过程可以很简单，如通过字符串匹配发现一个简单的条目或者指令；也可以很复杂，如利用形式化的数学表达式来表示安全状态的变化。模式匹配方法的优点是只需收集与入侵相关的数据集合，可以显著减少系统负担，检测的准确率和效率比较高。

2) 专家系统

专家系统（Expert System）是基于知识的检测中运用最多的一种方法。将有关入侵的知识转化为 if-then 结构的规则，即将构成入侵要求的条件转化为 if 部分，将发现入侵后采取的相应措施转化为 then 部分。当其中某个或者某部分条件满足时，系统就判断为入侵行为发生。其中的 if-then 结构构成描述具体攻击的规则库，状态行为及其语义环境可根据审计事件得到，推理机根据规则和行为完成判断工作。在具体实现中，专家系统主要面临以下问题。

(1) 全面性问题，即难以科学地从各种入侵手段中抽象出全面的规则化知识。

(2) 效率问题，即所需处理的数据量过大，而且大型系统上，如何获得实时连续的审计数据也是个问题。

3) 模型推理

模型推理是指结合攻击脚本推理出入侵行为是否出现。其中有关攻击者行为的知识被描述为：攻击者目的、攻击者达到此目的的可能行为步骤，以及对系统的非法使用等。根据这些知识建立攻击脚本库。每一个脚本都由一系列攻击行为组成。检测时先将这些攻击脚本的子集看作系统正面临的攻击。然后通过一个称为预测器的程序模块根据当前行为模式，产生下个需要验证的攻击脚本子集，并将它传给决策器。决策器收到信息后，根据这些假设的攻击行为在审计记录中的可能出现方式，将它们翻译成与特定系统匹配的审计记录格式。然后在审计记录中寻找相应信息来确认或者否认这些攻击。初始攻击脚本子集的假设容易满足：易于在审计记录中识别，并且出现频率很高。随着一些脚本被确认的次数增多，另外一些脚本被确认的次数减少，攻击脚本不断得到更新。

4) 状态转换分析

状态转换分析（State Transition Analysis）就是将状态转换应用于入侵检测行为的分析。状态转换法分析入侵检测过程看作一个行为序列，这个行为序列导致系统从初始状态转入被入侵状态。分析时首先针对每一种入侵方法确定系统的初始状态和被入侵状态，以及导致状态转换的转换条件，即导致系统进入被入侵状态必须执行的操作（特征事件）。然后用状态转换图来表示每一个状态和特征事件，这些事件被集成于模型中，所以检测时不需要一个个地查找审计记录。但是状态转换分析是针对事件序列进行分析，所以不善于分析过分复杂的事件,而且不能检测与系统状态无关的入侵。

5) 条件概率误用检测

条件概率误用检测方法将入侵检测方式对应于一个事件序列,然后通过观测到的事件发生情况来推测入侵的出现。这种方法的依据是外部事件序列,根据贝叶斯定理进行推理检测入侵。其主要缺点是先验概率难以给出,而且事件的独立性难以满足。

8.3 入侵检测系统

入侵检测系统(Intrusion Detection System,IDS)是一种对网络传输进行即时监视,在发现可疑传输时发出警报或者采取主动反应措施的网络安全设备。它与其他网络安全设备的不同之处在于:IDS是一种积极主动的安全防护技术。IDS最早出现在1980年4月。20世纪80年代中期,IDS逐渐发展成为入侵检测专家系统(IDES)。1990年,IDS分化为基于网络的IDS和基于主机的IDS,后又出现分布式IDS。目前,IDS发展迅速,已有人宣称IDS可以完全取代防火墙。

8.3.1 入侵检测系统的组成

从功能逻辑上来讲,入侵检测系统由探测器、分析器和用户接口组成。

1) 探测器

探测器(Sensor)主要负责收集数据。探测器的输入数据流包括任何可能包含入侵行为线索的系统数据,例如网络数据包、日志文件和系统调用记录等。探测器将这些数据收集起来,然后发送到分析器进行处理。

2) 分析器

分析器(Analyzer)又称检测引擎(Detection Engine),它负责从一个或者多个探测器处接收信息,并通过分析来确定是否发生了非法入侵检测活动。分析器组件的输出为标识入侵行为是否发生的指示信号,例如一个警告信号。该指示信号还可能包括相关的证据信息。另外,分析器组件还能够提供关于可能的反应措施的相关信息。

3) 用户接口

入侵检测系统的用户接口(User Interface)使得用户易于观察系统的输出信号,并对系统行为进行控制。在某些系统中,用户接口又称"管理器""控制器"或者"控制台"等。

8.3.2 入侵检测系统的分类

根据检测数据的来源的不同,入侵检测系统可分为基于主机的入侵检测系统和基于网络的入侵检测系统。

基于主机的入侵检测系统(HIDS)从单个主机上提取数据(如审计记录等)作为入侵分析的数据源,而基于网络的入侵检测系统(NIDS)从网络上提取数据(如网络链路层的数据帧)作为入侵分析的数据源。通常,基于主机的入侵检测系统只能检测单个主机系统,而基于网络的入侵检测系统可以对本网段的多个主机系统进行检测,多个分布于不同网段上的基于网络的入侵检测系统可以协同工作,以提供更强的入侵检测能力。

1. 基于主机的入侵检测系统

基于主机的入侵检测系统将检测模块驻留在被保护系统上,通过提取被保护系统的运行数据并进行入侵分析来实现入侵检测的功能。目前,基于主机的入侵检测系统很多是基于主机日志分析来发现入侵行为。基于主机的入侵检测系统具有检测效率高、分析代价小、分析速度快的特点,能够迅速并准确地定位入侵者,并可以结合操作系统和应用程序的行为特征对入侵进行进一步分析。基于主机的入侵检测系统存在的问题是:首先它在一定程度上依赖于系统的可靠性,它要求系统本身应该具备基本的安全功能并具有合理的设置,然后才能提取入侵信息;有时即使进行了正确的设置,对操作系统熟悉的攻击者仍然有可能在入侵行为完成后及时地将系统日志抹去,从而不被发觉;并且主机的日志能够提供的信息有限,有的入侵手段和途径不会在日志中有所反映,日志系统对有的入侵行为不能做出正确的响应。

基于主机的入侵检测系统的优点如下。

(1) 可监视特定的系统活动。由于基于主机的 IDS 使用含有已发生事件信息,能够检测到基于网络的 IDS 检测不出的攻击,如监视用户访问文件的活动,包括文件访问、主要系统文件和可执行文件的改变、试图建立新的可执行文件或者试图访问特殊的设备,还可监视通常只有管理员才能实施的非正常行为,包括用户账户的增加、删除、更改的情况等。

(2) 适用于加密及交换的环境。交换设备可将大型网络分成许多小型网段加以管理。基于主机的 IDS 可安装在所需检测的重要主机上,在交换的环境中具有更高的能见度。而且,基于主机的 IDS 也能适应加密的环境。

(3) 不要求额外的硬件设备。基于主机的 IDS 存在于现行的主机和服务器之中,包括文件服务器、Web 服务器及其他共享资源。它们不需要在网络上另外安装、维护及管理硬件设备。

基于主机的入侵检测系统的缺点如下。

(1) 基于主机的 IDS 需要安装在需要保护的设备上,会降低系统效率。当一个数据库服务器需要保护时,就要在该服务器中安装入侵检测系统。这会降低应用系统的效率,也会带来一些额外的安全问题。

(2) 基于主机的入侵检测系统依赖于服务器固有的日志与监视能力。如果服务器没有配置日志功能,则必须重新配置,这将会给运行中的业务系统带来不可预见的性能影响。

(3) 全面部署主机入侵检测系统的代价较大。企业很难将所有主机用入侵检测系统进行保护,只能选择部分主机进行保护。那些未安装主机入侵检测系统的机器将成为保护的盲点,入侵者可利用这些机器达到攻击的目标。

(4) 主机入侵检测系统只能分析与本地主机相关的通信,不能检测网络上的通信。

2. 基于网络的入侵检测系统

基于网络的入侵检测系统通过网络监视来实现数据提取。在 Internet 中,局域网普遍采用以太网协议。该协议定义主机进行数据传输时采用子网广播的方式，任何一台主机发送的数据包，都会在所经过的子网中进行广播，也就是说，任何一台主机接收和发送的数据都可以被同一子网内的其他主机接收。在正常设置下，主机的网卡对每一个到达的数据包进行过滤，只将目的地址是本机或广播地址的数据包放入接收缓冲区，而将其他数据包丢弃，因此，正常情况下网络上的主机表现为只关心与本机有关的数据包；但是将网卡的接收模式进行适当的设置后就可以改变网卡的过滤策略，使网卡能够接收经过本网段的所有数据包，无论这些数据包的目的地是否是该主机。网卡的这种接收模式称为混杂模式，目前绝大部分网卡都提供这种设置，因此，在需要的时候，对网卡进行合理的设置就能获得经过本网段的所有通信信息，从而实现网络监视的功能。

网络监视具有良好的特性：理论上，网络监视可以获得所有的网络信息数据，只要时间允许，可以在庞大的数据堆中提取和分析需要的数据；可以对一个子网进行检测，一个监视模块可以监视同一网段的多台主机的网络行为，不改变系统和网络的工作模式，也不影响主机性能和网络性能；它可以从低层开始分析，对基于协议攻击的入侵手段有较强的分析能力。网络监视的主要问题是监视数据量过于庞大且不能结合操作系统特征来对网络行为进行准确的判断。图 8-3 所示为基于网络的入侵检测系统结构。

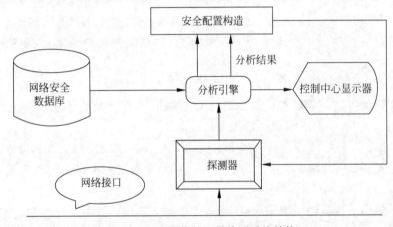

图 8-3　基于网络的入侵检测系统结构

基于网络的入侵检测系统放置在比较重要的网段内，监视网段中的各种数据包，对每一个数据包或可疑的数据包进行特征分析和异常检测。如果数据包与系统内置的某些规则或策略吻合，入侵检测系统就会发出警报甚至直接切断网络连接。基于网络的入侵检测方式具有较强的数据提取能力，因此目前很多入侵检测系统倾向于采用基于网络的检测手段来实现。NIDS 具有如下优点。

（1）可检测低层协议的攻击。NIDS 检查所有数据包的头部和有效负载的内容，从而能很好地检测出利用低层网络协议进行的攻击。

（2）攻击者不易转移证据。NIDS 使用正在发生的网络通信数据进行检测，所以攻击者无法转移证据。被捕获的数据不仅包括攻击的方法，而且包括可识别黑客身份信息，甚至可以检测未成功的攻击和不良意图。

（3）不需要改变服务器等主机的配置。由于它不会在业务系统的主机中安装额外的软件,从而不会影响这些机器的 CPU、I/O 与磁盘等资源的使用,不会影响业务系统的性能。

(4) 可靠性好。NIDS 不运行其他的应用程序,不提供网络服务,可以不响应其他计算机,不会因为目标系统崩溃而停止检测,因此可以做得比较隐蔽和安全。NIDS 不以路由器、防火墙等关键设备的方式工作,它不会成为系统中的关键路径,NIDS 发生故障不会影响正常业务的运行。

(5) 与操作系统无关,不占用被检测系统的资源。NIDS 主要检测所捕获的网络通信数据,与被检测主机的操作系统和其运行状态无关,并且不占用被检测系统的资源。

网络入侵检测系统在实际应用方面存在许多不足:

(1) 容易受到拒绝服务攻击。NIDS 要检测所捕获的网络通信数据并维持许多网络事件的状态信息,因此很容易受到拒绝服务攻击。例如,入侵者可以发送许多到不同节点的数据包分段,使 NIDS 忙于组装数据包而耗尽其资源或降低其处理速度。

(2) 不适合于交换式网络。交换式网络对 NIDS 将会造成问题,因为连到交换式网络上的 NIDS 只能看到发送给自己的数据包,因而无法检测网络入侵行为。

(3) 监测复杂的攻击较弱。NIDS 为了性能目标通常采用特征检测的方法,它可以检测出一些普通攻击,但很难实现一些复杂的、需要大量计算与分析时间的攻击检测。

(4) 不适合加密环境。网络入侵检测系统通常无法对捕获的加密数据进行解密,也就失去了入侵检测的功能。

8.3.3 常见的入侵检测系统

1. Snort

在 1998 年,Martin Roesch 用 C 语言开发了开放源代码(Open Source)的入侵检测系统 Snort。直至今天,Snort 已发展成为一个具备多平台(Multi-Platform)、实时(Real-Time)流量分析、网络 IP 数据包(Packet)记录等特性的强大的网络入侵检测/防御系统(Network Intrusion Detection/Prevention System),即 NIDS/NIPS。Snort 符合通用公共许可(GNU General Pubic License,GPL),在网上可以通过免费下载获得 Snort,并且只需要几分钟就可以安装并开始使用它。Snort 基于 libpcap。

Snort 有三种工作模式:嗅探器、数据包记录器、网络入侵检测系统。嗅探器模式仅仅是从网络上读取数据包并作为连续不断的流显示在终端上。数据包记录器模式把数据包记录到硬盘上。网络入侵检测模式是最复杂的,而且是可配置的,可以让 Snort 分析网络数据流以匹配用户定义的一些规则,并根据检测结果采取一定的动作。

Snort 能够对网络上的数据包进行抓包分析,但区别于其他嗅探器的是:它能根据所定义的规则进行响应及处理。Snort 对获取的数据包进行各规则的分析后,根据规则链,可采取 Activation(报警并启动另外一个动态规则链)、Dynamic(由其他规则包调用)、Alert(报警)、Pass(忽略)、Log(不报警但记录网络流量)五种响应的机制。

Snort 有数据包嗅探、数据包分析、数据包检测、响应处理等多种功能,每个模块实现不同的功能,各模块采用插件的方式和 Snort 相结合,功能扩展方便。例如,预处理插件的功能就是在规则匹配误用检测之前运行,完成 IP 碎片重组、HTTP 解码、Telnet 解码等功能，处理插件完成检查协议各字段、关闭连接、攻击响应等功能，输出插件将处理后的各种情况以日志或警告的方式输出。

2. OSSEC HIDS

这是一个基于主机的开源入侵检测系统，它可以执行日志分析、完整性检查、Windows 注册表监视、rootkit 检测、实时警告以及动态的实时响应。除了其 IDS 的功能之外，它通常还可以被用作一个 SEM/SIM 解决方案。因为其强大的日志分析引擎，互联网供应商、大学和数据中心都乐意运行 OSSEC HIDS，以监视和分析其防火墙、IDS、Web 服务器和身份验证日志。

3. Fragroute/Fragrouter

这是一个能够逃避网络入侵检测的工具箱，是一个自分段的路由程序，它能够截获、修改并重写发往一台特定主机的通信，可以实施多种攻击，如插入、逃避、拒绝服务攻击等。它拥有一套简单的规则集，可以对发往某一台特定主机的数据包延迟发送，或复制、丢弃、分段、重叠、打印、记录、源路由跟踪等。严格来讲，这个工具是用于协助测试网络入侵检测系统的，也可以协助测试防火墙和基本的 TCP/IP 堆栈行为。

4. BASE

BASE 又称基本的分析和安全引擎，是一个基于 PHP 的分析引擎，它可以搜索、处理由各种各样的 IDS、防火墙、网络监视工具所生成的安全事件数据。其特性包括一个查询生成器并查找接口，这种接口能够发现不同匹配模式的警告，还包括一个数据包查看器/解码器，以及基于时间、签名、协议、IP 地址的统计图表等。

5. Sguil

这是一款被称为网络安全专家监视网络活动的控制台工具，它可以用于网络安全分析。其主要部件是一个直观的 GUI 界面，可以从 Snort/barnyard 提供实时的事件活动。它还可借助于其他部件，实现网络安全监视活动和 IDS 警告的事件驱动分析。

8.4 入侵检测系统面临的问题和挑战

8.4.1 入侵检测系统面临的问题

1. 可扩展性

当把入侵检测方法移植到大型复杂网络时，也就产生了扩展性问题，其主要包括三个方面。

（1）基于时间上的扩展。入侵过程对分析引擎来说就是事件或状态转变的部分有序的序列。所以，要识别出入侵行为，入侵检测系统必须把事件流看作时间的函数。当监视那些由攻击脚本或入侵工具驱动的事件时，这个要求通常不会成为问题，因为这些事件的进行速度是很快的。然而，如果入侵者经过非常周密的设计，实施一个"慢攻击"，即攻击的步骤延后到数分钟、数小时、数天或者更长时间,由于绝大多数系统不会保存足够多的事件资料来进行入侵追踪,就会导致检测系统的漏检。

（2）基于空间上的扩展。入侵检测可扩展性的另一方面问题是：当被监控的网络从几百台主机增加到几千台甚至几十万台主机时,它如何很好地继续工作？随着联网的系统日益增多,这种情形在大型组织中成为普遍现象。此时由于通信媒体的不同,致使连接速度发生显著变化,从而扭曲了被监控的信息的时间顺序。一个入侵检测系统如何能够追踪到那些穿过大型网络、使用各种通信媒体的攻击也是目前所面临的问题。

（3）基于性能上的扩展。在大型复杂的网络中,由于设备数量众多,软、硬件系统存在较大差异,因此入侵检测需要处理大量的采集资料,还要针对各系统的差异进行复杂的分析和处理。如何将一个在中小型网络中能很好工作的入侵检测系统移植到大型网络中而不影响其性能是一个严峻的挑战。另外,网络带宽的增长速度已经超过了计算能力的提高速度,尤其对于入侵检测而言,为了保证必需的检测能力,通常需要进行网络资料包的重组操作,这就需要耗费更多的计算能力。

2. 可管理性

（1）网络管理。随着网络流量和复杂性水平不断提高,要求将入侵检测功能与网络管理系统更加紧密地集成在一起。入侵检测系统使网络管理系统较好地理解网络上发生的事件,网络管理系统也通过提供能改进对应决策的精确度的信息而使入侵检测系统受益。然而,网络管理与入侵检测的集成还需要解决很多问题。首先,网络管理引擎需要提供一组非常丰富的报警和响应功能来支持入侵检测系统的安全目标。其次,大型网络管理系统的复杂性阻碍着它们适应新型的入侵检测系统。

（2）分布式控制。IDS检测器、代理和分析引擎的分布式控制策略能使IDS系统面对入侵时具有更好的健壮性、故障容错能力,并且能够在系统基础设施的某部分出现故障的情况下自我恢复。但是,分布式控制也有很大的不足：很难按一致性方式来维持这种控制,要保护好分布式检测器免遭破坏就更难了。

3. 可靠性

要使入侵检测系统发挥作用,不管在部件级还是在系统级它都必须是可靠的。这就意味着该系统必须对偶然故障以及对可能遭受的攻击具有很好的可靠性。

（1）信息来源的可靠性。随着系统安全控制技术的发展,如何可靠地获取信息源,同时又避免信息的截取和伪造将是一个非常关键的因素。

（2）分析引擎的可靠性。基于异常检测的IDS面临的问题是：应用系统的复杂性越来越高,使得系统的异常行为模型难以建立,所以想要对特定实体的历史行为和当前行为进行准确匹配相当困难。基于模式检测的IDS面临的问题与处理目标系统中间体、对象的数目、以它们为目标的攻击的数目有关。随着攻击的数量增加,系统必须识别的攻击特征的数量也在增加,若要系统适应这种特征数据库增加而不降低性能就太难了。

（3）响应装置的可靠性。响应装置的可靠性也是至关重要的。一个入侵检测系统如果无法可靠地记录有关检测问题的日志信息并通知用户,则它也是没有什么价值的。

8.4.2 入侵检测系统面临的挑战

(1) 提高入侵检测系统的检测速度,以适应网络通信的要求。网络安全设备的处理速度一直是影响网络性能的一大瓶颈,虽然 IDS 通常以并联方式接入网络,但如果其检测速度跟不上网络数据的传输速度,那么检测系统就会漏掉其中的部分数据包,从而导致漏报而影响系统的准确性和有效性。在 IDS 中,截获网络的每一个数据包,分析、匹配其中是否具有某种攻击的特征需要大量的时间和系统资源,因此大部分现有的 IDS 只有每秒几十兆的检测速度,随着百兆甚至千兆网络的大量应用,IDS 技术发展的速度已经远远落后于网络速度的发展。

(2) 减少入侵检测系统的漏报和误报,提高其安全性和准确度。基于模式匹配分析方法的 IDS 将所有入侵行为和手段及其变种表达为一种模式或特征,检测主要判别网络中搜集到的数据特征是否在入侵模式库中出现。因此,面对着每天都有新的攻击方法产生和新漏洞发布,攻击特征库不能及时更新是造成 IDS 漏报的一大原因。而基于异常发现的 IDS 通过流量统计分析建立系统正常行为的轨迹,当系统运行时的数值超过正常阈值,则认为可能受到攻击,该技术本身就导致了其漏报误报率较高。另外,大多数 IDS 是基于单包检查的,协议分析得不够,因此无法识别伪装或变形的网络攻击,也造成大量漏报和误报。

(3) 提高入侵检测系统的互动性能,提高整个系统的安全性能。在大型网络中,网络的不同部分可能使用了多种入侵检测系统,甚至还有防火墙、漏洞扫描等其他类别的安全设备,这些入侵检测系统之间以及 IDS 和其他安全组件之间如何交换信息,共同协作来发现攻击、做出响应并阻止攻击是关系整个系统安全性的重要因素。

IDS 再智能也只是一个安全管理工具,不能解决一切问题。要使网络安全,真正起作用的还是人。良好的技术架构有利于 IDS 作用的高效发挥,但技术架构作为媒介只是提供一个基本的平台,纵然是再先进的数据收集或者数据分析技术,也不过是媒介的一种延伸。IDS 作为一种安全策略与手段,可广泛地部署在各种类型与规模的企业当中,同时,也要求企业原有的安全体系要逐步优化,以适应这种新的安全策略。

8.5 入侵检测系统的发展方向

在规模与方法上,入侵技术近年发生了变化,入侵的手段与技术也有了"进步与发展"。入侵技术的发展与演化主要反映在下列几个方面:①入侵或攻击的综合化与复杂化;②入侵主体对象的间接化,即实施入侵与攻击的主体的隐蔽化;③入侵或攻击技术的分布化;④攻击对象的转移。今后的入侵检测系统大致可朝下述几个方向发展。

1. 分布式入侵检测系统

随着网络入侵方法和网络计算环境的复杂化,入侵检测的研究和应用也越来越多地转向分布式入侵检测系统。在分布式入侵检测系统中,各组件间需要进行大量信息交互,为了确保交互信息的安全性和完整性，这就需要研究设计一种通用的信息交互格式和加密通信机制，防止攻击者破译交互信息并进而攻击整个入侵检测系统。另外，设计使用安全有效的检测算法是分布式入侵检测中的又一重要研究领域。重点是基于 PKI 的安全通信机制，该机制可以有效实现组件间的认证，加密及检测信息描述；在入侵检测系统中测试和分析的两种新的方法：一种是基于模糊逻辑和免疫遗传算法的序列模式分析方法；另一种是聚类算法。仿真试验结果证明，采用这两种方法可以有效检测异常攻击事件，提高检测的准确率。

2. 基于特征引擎分析的入侵检测系统

随着网络流量和速度的不断增加，快速性成为衡量检测引擎性能的重要指标，如何提高入侵检测引擎的速度一直以来都是研究的热点问题。基于特征的入侵检测引擎从两个方面着手：一是如何有效地组织与日俱增的入侵规则；二是在数据包与入侵规则进行模式匹配时，使用什么样的模式匹配算法来快速、准确地检测出入侵行为。Snort 系统是世界上应用最广泛的开放源代码的基于特征的网络入侵检测系统，在行业内有着重要的地位。Snort 系统有三种模式的运行方式：嗅探器模式、数据包记录器模式和网络入侵检测系统模式。嗅探器模式捕获网络数据包显示在终端上；数据包记录器模式是把捕获的数据包存储到磁盘；网络入侵检测系统模式能对数据包进行分析、按规则进行检测、做出响应。Snort 使用一种灵活的规则语言来描述网络数据报文，因此可以对新的攻击做出快速反应。

3. 基于移动代理的入侵检测系统

入侵检测系统也可以对网络中传输的信息进行监控以发现存在的基于网络的攻击。入侵检测系统从单一的整体系统发展到基于移动代理的分布式系统。基于移动代理的入侵检测系统，把移动代理应用于数据分析和检测，该方法在分析现有的入侵检测系统的基础上，通过对基于移动代理的分布式入侵检测系统的模型的分析，对该入侵检测模型中基于用户行为的 IDS 子系统进行了详细设计。在用户行为分析模块中采用了系统提供的日志记录对数据源进行分析，针对用户设置的目标规则，实现基于代理的入侵检测系统。

4. 基于免疫原理的入侵检测系统

基于免疫原理的入侵检测系统是基于生物免疫系统的工作机理、工作过程，以及人工免疫系统的一些模型和方法。该体系将免疫原理应用到入侵检测系统中，开创性地提出了免疫智能体的概念。基于免疫智能化技术的入侵检测系统具有分布式、并发性、智能化、进化性的特点，不但能自动适应复杂多变的网络环境，而且能通过自我学习、自我进化提高系统的入侵检测能力，能充分利用网络资源协同完成入侵检测任务。

5. 基于数据挖掘的入侵检测系统

数据挖掘技术的目标是从大型数据库或数据仓库中提取隐含的、未知的、非平凡的及有潜在应用价值的信息或模式，而入侵检测也正是要从大量数据中分析提取出有用的信息，做出判断，这与数据挖掘技术的思路不谋而合。将数据挖掘技术应用于入侵检测系统中，采用数据挖掘技术中的关联规则分析和频繁序列模式分析技术，改进相应的算法，从收集到的主机系统和网络行为记录中挖掘出潜在的安全信息，用关联分析挖掘主机系统和网络行为记录内部模式,用频繁模式分析挖掘系统和网络行为记录数据之间的模式。使用这些模式自动构建入侵检测系统的正常行为模式库和入侵行为模式库,并随环境的变化自动更新正常行为模式库,达到对入侵行为的防御。

6. 基于网络入侵诱控技术的入侵检测系统

网络入侵诱控是一种可以检测分析并对入侵行为做出主动控制的安全新技术。该方法将网络诱骗技术、主机诱骗技术及动态配置技术相结合,提出了一种新型的网络入侵诱控平台模型,目的是利用虚拟诱控技术的灵活性和动态配置技术的先进特点来提高网络入侵诱控的效能,进行了模型的整体架构以及封包截获、欺骗网络、欺骗主机、动态配置等模块的设计与实现,并通过实验对各关键实现进行了测试,进行系统级程序实现。在欺骗网络模块中,采用树形数据结构构建虚拟路由;在欺骗主机模块中,引入操作系统指纹模拟方法增加了模型的欺骗能力;同时,在整个模型中引入动态配置概念,利用一种主动探测与被动探测相结合的动态配置方法,当受保护的内部网络状态发生变化时,能够调整自身配置,增加适应性。

7. 基于核聚类和序列分析的网络入侵检测系统

该方法在分析比较了基于数据挖掘的入侵检测方法的基础上组合核聚类和序列分析的入侵检测方法,目的在于获得聚类方法的无监督性和序列分析方法容易捕获阶段密集性攻击的优势互补,使训练时不需要考虑样本集中正常样本数量和异常样本数量的比例关系,能够对包含小概率出现的攻击和大量出现的有序列特征的攻击的网络数据集进行有效的检测。通过核函数把数据样本空间映射到一个高维的特征空间,使数据在新的空间中具有更好的可分离性;在特征空间采用KRA算法选取初始聚类中心,然后在核聚类的基础上,划分出大簇小簇,并在大簇中分离出异类再次进行核聚类,从而不断地优化聚类结果。根据网络数据的具体情况,定义由主属性和参考属性构成的约束,对闭合序列模式挖掘算法(CloSpan)进行改进,并且在挖掘时利用序列位置信息表快速进行序列的扩展,进而获得有益信息。

8. 建立入侵检测系统评价体系

设计通用的入侵检测测试、评估方法和平台,实现对多种入侵检测系统的检测,已成为当前入侵检测系统的另一重要研究与发展领域。评价入侵检测系统可从检测范围、系统资源占用、自身的可靠性等方面进行,评价指标有能否保证自身的安全、运行与维护系统的开销、报警准确率、负载能力,以及可支持的网络类型、支持的入侵特征数、是否支持IP碎片重组、是否支持TCP流重组等。

对入侵检测系统进行评估的主要性能指标如下。

(1) 可靠性,系统具有容错能力和可连续运行。

(2) 可用性,系统开销要最小,不会严重降低网络系统性能。

(3) 可测试,通过攻击可以检测系统运行。

(4) 适应性,对系统来说必须是易于开发的,可添加新的功能,能随时适应系统环境的改变。

(5) 实时性,系统能尽快地察觉入侵企图以便制止和限制破坏。

(6) 准确性,检测系统具有低的误报率和漏报率。

(7) 安全性,检测系统必须难于被欺骗和能够保护自身安全。

用户需要对众多的 IDS 系统进行评价,评价指标包括 IDS 检测范围、系统资源占用、IDS 系统自身的可靠性与健壮性。

习题 8

1. 简述入侵检测的基本概念。
2. 简述入侵检测的基本模型。
3. 根据检测原理,入侵检测系统可以分为哪几类?其原理分别是什么?
4. 什么是误用检测?简述其原理。
5. 简述基于主机的入侵检测系统的优缺点。
6. 简述基于网络的入侵检测系统的优缺点。
7. 简述入侵检测系统未来的发展方向。

参 考 文 献

[1] 中国信息安全产品测评认证中心.信息安全理论与技术[M].北京：人民邮电出版社,2004.
[2] 牛少彰.信息安全概论[M].2版.北京：北京邮电大学出版社,2007.
[3] 熊平,朱天清.信息安全原理及应用[M].3版.北京：清华大学出版社,2016.
[4] 杨义先,钮心忻.网络安全理论与技术[M].北京：人民邮电出版社,2003.
[5] 周明全,吕林涛,李军怀.网络信息安全技术[M].西安：西安电子科技大学出版社,2003.
[6] 冯登国,赵险峰.信息安全技术概论[M].2版.北京：电子工业出版社,2014.
[7] 杨波.现代密码学[M].2版.北京：清华大学出版社,2007.
[8] 杨波.网络安全理论与应用[M].北京：电子工业出版社,2002.
[9] 宫大力.流密码算法的研究与设计[D].南京：南京航空航天大学,2011.
[10] GOLOMB S W. Shift Register Sequences [M]. San Francisco：Aegean Park Press,1982.
[11] 张健,任洪娥.信息安全原理与应用技术[M].北京：清华大学出版社,2015.
[12] 丁存生,肖国镇.流密码学及其应用[M].北京：国防工业出版社,1994.
[13] 斯坦普.信息安全原理与实践[M].张戈,译.2版.北京：清华大学出版社,2013.
[14] 任伟.现代密码学[M].北京：北京邮电大学出版社,2011.
[15] 吴文玲,冯登国,张文涛.分组密码的设计与分析[M].北京：清华大学出版社,2009.
[16] 胡予濮,张玉清,肖国镇.对称密码学[M].北京：机械工业出版社,2002.
[17] 卿斯汉.密码学与计算机网络安全[M].北京：清华大学出版社,2001.
[18] 田枫,李宏玉,吴云.信息论[M].哈尔滨：哈尔滨工程大学出版社,2009.
[19] 陈恭亮.信息安全数学基础[M].2版.北京：清华大学出版社,2014.
[20] 周玉洁,冯登国.公开密钥密码算法及其快速实现[M].北京：国防工业出版社,2002.
[21] 奥尔.有趣的数论[M].潘承彪,译.北京：北京大学出版社,1985.
[22] 杨义先,钮心忻.应用密码学[M].北京：北京邮电大学出版社,2005.
[23] 郭亚军.信息安全原理与技术[M].2版.北京：清华大学出版社,2013.
[24] 张福泰,李继国,王晓明.密码学教程[M].武汉：武汉大学出版社,2006.
[25] 冯登国,裴定一.密码学导引[M].北京：科学出版社,1999.
[26] 陈伟东,翟起滨.一种新的公开可验证的部分密钥托管体制[J].通信学报,1999,20(11)：25-30.
[27] 庄勇.PKI中的可验证部分密钥托管方案[J].计算机学报,2006,9(29)：1584-1589.
[28] 武金木,张常有,江荣安,等.信息安全基础[M].武汉：武汉大学出版社,2007.
[29] 李继国,余纯武,张福泰,等.信息安全数学基础[M].武汉：武汉大学出版社,2006.
[30] 鲁先志,武春岭.信息安全技术基础[M].北京：高等教育出版社,2016.
[31] 陈鲁生,沈世溢.现代密码学[M].北京：科学出版社,2006.
[32] 石志国,贺也平,赵悦.信息安全概论[M].北京：清华大学出版社,2007.
[33] 蔡勉,卫宏儒.信息系统安全理论与技术[M].北京：北京工业大学出版社,2006.
[34] 曹天杰,张永平,汪楚娇.安全协议[M].北京：北京邮电大学出版社,2009.
[35] 王静文,吴晓艺.密码编码与信息安全C++实践[M].北京：清华大学出版社,2015.
[36] 蔡永泉.数字鉴别与认证[M].北京：北京航空航天大学出版社,2011.
[37] 王妍.基于IPSec的VPN系统设计与实现[D].成都：电子科技大学,2013.
[38] 薛峰.基于S/MIME协议的信息安全研究与实现[D].北京：北京化工大学,2004.

[39] 宋玉璞,周爱霞,肖汉.E-mail 安全协议 PGP[J].计算机科学,2008(3):46-48.
[40] 陈如刚,杨小虎.电子商务安全协议[M].杭州:浙江大学出版社,2000.
[41] 曾强.网络安全协议 SSL 原理及应用[D].天津:天津大学,2005.
[42] 刘化君.网络安全技术[M].北京:机械工业出版社,2010.
[43] 赵巍.虚拟专网的研究与设计[D].哈尔滨:哈尔滨工程大学,2007.
[44] 瞿燕英.基于 IPSec 和 SSL 的 VPN 的网络系统的研究与应用[D].西安:西安电子科技大学,2005.
[45] 蒋建春,冯登国.网络入侵检测原理与技术[M].北京:国防工业出版社,2001.
[46] 唐正军.网络入侵检测系统的设计与实现[M].北京:电子工业出版社,2002.

图书资源支持

感谢您一直以来对清华版图书的支持和爱护。为了配合本书的使用,本书提供配套的资源,有需求的读者请扫描下方的"书圈"微信公众号二维码,在图书专区下载,也可以拨打电话或发送电子邮件咨询。

如果您在使用本书的过程中遇到了什么问题,或者有相关图书出版计划,也请您发邮件告诉我们,以便我们更好地为您服务。

我们的联系方式:

清华大学出版社计算机与信息分社网站:https://www.shuimushuhui.com/

地　　址:北京市海淀区双清路学研大厦 A 座 714

邮　　编:100084

电　　话:010-83470236　010-83470237

客服邮箱:2301891038@qq.com

QQ:2301891038(请写明您的单位和姓名)

资源下载:关注公众号"书圈"下载配套资源。

资源下载、样书申请

书 圈

图书案例

清华计算机学堂

观看课程直播